Cabri 3D 활용

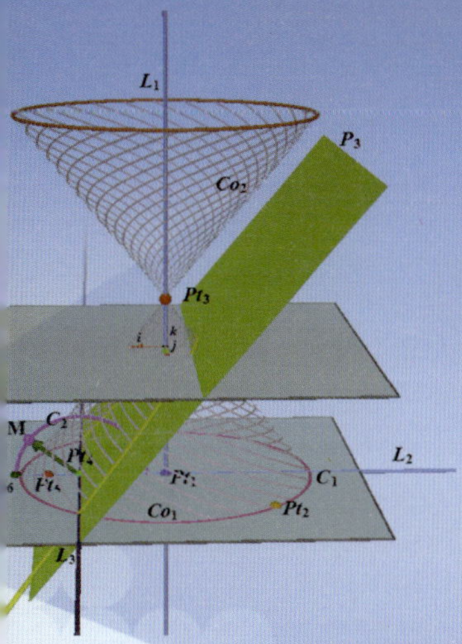

교육소프트연구소 지음

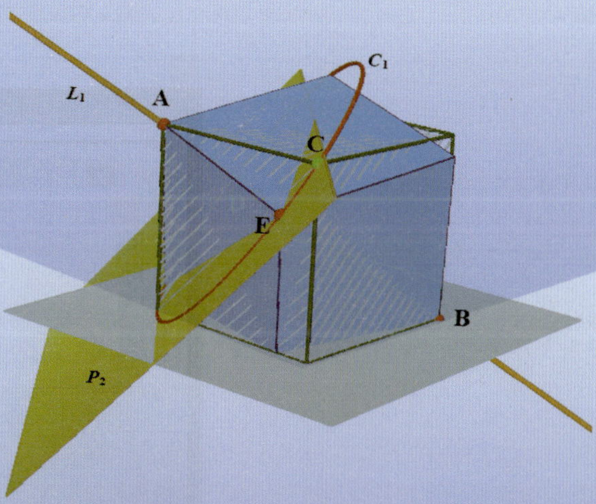

KYOWOOSA
教友社

머리말

탐구형 기하소프트웨어인 Cabri 3D는 2004년부터 국내에 소개되기 시작하였습니다. 하지만, 지금까지 알려진 내용만으로는 중 · 고등학교 수학 교사들이 학교 현장에서 바로 활용하기에는 미흡한 부분이 많았습니다. 이에 본 저작물은 Cabri 3D 소프트웨어를 사용하여 수학 교과의 교수학습에 필요한 내용을 쉽게 제작하고, 활용할 수 있도록 구성하였습니다.

구성된 내용은 Cabri 3D의 기본적인 소개 및 기능에 대한 사용법과 중 · 고등학교 수학 교과 단원영역에서 활용할 수 있는 예제를 과정별로 단계적으로 제작할 수 있도록 상세하게 기술하였습니다. 또한 부록CD를 제공하여 교수학습 자료로 바로 활용도 가능하도록 하였습니다.

본 저작물과 교수학습 자료를 통하여, 보다 많은 중 · 고등학교 수학교사들에게 Cabri 3D 소프트웨어에 대한 제작의 편리함을 제공하고 유용한 자료로 활용되기를 바랍니다.

(주)교육소프트연구소 교수설계팀

차 례

머리말

제1부 Cabri 3D 배우기

제2부 Cabri 3D 활용하기

제 1 부 Cabri 3D 배우기

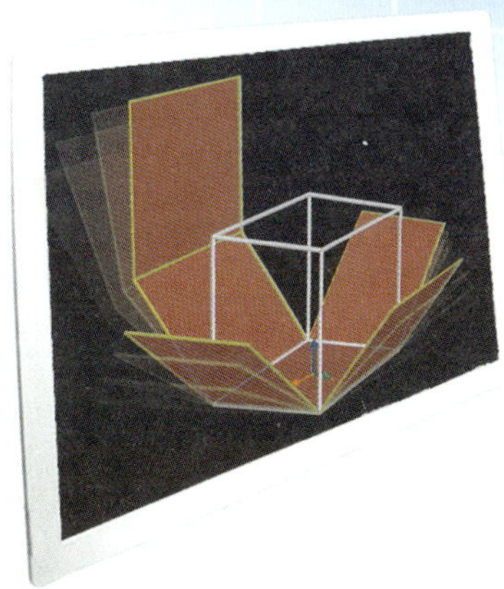

1. Cabri 3D 소개

2. Cabri 3D 사용법

01 CHAPTER Cabri 3D 소개

1.1 Cabri 3D 소개

Cabri는 탐구형 소프트웨어이며, Cabri 3D는 공간 입체기하와 상호 작용의 수학을 구현한다.

Cabri 기하소프트웨어는 프랑스 CNRS(Centre Natiobal de la Recherche Scientifique) 연구소와 Grenoble의 Joseph Fourier 대학에서 탄생되었다. 이 프로젝트는 1985년 Jean-Marie Laborde가 "배우기 쉽고, 보다 즐겁게 가르친다."라는 Cabri의 기본 정신을 바탕으로 2차원 기하 프로그램 개발에 착수하면서 시작되었다.

기하학적인 도형을 작도할 때 컴퓨터를 이용하는 것은 연필, 종이 및 자와 컴퍼스를 이용하는 고전적인 작도 방법과 비교할 때 새로운 가능성의 세계를 보여준다. 전 세계에서 1억명 이상의 사람들이 컴퓨터를 이용한 Cabri Geometry II와 Cabri II Plus 및 Texas Instrument의 그래핑 계산기를 이용한 Cabri Jr.를 사용하고 있다.

Cabri 3D를 이용하면 3차원 공간에서 작도된 모든 종류의 직선, 평면, 원뿔, 구, 다면체 등을 작도, 관찰 및 조작하는 것을 쉽게 배울 수 있다. 간단한 것부터 아주 복잡한 것에 이르는 동적인 작도를 할 수 있으며 도형을 측정하고 대수적 계산도 할 수 있고 작도한 도형의 작도 과정을 다시 살펴볼 수 있다. Cabri 3D를 활용한다면 수학문제를 풀고 기하문제를 해결하는데 훌륭한 도구라는 것을 알게 될 것이다.

> **Note**
>
> Cabri 3D에 대하여 업데이트 된 메뉴얼을 포함하여 최신 업데이트와 새로운 소식을 얻기 위해서는 웹사이트 www.cabri.com을 방문하면 된다. 이 사이트에서는 Cabri와 기하에 대한 책들이 소개되어 있으며 다수의 웹 문서들이 링크되어 있다. (한국의 웹사이트는 www.math2000.co.kr이다.)

1.2 Cabri 3D 설치하기

1) CD를 CD-ROM에 넣는다.

2) 다음 화면이 나타나면 [확인]을 클릭한다.

(앞의 화면이 나타나지 않을 때에는 '내 컴퓨터'에서 Cabri 3D v2 아이콘을 더블 클릭한다.)

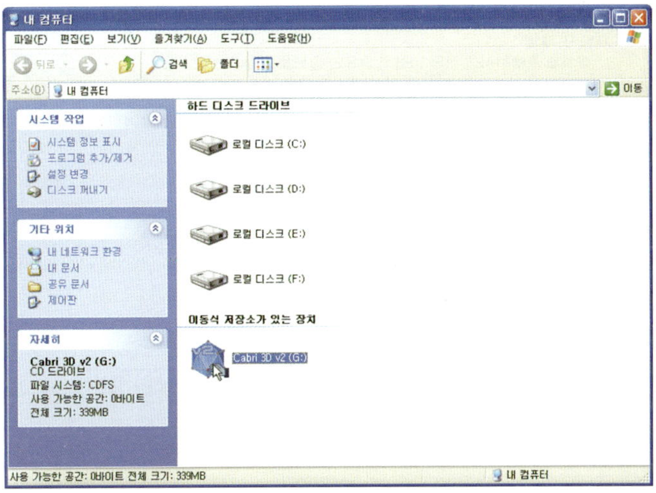

3) 설치를 시작하는 화면이 나타나면 [다음]을 클릭한다.

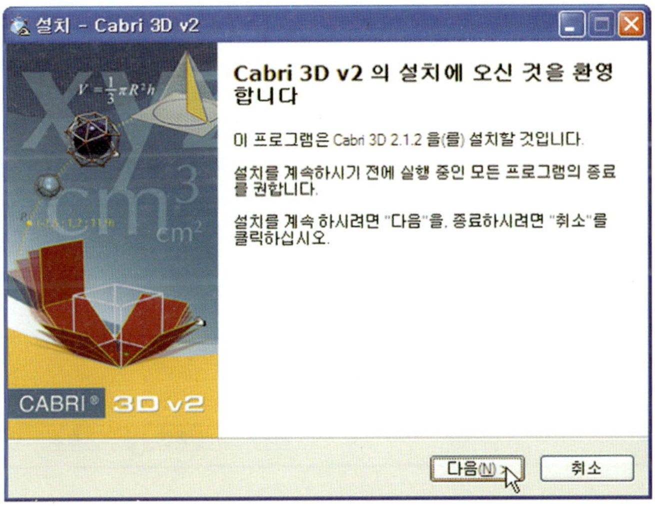

4) 사용자 계약 화면이 나타나면 계약의 내용을 읽고 난 후, '사용자 계약에 동의합니다'에 체크하고 [다음]을 클릭한다.

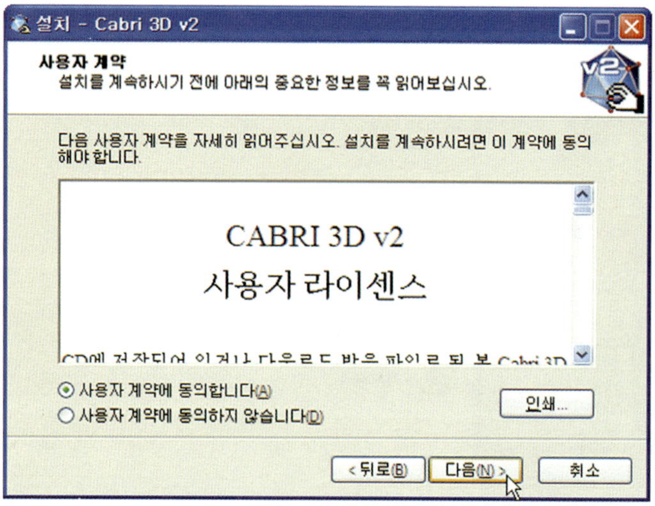

5) 설치할 위치를 묻는 화면이 나타나면 설치 경로를 바꾼 후, [다음]을 클릭한다.

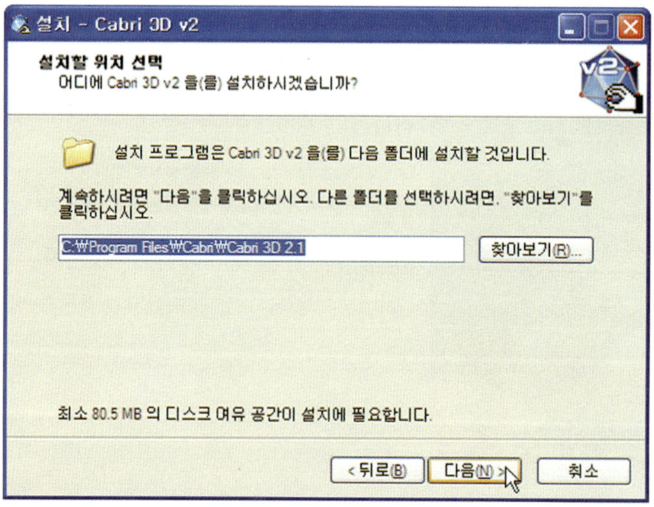

6) 시작 메뉴 폴더를 묻는 화면이 나타나면 경로를 바꾼 후, [다음]을 클릭한다.

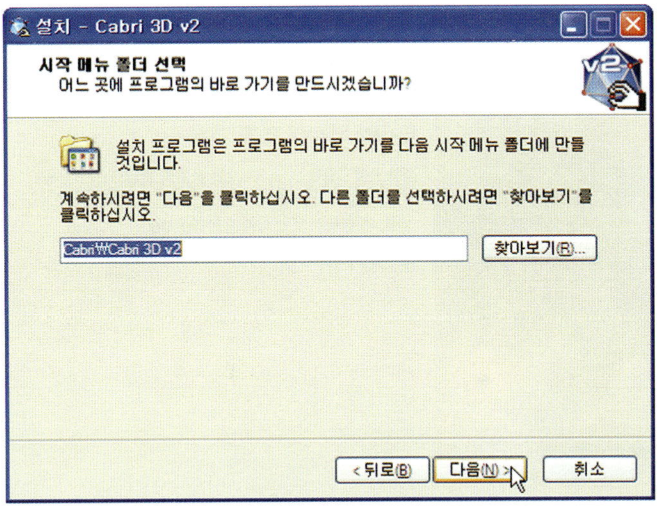

7) 추가 사항 적용에 대한 화면이 나타나면 추가 사항을 체크한 후, [다음]을 클릭한다.

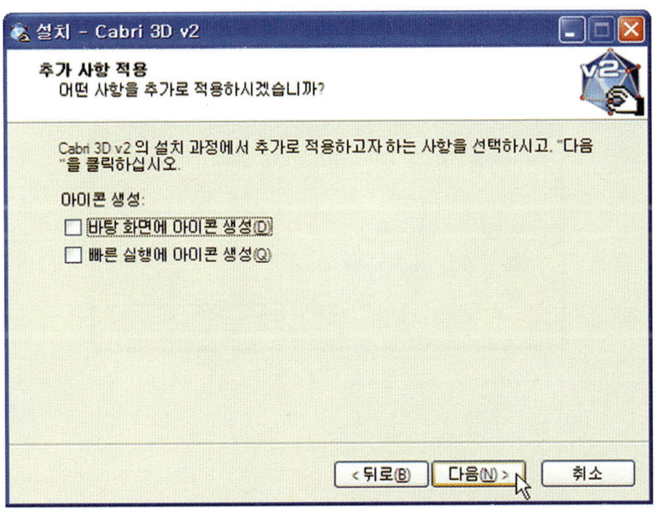

8) Cabri 3D 설치 완료 화면이 나타난다. 바로 Cabri 3D를 실행하려면 체크 박스에 선택한 후, [완료]를 클릭한다.

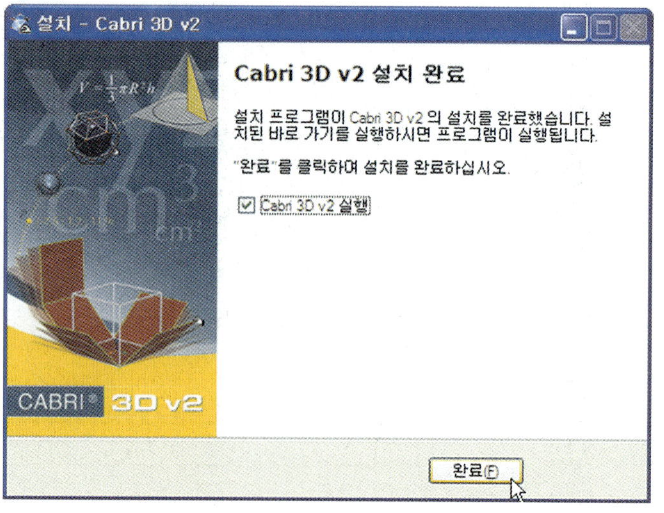

9) Cabri 3D를 실행하면 다음과 같은 화면이 나타난다. 성명과 기관명, 제품 키 번호를 입력하면 정식으로 등록이 완료된다.

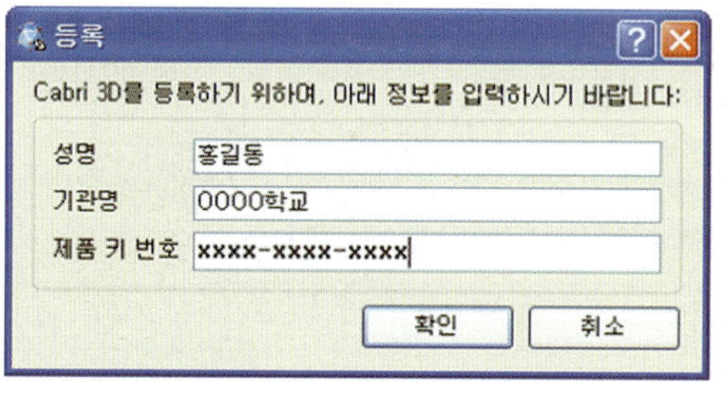

참 고

Cabri 3D를 실행해도 화면이 나타나지 않을 경우, 바탕화면에서 마우스 오른쪽 버튼을 클릭하여 [속성]에 들어간다. (또는 제어판-디스플레이)

[화면 배색] 탭에 들어가 다음과 같이 설정한 후 [확인]을 클릭한다.

※ 창 및 단추 : Windows XP 스타일 / 색 구성표 : 기본값(파란색) / 글꼴 크기 : 보통

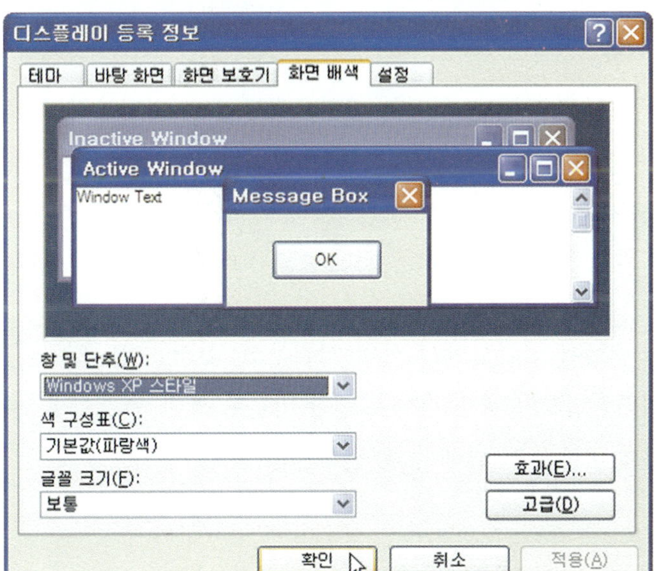

1.3 Cabri 3D 특징

Cabri 3D는 3차원 공간 입체 기하를 역동적으로 탐구할 수 있도록 도와주는 수학 프로그램이다.

Cabri 3D는 3차원 공간을 모델링하여 구성할 수 있도록 도와주므로, 중 · 고등학교 수학에서 다루는 입체 기하와 관련된 학습내용을 구체화하여 역동적으로 탐구할 수 있는 학습의 장을 제공한다.

Cabri 3D를 이용하면 학습자가 몇 번의 마우스 조작만으로도 도형을 만들어 3차원 형상을 구성할 수 있으므로 직접 조작하면서 중 · 고등학교 수학에서 배우는 평면, 입체, 원뿔, 구와 관련된 수학적 개념들을 직관적으로 학습할 수 있다.

1) 쉬운 3차원 작도

Cabri 3D는 공간에서 여러 기하학적인 표현을 쉽게 구현할 수 있다.

2) 간단한 마우스 조작

마우스의 조작으로 도형을 이동하고 변화시킬 수 있다.

3) 자유로운 이동

Cabri 3D는 작도된 도형을 어떠한 방향으로도 360° 회전시키면서 관찰할 수 있다. 칠판에서는 입체도형의 한 단면 밖에 그릴 수 없어서 학생들의 이해가 어려웠던 내용을 Cabri 3D를 이용하면 쉽게 입체도형의 성질을 이해할 수 있다.

4) 다양한 작도

Cabri 3D는 평면과 공간상에서 각의 이등분선, 선의 중점, 평행선, 수직선 등의 작도가 되는 기본적인 기능과 도형을 일정한 비율로 확대, 축소할 뿐만 아니라 평행, 대칭, 회전이동의 변환도 한 번에 수행할 수 있다.

5) 다양한 측정

단순한 작도 뿐 아니라 공간에 대한 좌표, 두 도형 사이의 거리, 도형의 면적, 공간도형의 부피, 세 점으로 이루어진 각이나 직선과 평면이 이루는 각, 직선의 방정식, 평면의 방정식, 구의 방정식 등을 계산할 수 있다. 또, 측정한 값을 이용하여 계산할 수 있는 계산기 기능도 제공한다.

6) 작도 과정 다시보기/애니메이션

작도하는 과정을 기록할 수 있고, 그 기록에 따라 다시 재생할 수도 있으며, 애니메이션도 쉽게 구현할 수 있다.

7) 다양한 활용

작도한 도형을 Windows 응용 프로그램이나 웹페이지에서 활용할 수 있다.

02 CHAPTER Cabri 3D 사용법

2.1 Cabri 3D 기본 원리

2.1.1 Cabri 3D 문서 처음 만들기

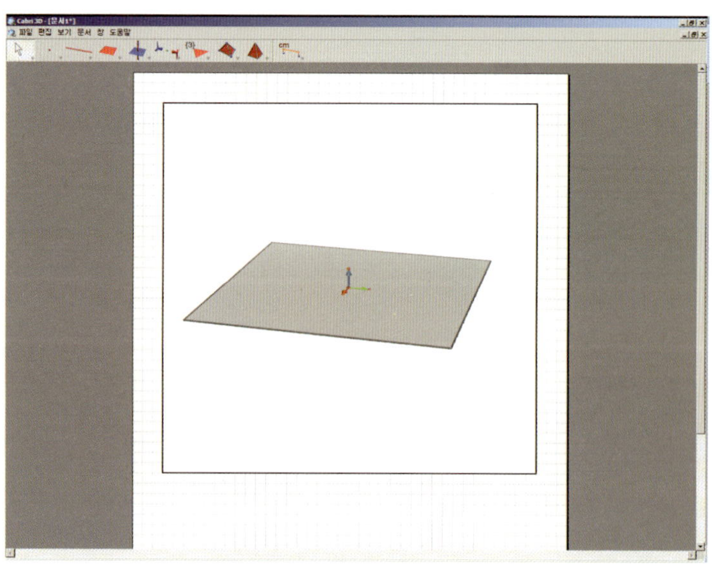

Cabri 3D 아이콘( )을 더블 클릭하면 자동적으로 작도영역이 포함된 하나의 문서가 만들어진다. **작도영역**은 회색의 기본평면과 흰 바탕으로 화면의 중앙에 구성되어 있다.

2.1.2 새 문서 만들기

새로운 작도 영역을 만들기 위해서는 새 문서를 만들어야 한다.

[파일] **새 파일**(Ctrl+N)을 선택하면 작도 영역은 기본적인 원근법을 보여주는 새로운 문서를 만든다.

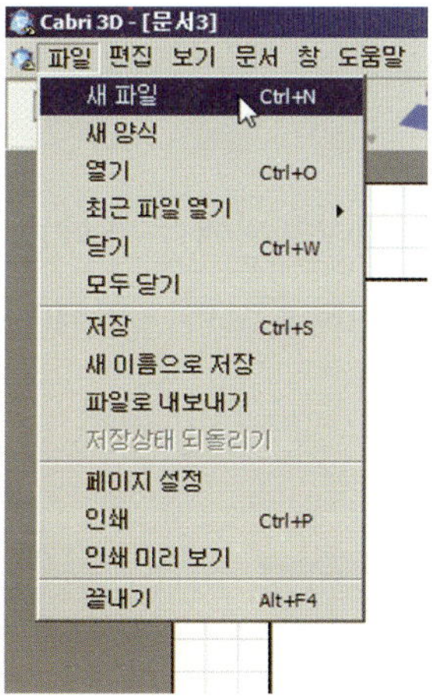

2.1.3 평면의 개념

Cabri 3D의 사용 방법을 확실히 이해하기 위해서 평면의 개념을 이해할 필요가 있다. Cabri 3D로 작도한 각각의 도형은 기본 평면으로 알려진 평면 위에 있다.

새로운 문서를 만들어 보자.

화면 가운데 있는 회색 면은 기본 평면의 보이는 영역(Visible Part, 이하 VP)이라 한다. 여기서 작도될 보이는 영역(VP) 위 또는 보이는 영역(VP) 외부의 모든 도형은 반드시 기본 평면 위에 위치한다. (나중에 다른 평면도 추가할 수 있다.)

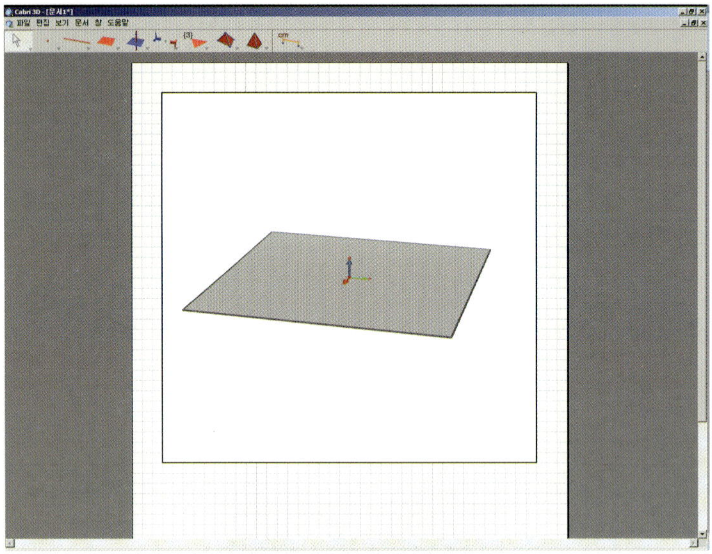

이를 확인하기 위해 보이는 영역(VP) 위에 두 개의 XYZ 상자를 작도해 보자.(그림 1) 상자를 작도한 후에 마우스 포인터를 보이는 영역(VP) 위로 이동시켜 보자.(그림 2)

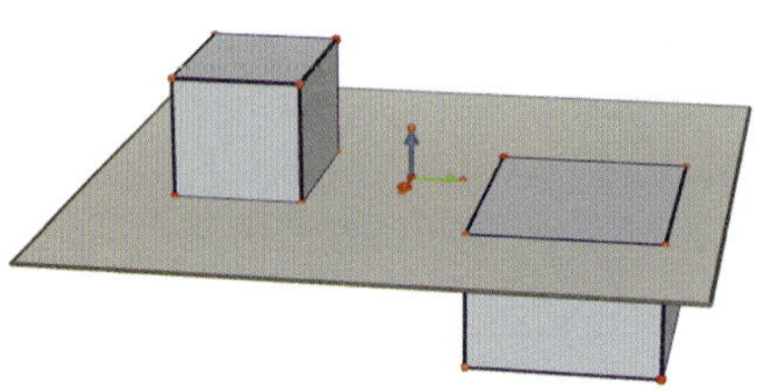

(그림 1)

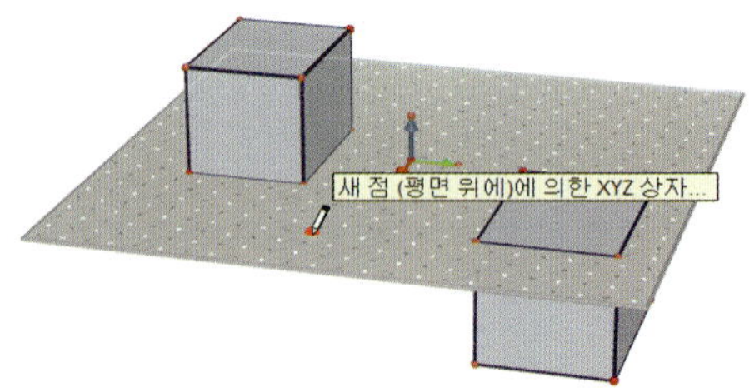

(그림 2)

다음으로 작도 영역 위에 있고 보이는 영역(VP) 외부(그림 3)에 있는 두 개의 새로운 상자를 작도하자.(그림 4) 상자를 작도할 때, 마우스 포인터를 (그림 2)에서와 같이 보이는 영역(VP) 위로 이동시킨 후 작도한다.

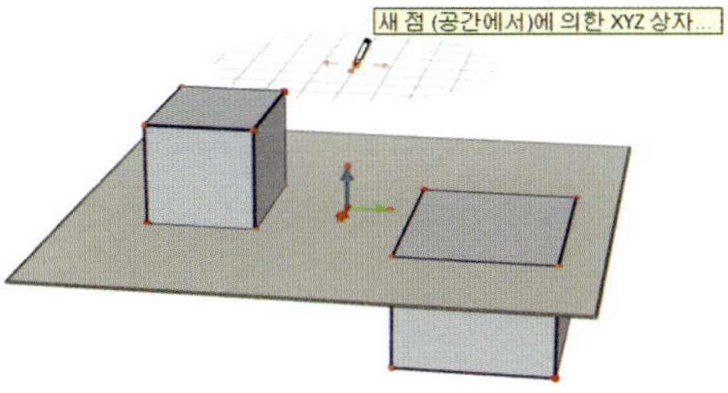

(그림 3)

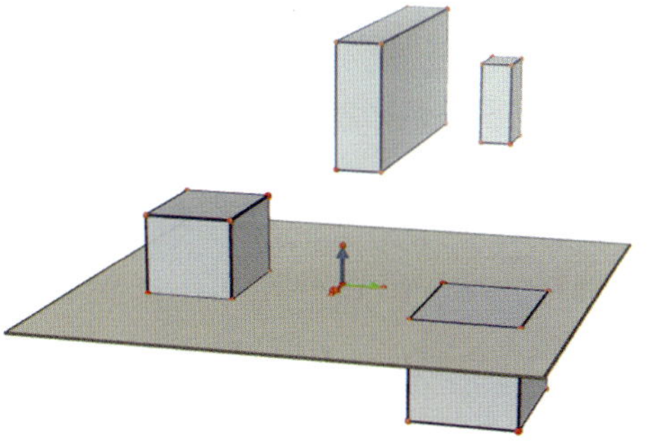

(그림 4)

그리고 작도 영역 아래쪽(그림 5)에 상자를 작도해 보자. (그림 6)

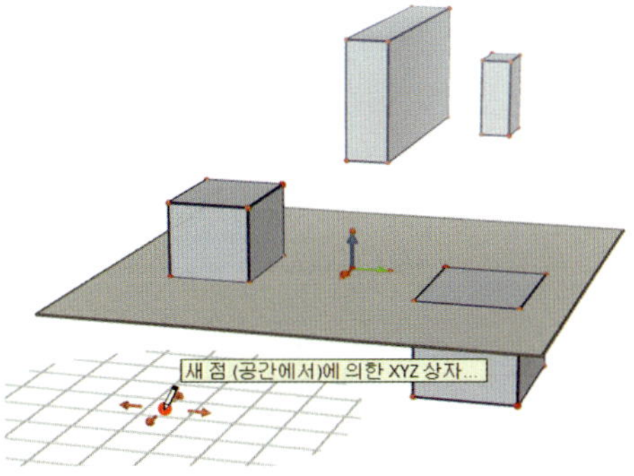

(그림 5)

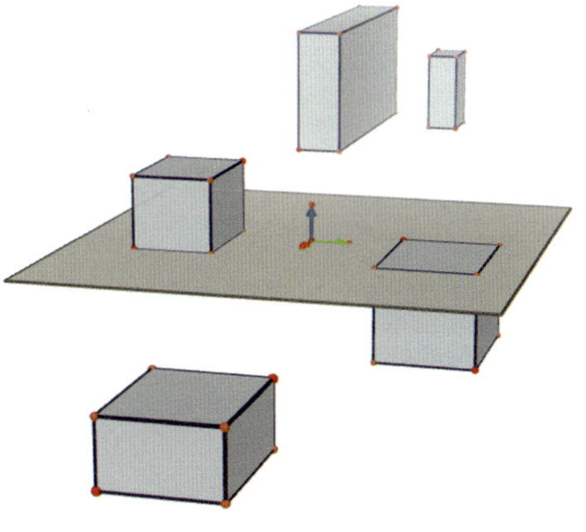

(그림 6)

관찰 화면에서 볼 수 있듯이 위쪽에 있는 상자는 조금 밝게 보이고, 아래쪽에 있는 상자는 조금 어둡게 보이는데 이것은 원근감을 보여준다.

앞에서 작도한 상자는 보이는 영역(VP) 위에 있든지 보이는 영역(VP)의 연장된 상태-보이지 않는 영역(Non-Visible Part, 이하 NVP)- 위에 있든지 간에 모두 동일한 평면 위에 있다.

2.1.4 관찰각 바꾸기

작도된 도형은 여러 방향으로 회전시킬 수 있는 유리공 속에 있는 것처럼 관찰할 수 있다. 화면에 보이는 관찰 화면을 바꾸기 위해서는 마우스 포인터를 작도 영역 위에 어디든지 두고 오른쪽 버튼을 눌러 마우스 포인터가 ‘ ’와 같은 모양이 되도록 한다. 마우스를 위 아래로 움직여 보자.

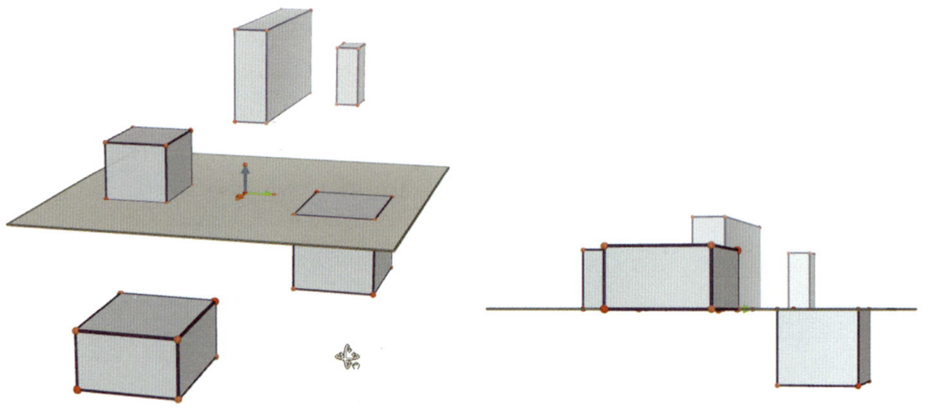

보이는 방향을 바꾸어 보면 앞에서 작도한 모든 상자가 위쪽에 있든지 아래쪽에 있든지 간에 동일한 평면 위에 있음을 알 수 있다.

이제 마우스를 위 아래로 움직이는 대신에 왼쪽, 오른쪽으로 움직여 보자. 그러면 보이는 방향이 수평으로 바뀌는 것을 관찰할 수 있다.

작도를 하는 동안 화면이 보이는 방향을 바꾸어 보자. 그러면 작도한 것을 보다 명확하게 볼 수 있고, 프로그램의 유용성을 더 쉽게 이해할 수 있다. 만약 복잡한 작도를 할 필요가 있을 때에는 보이는 방향을 바꾸어 새로운 도형을 쉽게 추가할 수 있다.

2.1.5 공간에서의 점

기존의 도형이나 평면 위에 작도되지 않은 점은 공간에서의 점이다.

[2.1.3]에서 보았듯이 설정값에 의해 공간에서의 점들은 기본 평면에서 보이는 영역(VP)의 보이지 않는 확장면(NVP)에 작도된다.

그렇지만 공간에서 작도된 점의 경우 작도된 뒤에는 수직으로 움직일 수 있는 특별한 성질을 갖는다.

이것을 설명하기 위해 두 개의 직선을 작도해 보자.

① 먼저 새 문서를 연다

② [선] **직선** 도구를 선택한다.

③ 기본 평면의 보이는 영역(VP) 위에 있는 두 점을 작도하여 첫 번째 직선 L_1을 작도해 보자.

④ 그 다음 이번에는 기본 평면의 보이지 않는 영역(NVP)에서 공간에서의 두 번째 점을 작도하여 두 번째 직선 L_2을 작도한다.

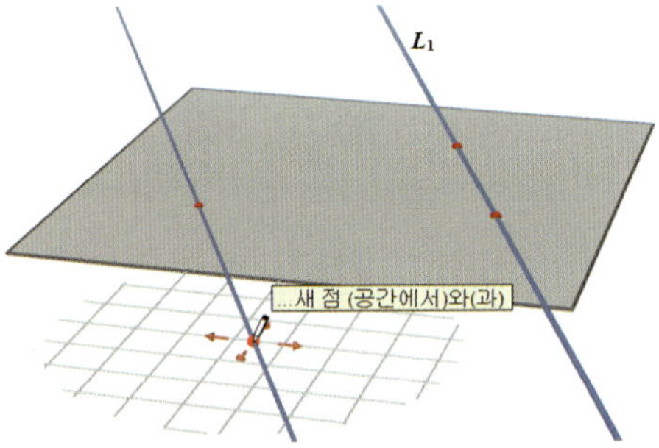

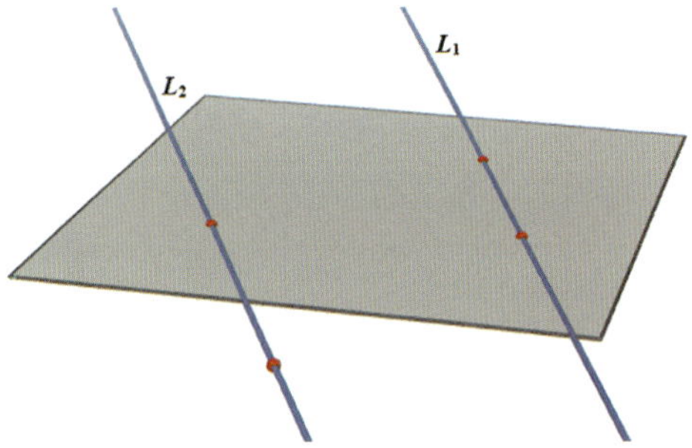

⑤ [조작] **조작** 도구를 사용하여 공간에서 작도한 점을 선택하고 Shift 키를 누른 뒤, 점을 위쪽으로 움직여 보자. 이때 점은 직선과 같이 수직으로 움직인다.

⑥ 이번에는 보이는 영역(VP) 위에 작도된 임의의 점을 같은 방법으로 시도해 보자. 그러나 이 경우는 수직으로 움직일 수 없음을 알 수 있다.

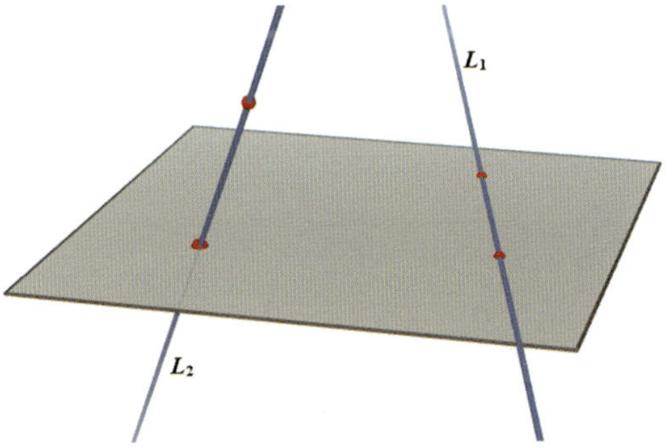

2.2 Cabri 3D 도구모음

〈기본 도구〉

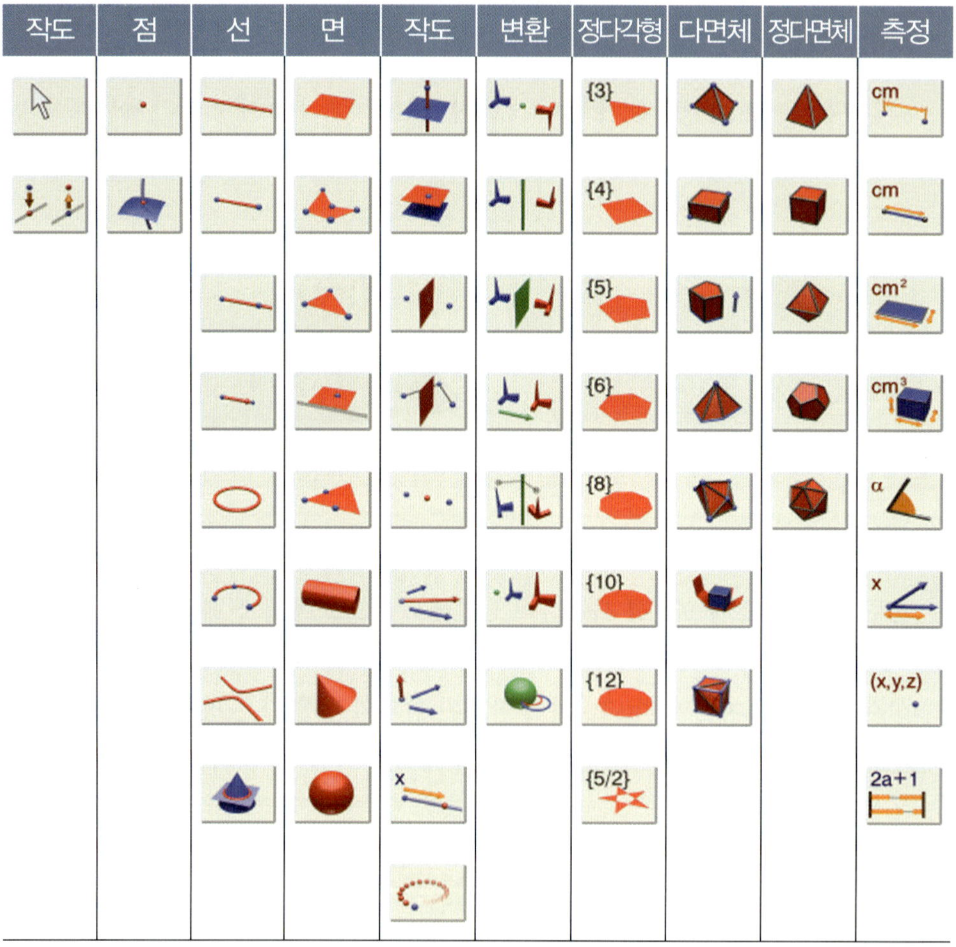

2.2.1 조작 도구

1) 조작

- 정의 : 도형을 움직이게 하고 결과적으로 도형에 종속된 모든 도형을 움직인다.
- 활용 : 도형의 선택, 점의 이동

①[점] **점** 도구를 사용하여 평면 위에 임의의 점을 하나 작도한다.

②[조작] **조작** 도구를 사용하여 작도된 점을 클릭한 후, 'P'라고 입력한다.

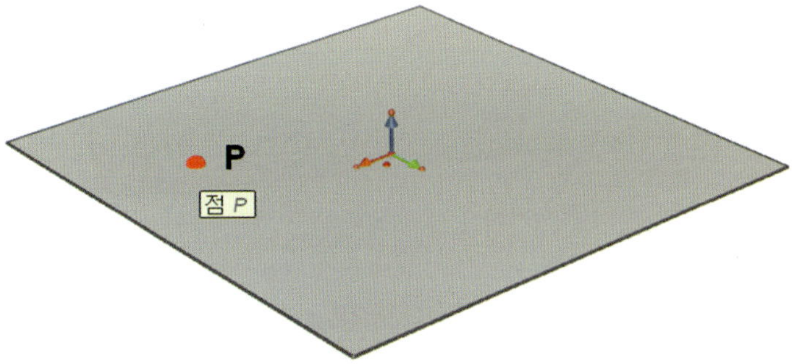

③ 점 P를 마우스 왼쪽 버튼으로 클릭 후 드래그 하면 자유롭게 평면 위에서 움직일 수 있다.

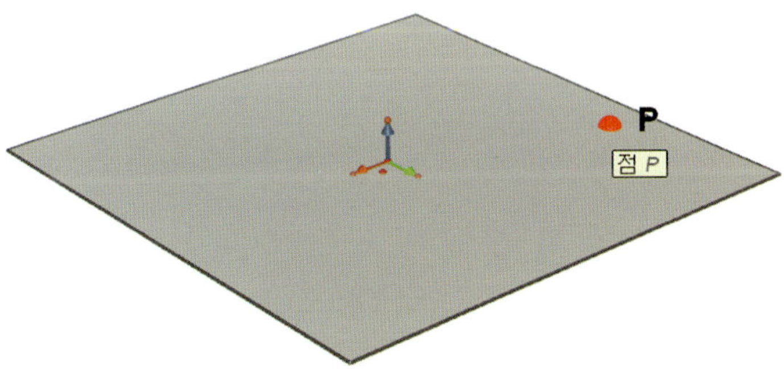

2) 점의 재정의

- 정의 : 점이 움직이는 경로를 변화시킨다.
- 활용 : 점의 경로 변화

① [점] **점** 도구를 사용하여 평면 위에 임의의 점을 하나 작도한다.

② [면] **구** 도구를 사용하여 평면 위에 구를 작도한다.
구 도구 클릭 → 구의 중심이 될 부분 클릭 → 반지름이 될 부분 클릭

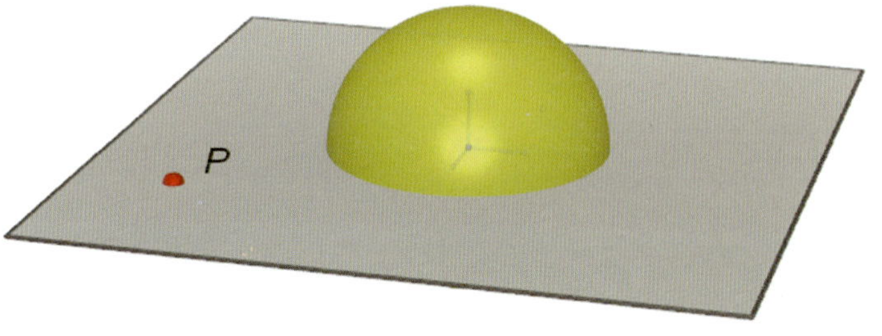

③ [조작] **점의 재정의** 도구를 사용하여 미리 작도된 점을 구 위의 점으로 변경한다.

점의 재정의 도구 클릭 → 점 클릭 → 구 클릭

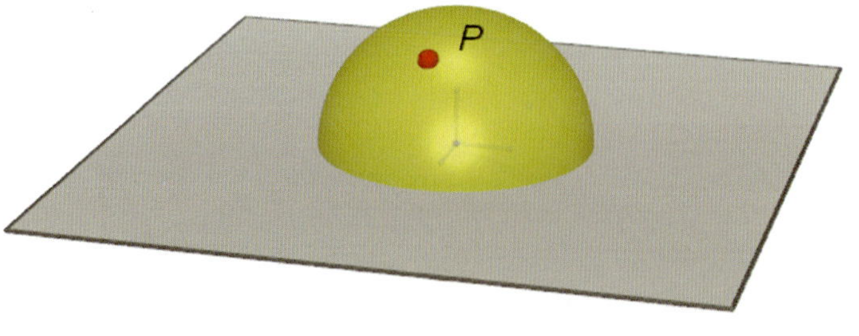

2.2.2 점 도구

1) 점

- 정의 : 점을 선분, 평면, 다면체 등에 작도할 수 있다.
- 활용 : 평면, 공간상의 점

① [점] **점** 도구를 사용하여 평면 위에 임의의 점을 작도 후, 'A'라고 입력한다. 점의 좌표 (a, b, o)

점 도구 클릭 → 기본 평면 클릭 → 점 → 'A' 입력

② [점] **점** 도구를 사용하여 공간상에 임의의 점을 작도 후, 'B'라고 입력한다. 점의 좌표 (c, d, 0)

점 도구 클릭 → 기본 평면이 아닌 공간 클릭 → 'B' 입력

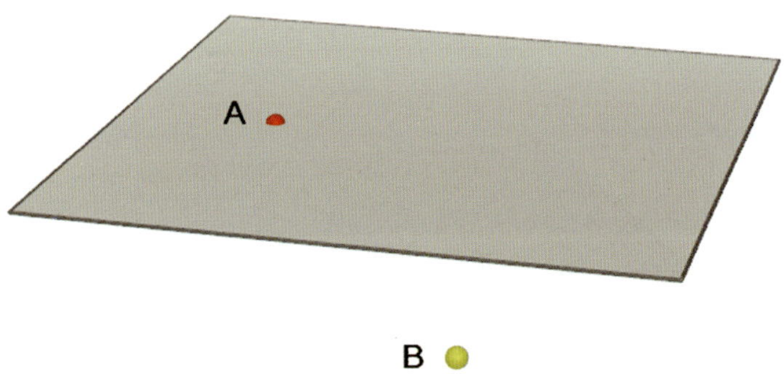

③ [점] **점** 도구를 사용하여 공간 위에 임의의 점을 작도 후, 'C'라고 입력한다. 점의 좌표 (e, f, g)

점 도구 클릭 → Shift 키를 눌러 점을 수직으로 이동시켜 클릭 → 'C' 입력

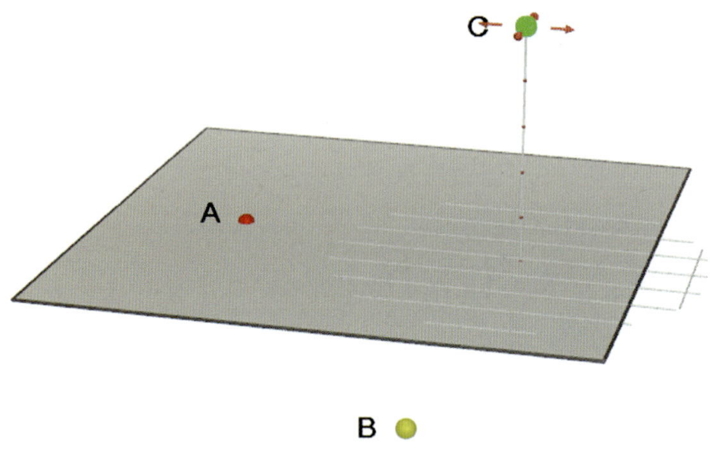

④ [측정] (x,y,z) **좌표와 방정식** 도구를 사용하여 점의 좌표를 나타낸다.
좌표와 방정식 도구 클릭 → 점 A, B, C 클릭

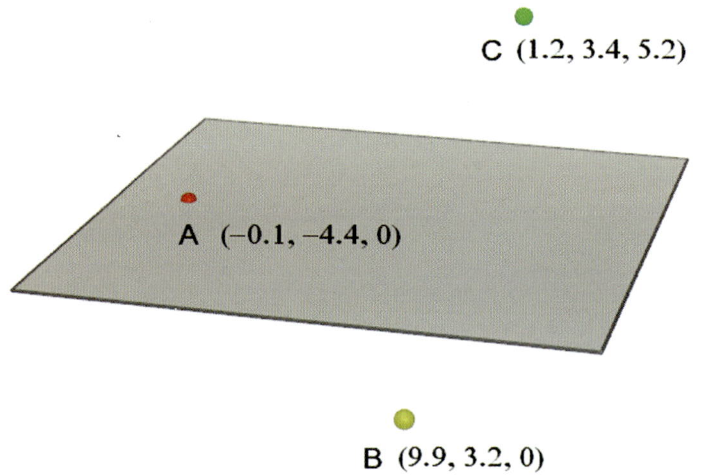

2) 교점

- 정의 : 두 도형의 교점을 작도한다.
- 활용 : 구의 지름 측정

① [선] **직선** 도구를 사용하여 X축 단위벡터(빨강)의 연장선을 작도한다.

단위벡터 클릭

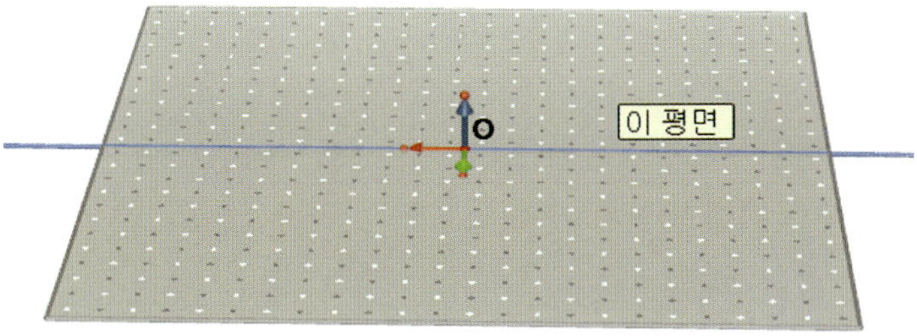

② [면] 구 도구를 사용하여 평면 위에 구를 작도한다.
구 도구 클릭 → 원점(점 O) 클릭 → 반지름이 될 임의의 점 클릭 → 구에서 마우스 오른쪽 클릭 후 '면의 형태' 선택 → 가는 평행선 클릭

③ [점] 교점 도구를 사용하여 구와 직선의 교점을 작도한다.
교점 도구 클릭 → 구와 직선이 만나는 점을 클릭

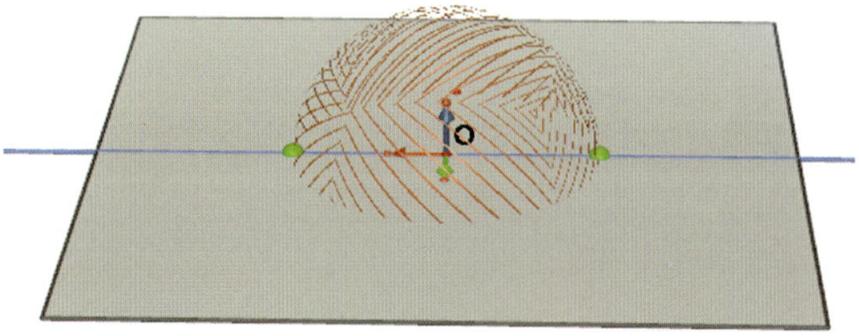

④ [측정] 거리 도구를 사용하여 구의 지름을 측정한다.
거리 도구 클릭 → 첫번째 교점과 두번째 교점을 클릭

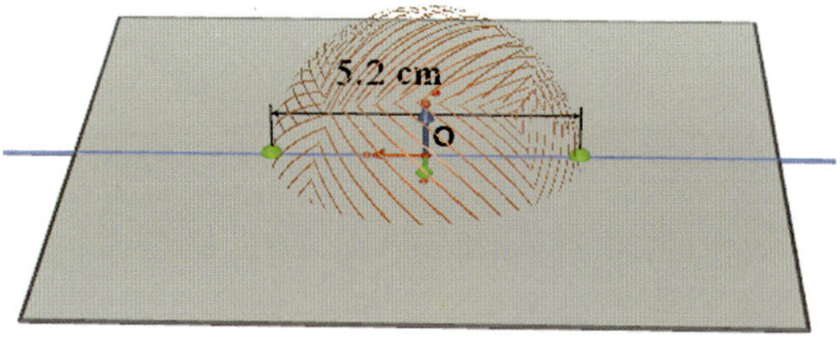

2.2.3 선 도구

1) 직선

- 정의 : 두 점으로 직선을 작도한다.
- 활용 : 공간에서 직선의 위치 관계

① [선] **직선** 도구를 사용하여 평면 위에 임의의 직선을 작도한다.
직선 도구 클릭 → 평면 위의 임의의 서로 다른 두 점 클릭

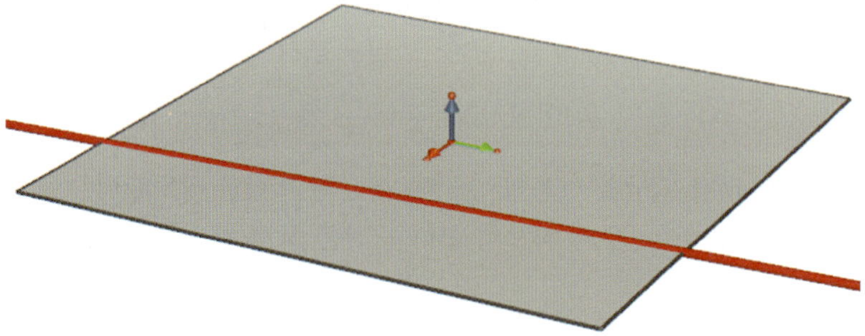

② [점] **평행** 도구를 사용하여 빨간색 직선과 평행한 직선을 작도한다.
평행 도구 클릭 → 평면 위의 빨간색 직선 클릭 → 평면 위의 작도된 직선과 겹치지 않는 임의의 지점 클릭

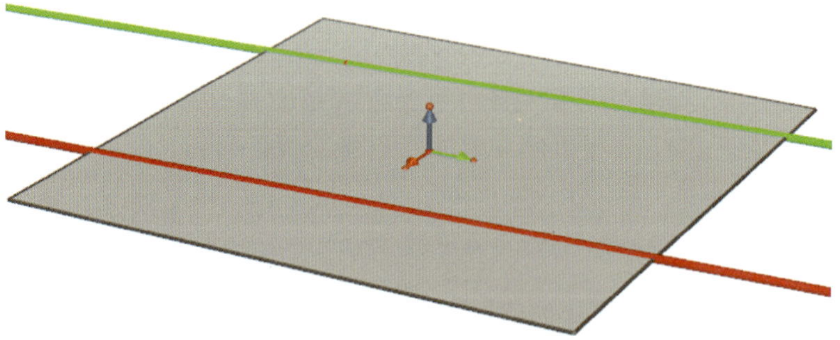

③ [선] **직선** 도구를 사용하여 빨간색 직선과 한 점에서 만나는 직선을 작도한다.

직선 도구 클릭 → 빨간색 직선 클릭 → 초록색 직선 클릭

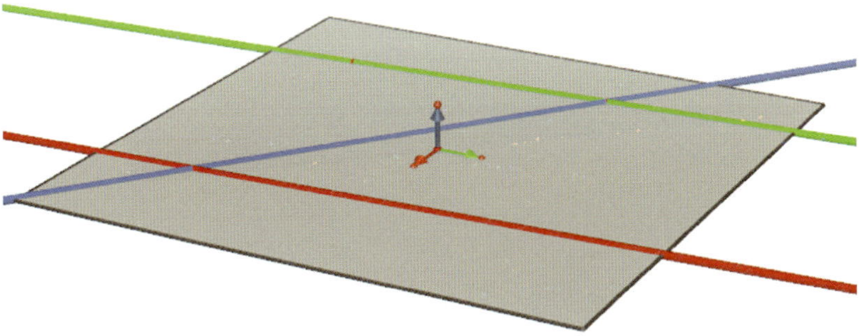

④ [선] 직선 도구를 사용하여 빨간색 직선과 꼬인 위치에 있는 직선을 작도한다.

직선 도구 클릭 → 평면 클릭 → Shift 키 누른 상태로 공간상의 한 점 클릭

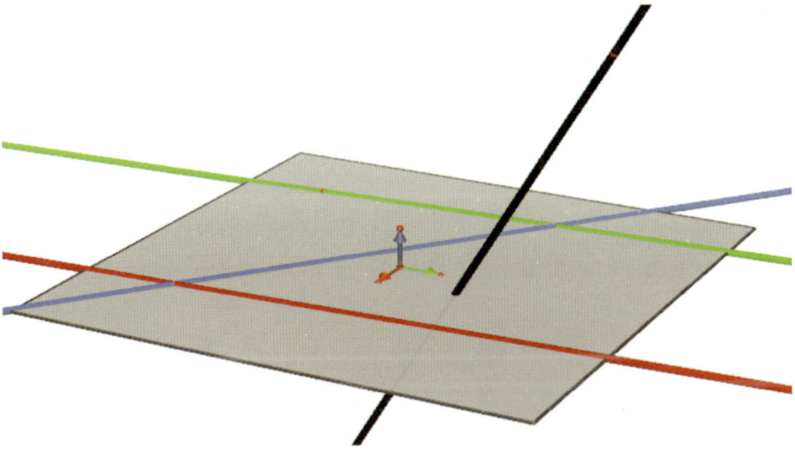

2) 선분

- 정의 : 두 점으로 선분을 작도한다.
- 활용 : 작도된 두 점에 의한 선분 작도

① [점] 점 도구를 사용하여 평면 위에 임의의 두 점 A, B를 작도한다.

평면 위에 점 A 클릭 → 평면 위에 점 B 클릭

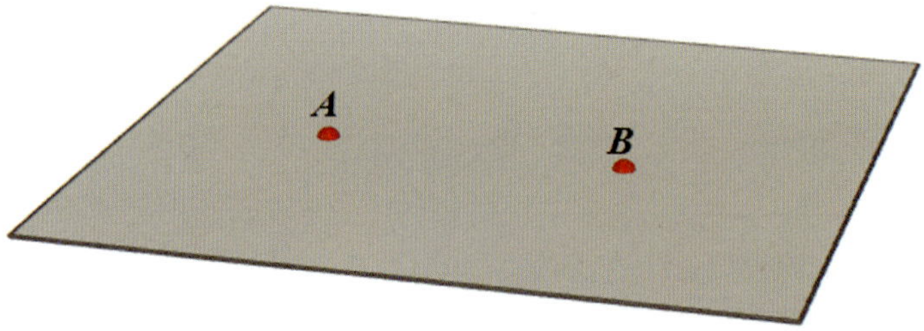

② [선] **선분** 도구를 사용하여 두 점 A, B에 의해 정의된 선분을 작도한다.
선분 도구 클릭 → 점 A 클릭 → 점 B 클릭

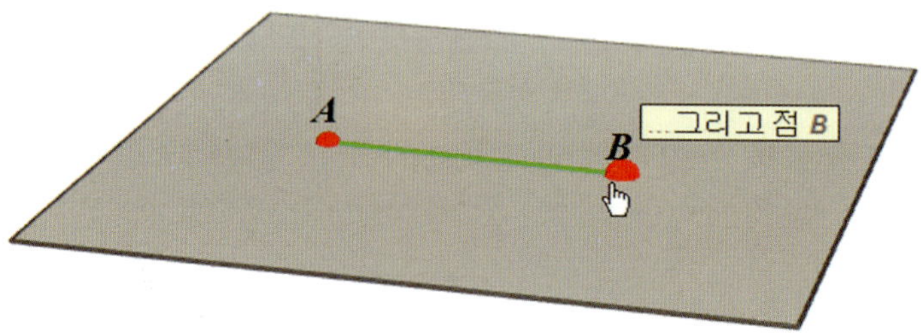

• 활용 : 직접 선분 작도

① [선] **선분** 도구를 사용하여 평면 위에 직접 선분을 작도한다.
선분 도구 클릭 → 평면 위에 새 점 클릭 → 평면 위에 다른 새 점 클릭

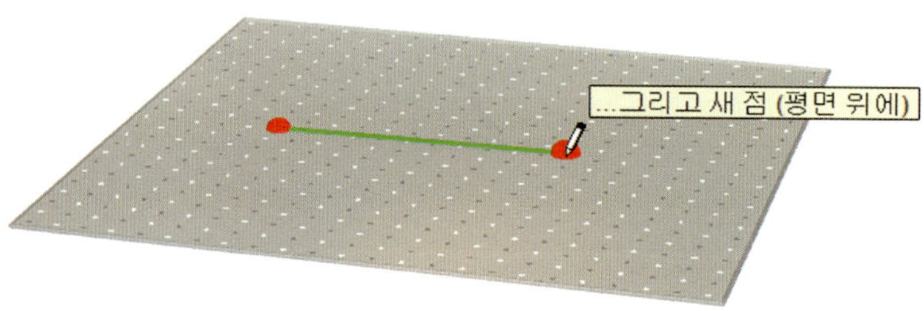

3) 반직선

• 정의 : 두 점을 지나는 반직선을 작도한다.

• 활용 : 작도된 두 점에 의한 반직선 작도

① [점] **점** 도구를 사용하여 평면 위에 임의의 두 점 A, B를 작도한다.
점 도구 클릭 → 평면 위에 점 A 클릭 → 평면 위에 점 B 클릭

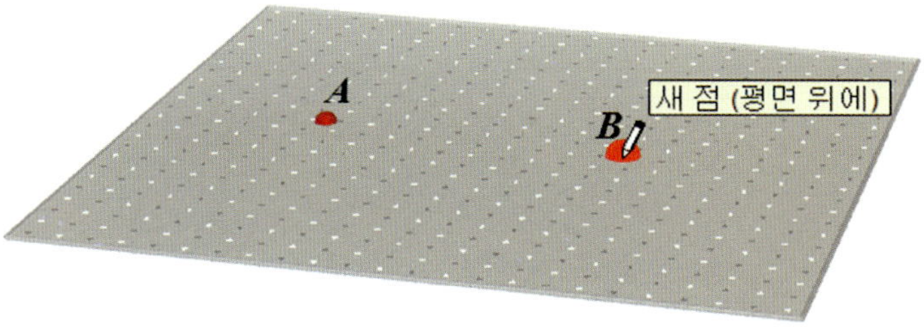

② [선] **반직선** 도구를 사용하여 두 점 A, B에 의해 정의된 반직선을 작도한다. (반직선의 시점이 될 점을 먼저 클릭한다.)
반직선 도구 클릭 → 점 A 클릭 → 점 B 클릭

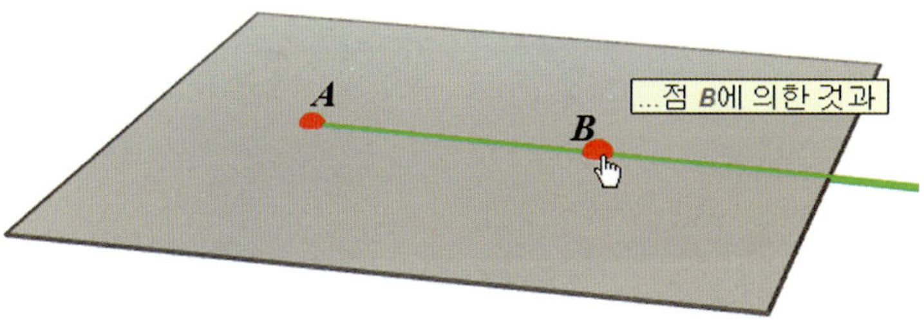

• 활용 : 직접 반직선 작도

① [선] **반직선** 도구를 사용하여 두 점에 의해 정의된 반직선을 작도한다.
반직선 도구 클릭 → 평면 위에 시점이 될 새 점 클릭 → 평면 위에 새 점 클릭

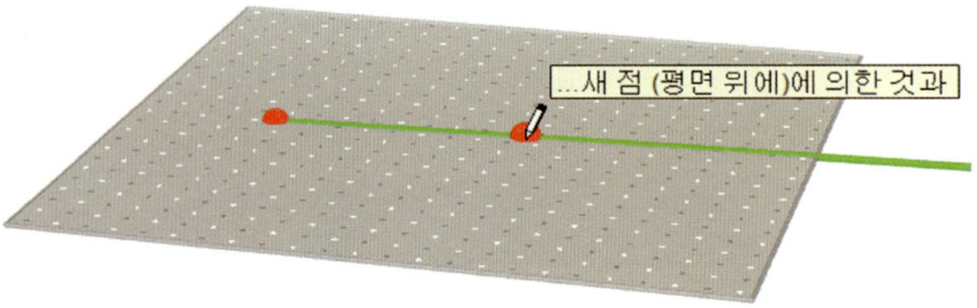

4) 벡터

- 정의 : 두 점에 의해 정의된 벡터를 작도한다.
- 활용 : 작도된 두 점에 의한 벡터 작도

① [점] **점** 도구를 사용하여 평면 위에 임의의 두 점 A, B를 작도한다.
점 도구 클릭 → 평면 위에 점 A 클릭 → 평면 위에 점 B 클릭

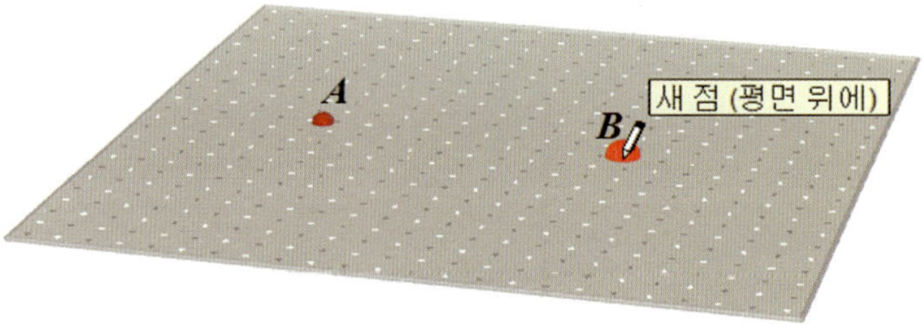

② [선] **벡터** 도구를 사용하여 두 점 A, B에 의해 정의된 벡터를 작도한다.
(벡터의 시점이 될 점을 먼저 클릭한다.)

벡터 도구 클릭 → 점 A 클릭 → 점 B 클릭

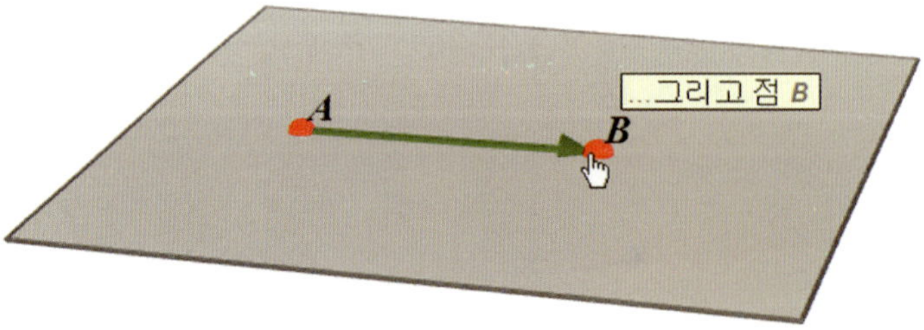

• 활용 : 직접 벡터 작도

① [선] 벡터 도구를 사용하여 두 점에 의해 정의된 벡터를 작도한다.
벡터 도구 클릭 → 평면 위에 시점이 될 새 점 클릭 → 평면 위에 새 점 클릭

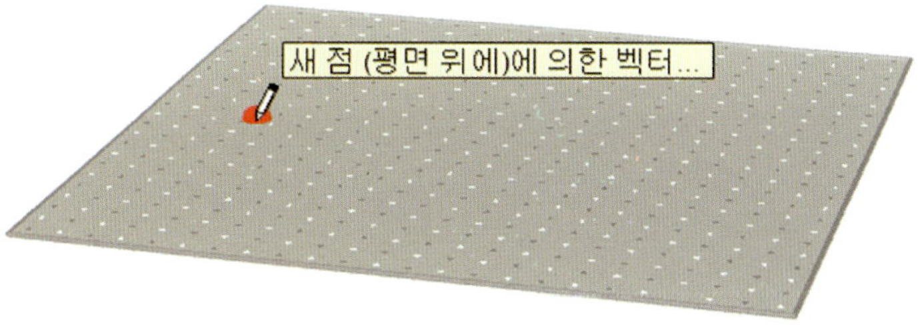

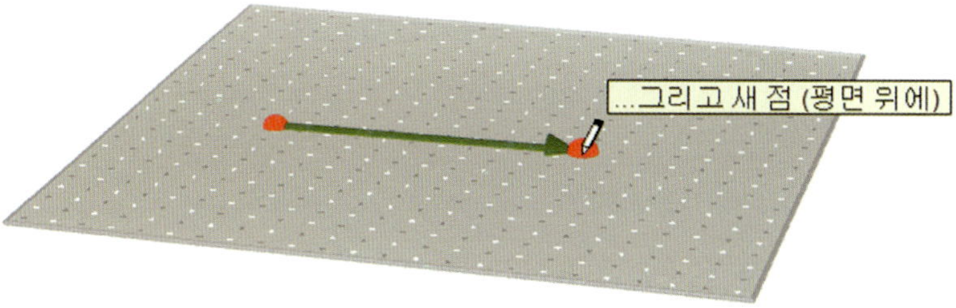

5) 원

• 정의 : 평면 또는 공간위에 중심과 반지름을 정의하여 원을 작도한다.

• 활용 : 원-1

[선] 원 도구를 사용하여 평면 위에 원을 작도한다.
원 도구 클릭 → 원을 작도할 평면 클릭 → 원의 중심이 될 부분 클릭 → 원의 반지름이 될 부분 클릭

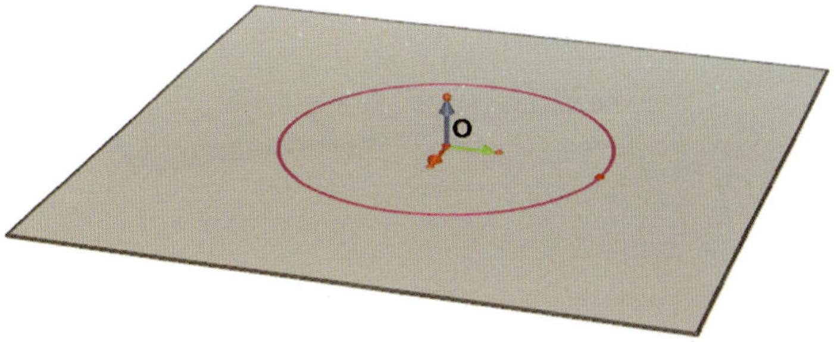

• 활용 : 원-2

① [점] 점 도구를 사용하여 평면 위에 3개의 임의의 점(같은 좌표가 아닌)을 작도한다.

② [선] 원 도구를 사용하여 미리 작도된 3개의 점을 지나는 원을 작도한다.

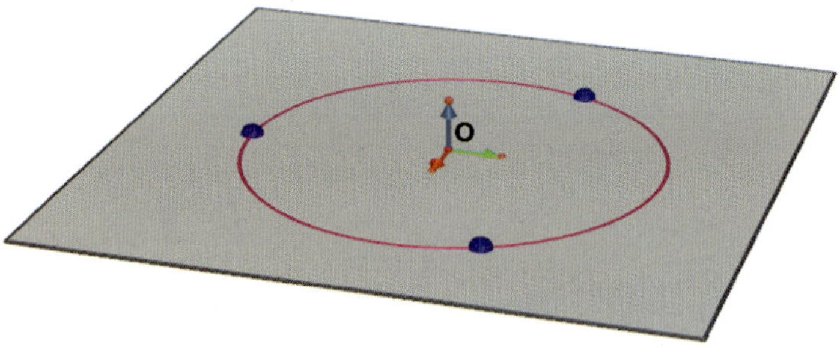

• 활용 : 원-3

① [선] **선분** 도구를 이용하여 선분을 작도한다.

② [측정] **길이** 도구를 사용하여 선분의 길이를 측정한다.
길이 도구 클릭 → 선분 클릭

③ [선] **원** 도구를 미리 작도된 측정값으로 원을 작도한다.
원 도구 클릭 → 원을 작도할 평면 클릭 → 미리 계산된 측정값 클릭(반지름) → 원의 중심이 될 부분 클릭

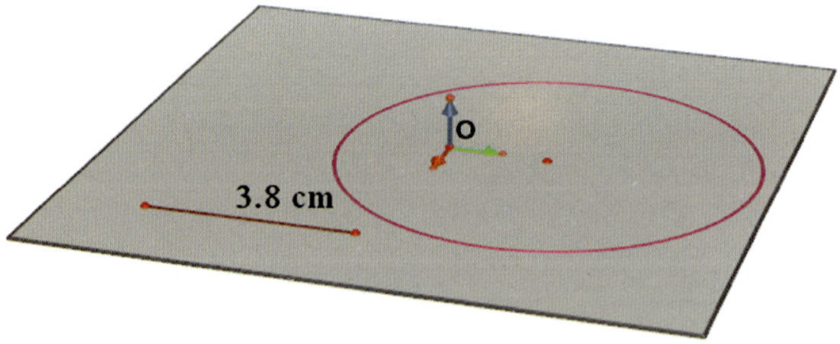

6) 호

• 정의 : 세 점으로 정의된 원의 호를 작도한다.

• 활용 : 작도된 세 점에 의한 호 작도

① [점] **점** 도구를 사용하여 평면 위에 임의의 세 점 A, B, C를 작도한다.
점 도구 클릭 → 평면 위의 세 점 클릭

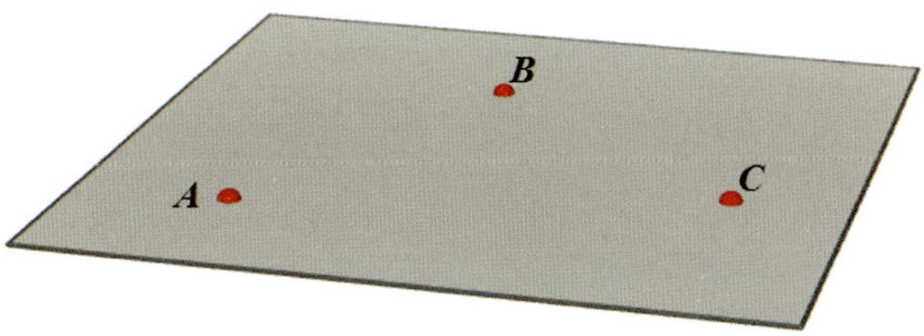

② [선] **호** 도구를 사용하여 세 점 A, B, C에 의해 정의된 호를 작도한다.
호 도구 클릭 → 점 A 클릭 → 점 B 클릭 → 점 C 클릭

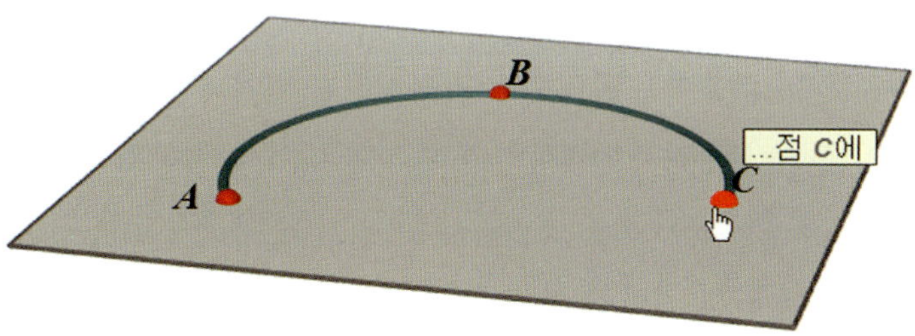

• 활용 : 직접 호 작도

① [선] **호** 도구를 사용하여 세 점에 의해 정의된 호를 작도한다.
호 도구 클릭 → 평면 위에 서로 다른 세 점 클릭

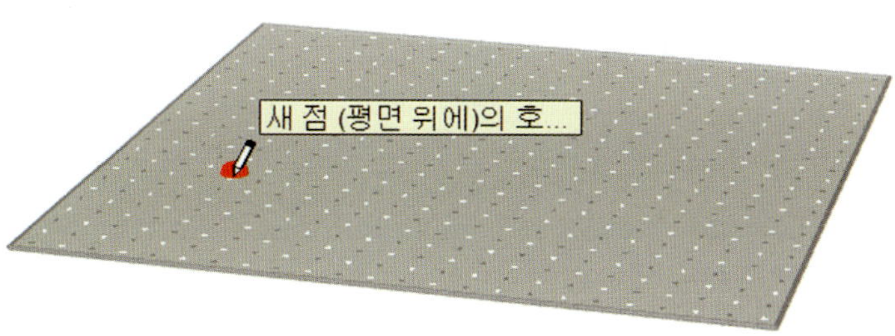

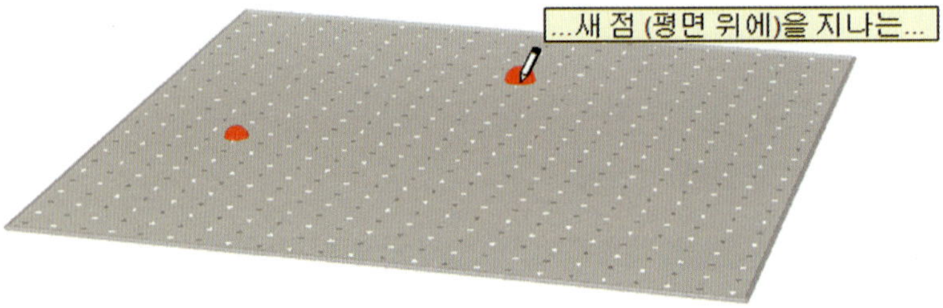

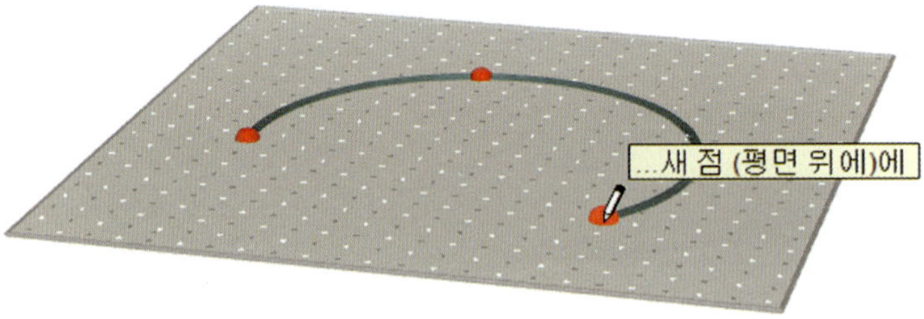

7) 이차곡선

- 정의 : 동일 평면상에 작도된 5개의 점을 지나는 이차곡선을 작도한다.
- 활용 : 동일 평면상에 작도된 5개의 점에 의한 이차곡선 작도

① [선] **이차곡선** 도구를 사용하여 한 평면 위에 작도된 5개의 임의의 점 A, B, C, D, E에 의해 정의된 이차곡선을 작도한다.

이차곡선 도구 클릭 → 점 A 클릭 → 점 B 클릭 → 점 C 클릭 → 점 D 클릭 → 점 E 클릭

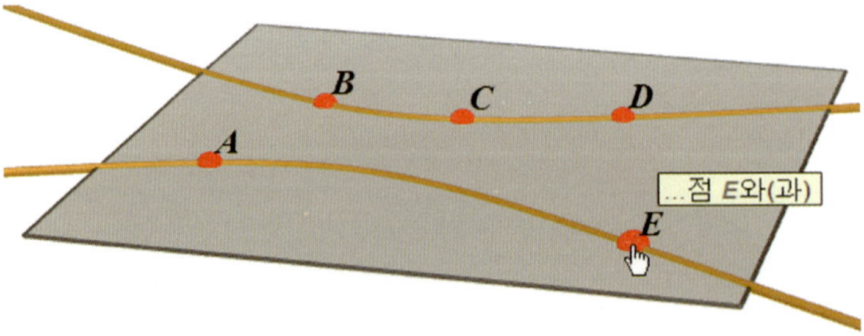

• 활용 : 동일 평면상의 5개의 직선에 접하는 이차곡선 작도

① [선] **이차곡선** 도구를 사용하여 한 평면 위에 작도된 5개의 임의의 직선 $l_1, l_2 l_3, l_4, l_5$에 접하는 이차곡선을 작도한다.

이차곡선 도구 클릭 → 직선 l_1 클릭 → 직선 l_2 클릭 → 직선 l_3 클릭 → 직선 l_4 클릭 → 직선 l_5 클릭

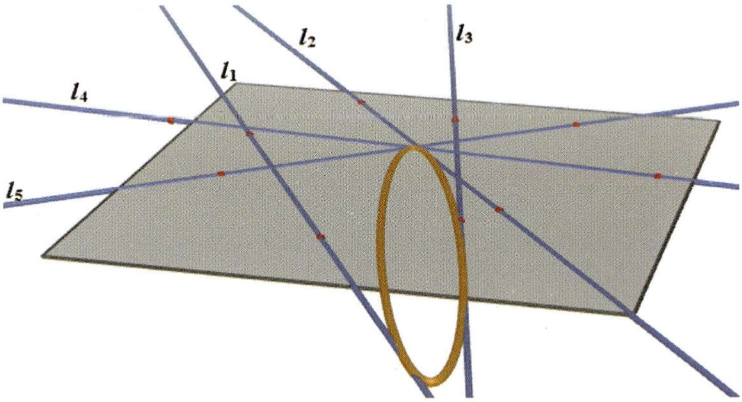

• 활용 : 한 평면과 원기둥이 만나서 생기는 이차곡선 작도

① [작도] **수직** 도구를 사용하여 평면에 수직인 직선을 작도한다.

수직 도구 클릭 → 평면 클릭 → 평면 위의 점 O 클릭

② [면] **원기둥** 도구를 사용하여 직선 주위에 임의의 점 P를 지나는 원기둥을 작도한다.

원기둥 도구 클릭 → 직선 클릭 → 평면 위의 점 P 클릭

③ [선] **이차곡선** 도구를 사용하여 원기둥과 평면이 만나서 생기는 이차곡선을 작도한다.

이차곡선 도구 클릭 → 원기둥과 평면이 만나는 선 클릭

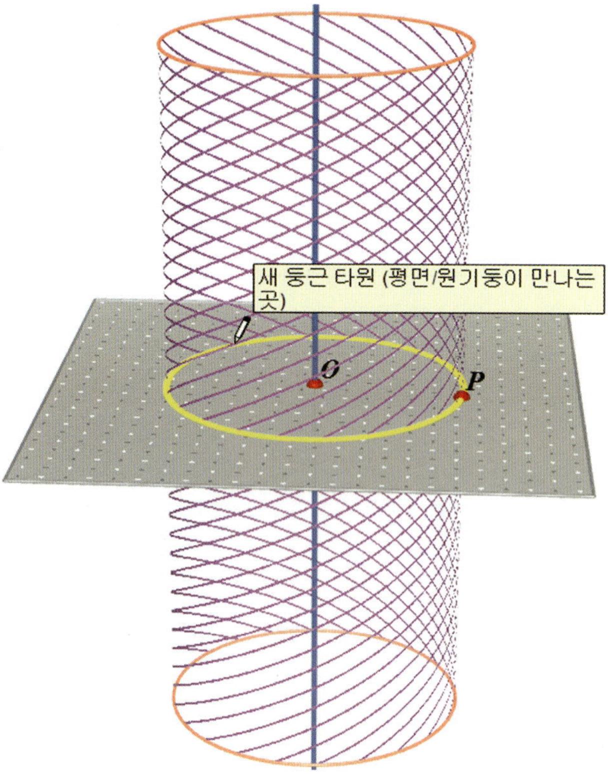

8) 교선

- 정의 : 두 도형의 교선을 작도한다.
- 활용 : 구와 만나는 평면의 교선

① [면] 구 도구를 사용하여 평면 위에 점 O가 중심인 구를 작도한다.
구 도구 클릭 → 구의 중심 점 O 클릭 → 평면 위의 임의의 점(반지름) 클릭

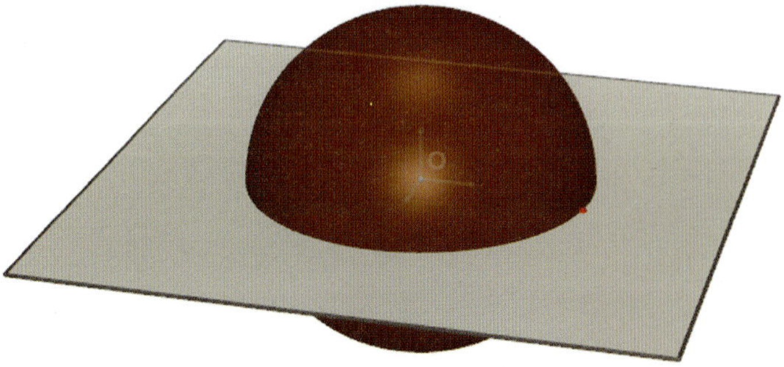

② [선] 교선 도구를 사용하여 구와 평면의 교선을 작도한다.
교선 도구 클릭 → 구와 평면이 만나는 선 클릭

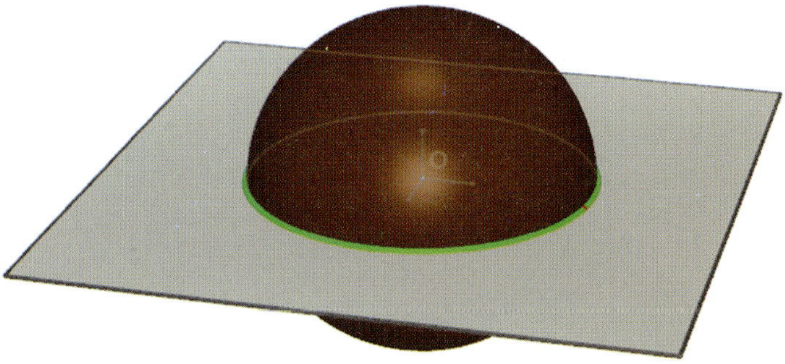

2.2.4 면 도구

1) 평면

- 정의 : 직선과 한 점을 지나는 평면을 작도한다.
- 활용 : 세 점을 지나는 평면 작도

① [면] **평면** 도구를 사용하여 임의의 점 A, B, C를 지나는 평면을 작도한다.
면 도구 클릭 → 점 A 클릭 → 점 B 클릭 → 점 C 클릭

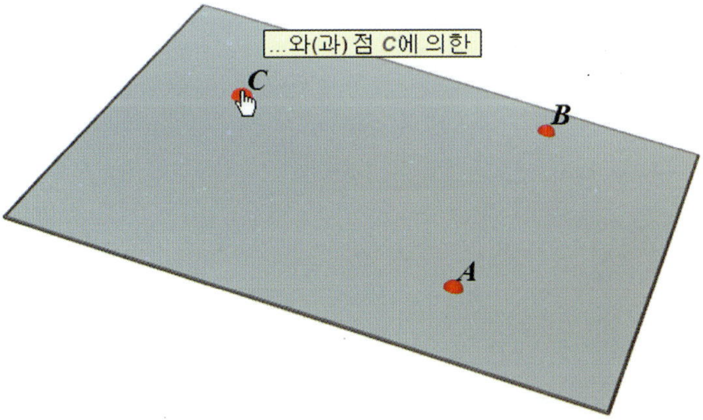

• 활용 : 한 평면에 놓인 2개의 직선을 지나는 평면 작도

① [면] **평면** 도구를 사용하여 임의의 직선 l_1, l_2를 지나는 평면을 작도한다.
평면 도구 클릭 → 직선 l_1 클릭 → 직선 l_2 클릭

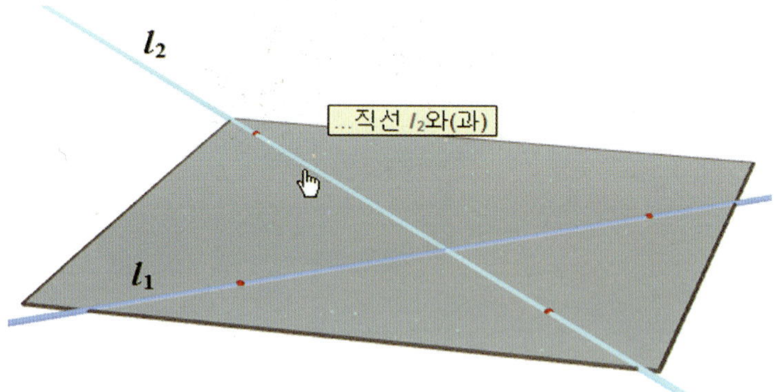

• 활용 : 한 직선과 한 점을 지나는 평면

① 면] **평면** 도구를 사용하여 임의의 직선 l_1과 한 점 P를 지나는 평면을 작도한다.

평면 도구 클릭 → 직선 l_l 클릭 → 점 P 클릭

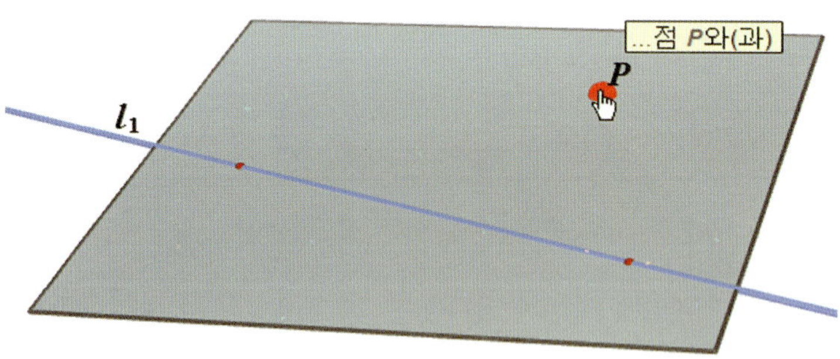

• 활용 : 삼각형과 다각형에 의해 정의된 평면

① [면] **평면** 도구를 사용하여 임의의 다각형에 의해 정의된 평면을 작도한다.

평면 도구 클릭 → 삼각형이나 다각형 가까이로 마우스 이동 → 평면이 보이면 클릭

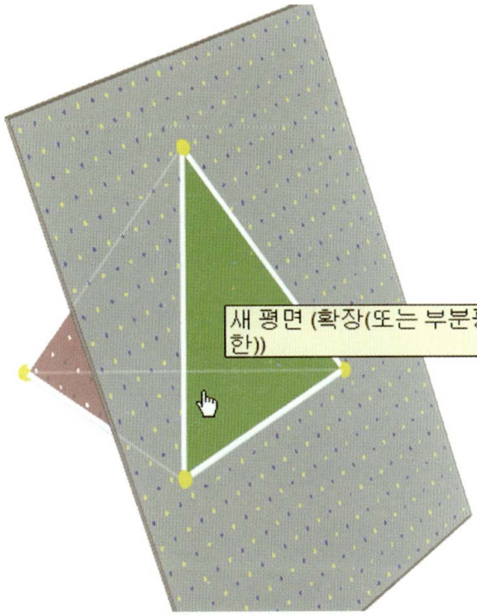

2) 다각형

• 정의 : 한 평면 위의 세 점 또는 그 이상의 점으로 다각형을 작도한다.

• 활용 : 한 평면 위에서 5개의 점으로 이루어진 다각형 작도

① [면] **다각형** 도구를 사용하여 임의의 점 A, B, C, D, E를 지나는 다각형을 작도한다.

다각형 도구 클릭 → 점 A 클릭 → 점 B 클릭 → 점 C 클릭 → 점 D 클릭 → 점 E 더블 클릭

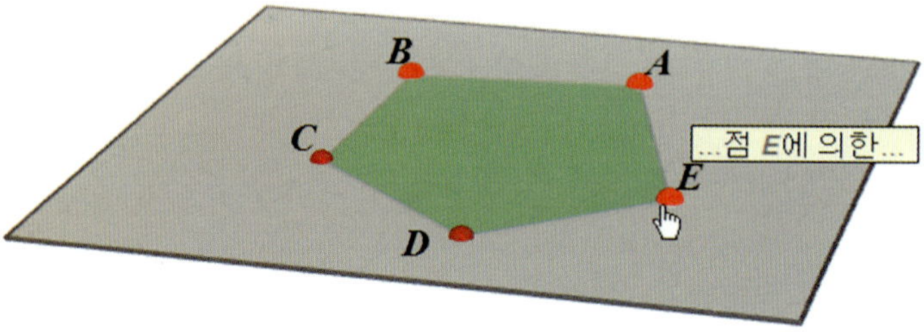

• 활용 : 다면체의 임의의 면이 이루는 다각형 작도

① [정다면체] **정십이면체** 도구를 사용하여 평면 위에 정십이면체를 작도한다.

정십이면체 도구 클릭 → 평면 클릭 → 정다면체의 중심이 될 평면 위의 임의의 점 클릭 → 정다면체의 길이가 될 평면 위의 임의의 점 클릭

② [면] **다각형** 도구를 사용하여 정십이면체의 임의의 면이 이루는 다각형을 작도한다.

다각형 도구 클릭 → 정십이면체의 임의의 면 클릭

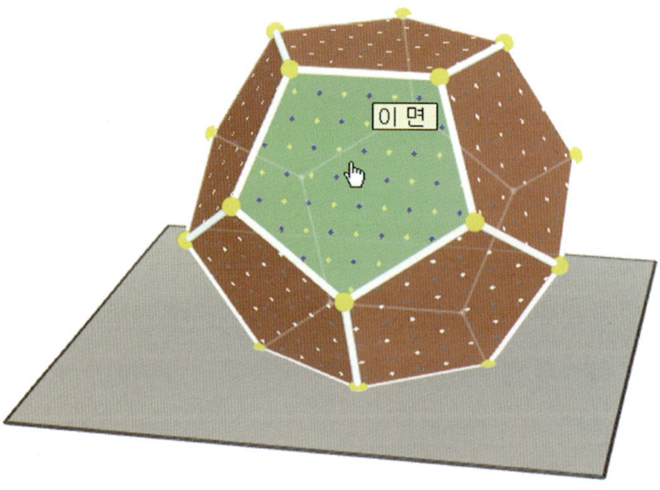

3) 삼각형

- 정의 : 세 점에 의해 정의되는 삼각형을 작도한다.
- 활용 : 한 평면 위의 세 점으로 이루어진 삼각형 작도

  ① [면] **삼각형** 도구를 사용하여 한 평면 위의 세 점 A, B, C를 지나는 삼각형을 작도한다.

  삼각형 도구 클릭 → 점 A 클릭 → 점 B 클릭 → 점 C 클릭

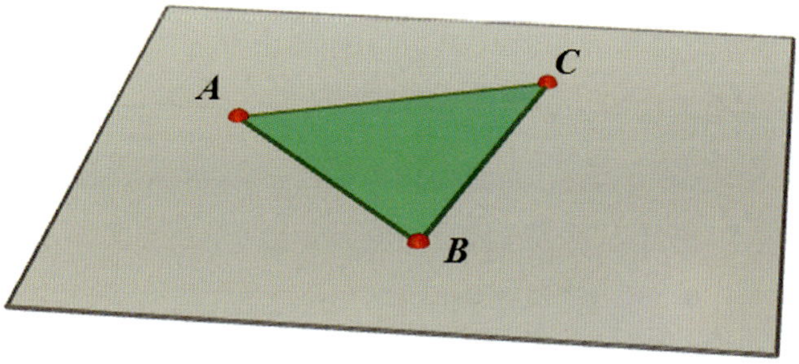

- 활용 : 임의의 세 점으로 이루어진 삼각형 작도

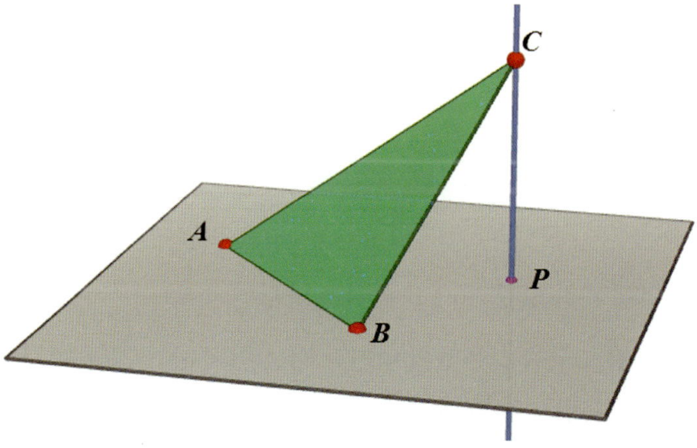

① [작도] **수직** 도구를 사용하여 평면에 수직인 직선을 작도한다.
수직 도구 클릭 → 평면 클릭 → 평면 위의 임의의 점 P 클릭

② [점] **점** 도구를 사용하여 평면과 직선 위에 각각 점 A, B, C를 작도한다.

③ [면] **삼각형** 도구를 사용하여 세 점 A, B, C를 지나는 삼각형을 작도한다.

삼각형 도구 클릭 → 점 A 클릭 → 점 B 클릭 → 점 C 클릭

4) 반평면

- 정의 : 한 직선과 한 점에 의한 반평면을 작도한다.
- 활용 : 반평면의 내부의 한 점과 한 직선에 의한 반평면

① [점] **점** 도구를 사용하여 한 점 P를 작도하고, [선] **직선** 도구를 사용하여 한 직선 l_1을 작도한다.

② [면] **반평면** 도구를 사용하여 점 P를 포함하는 반평면을 작도한다.
반평면 도구 클릭 → 직선 클릭 → 점 P 클릭

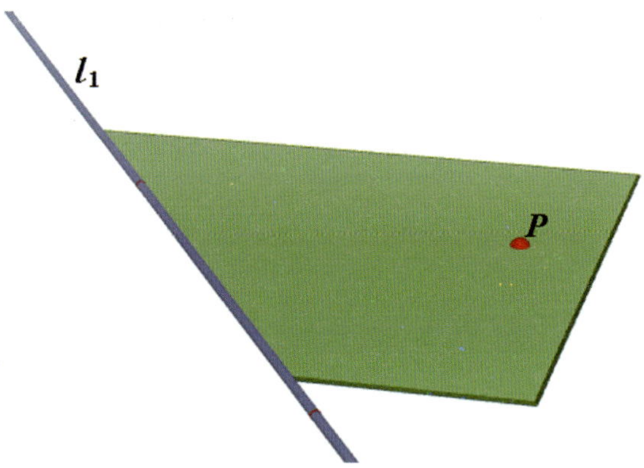

- 활용 : 세 점에 의한 반평면(세번째 점은 반평면 내부)

① [점] **점** 도구를 사용하여 평면과 직선 위에 각각 점 A, B, C를 작도한다.

② [면] **반평면** 도구를 사용하여 점 A, B, C에 의한 반평면을 작도한다.
반평면 도구 클릭 → 점 A 클릭 → 점 B 클릭 → 점 C 클릭

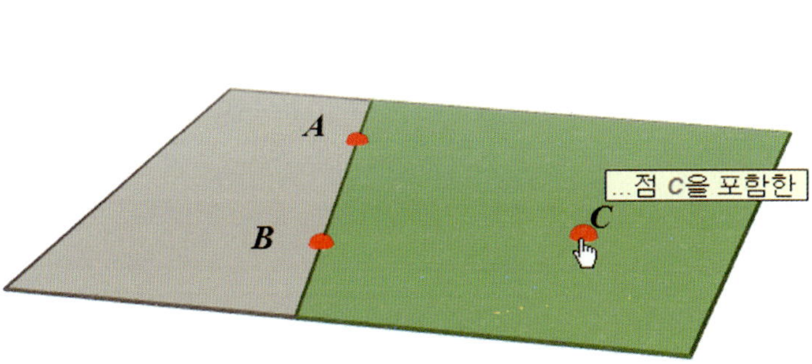

5) 부채꼴

- 정의 : 세 점(시작점, 중심각점, 끝점)에 의해 정의된 부채꼴을 작도한다.
- 활용 : 부채꼴의 넓이

① [선] **원** 도구를 사용하여 평면 위에 점 O가 중심인 원을 작도한다.
원 도구 클릭 → 점 O 클릭 → 평면 위의 임의의 점(반지름) 클릭

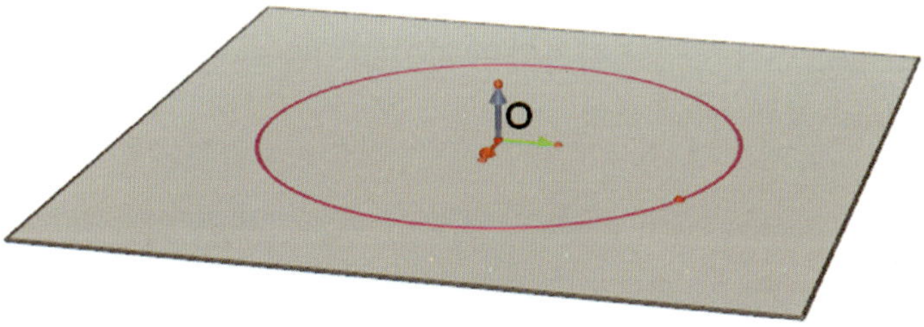

② [면] **부채꼴** 도구를 사용하여 평면 위에 점 O를 중심으로 하는 부채꼴을 작도한다.
부채꼴 도구 클릭 → 원의 둘레 클릭 → 점 O 클릭 → 원의 둘레 클릭(첫 번째와 다른 임의의 점)

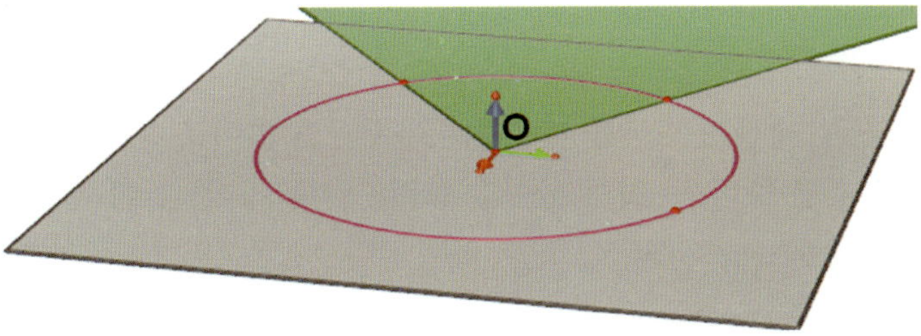

③ [각] 각 도구를 사용하여 부채꼴의 중심각을 측정한다.
각 도구 클릭 → 부채꼴과 원이 만나는 점 클릭 → 점 O 클릭 → 부채꼴과 원이 만나는 점 클릭(첫 번째와 다른 점)

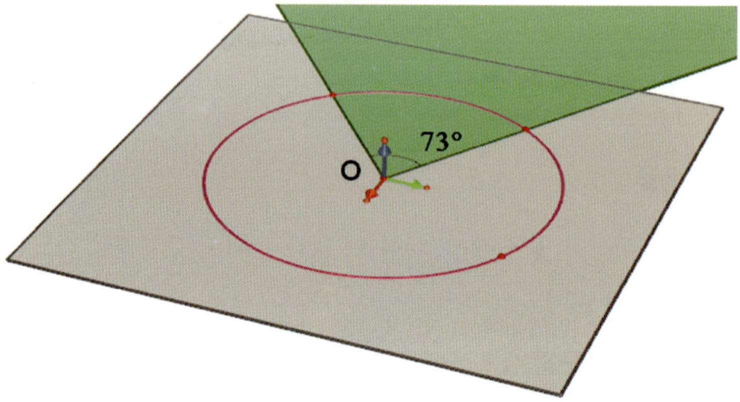

④ [측정] 면적 도구를 사용하여 원의 넓이를 측정한다.
면적 도구 클릭 → 원 클릭

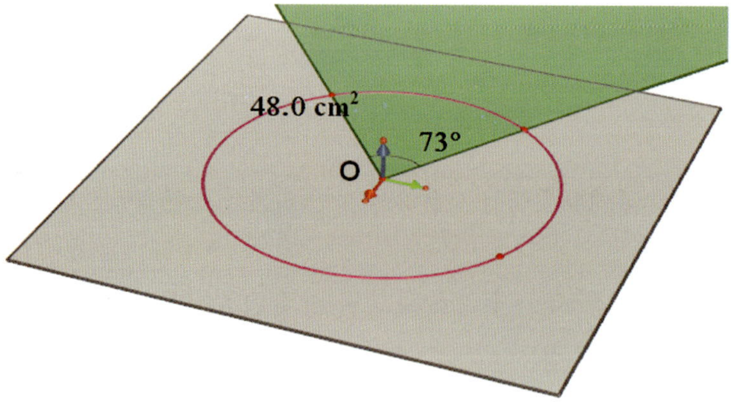

⑤ [측정] 계산기 도구를 사용하여 부채꼴의 넓이를 측정한다.
계산기 도구 클릭 → 원의 넓이값 클릭 → *(곱하기) 입력 → 중심각 클릭 → /2*pi(나누기 360) 입력 → 삽입 클릭

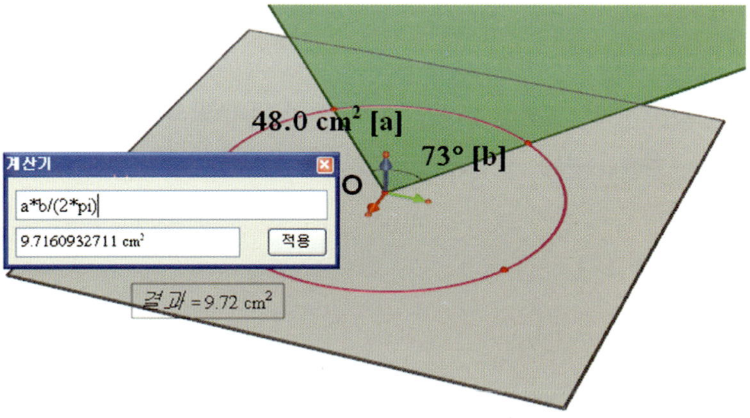

6) 원기둥

- 정의 : 축이 되는 선(직선, 선분, 반직선, 벡터) 주위에 한 점을 지나는 원기둥을 작도한다.
- 활용 : 원기둥

① [선] **직선** 도구를 사용하여 평면 위에 수직인 직선을 작도한다.
직선 도구 클릭 → Z축 (파란색) 단위벡터 클릭

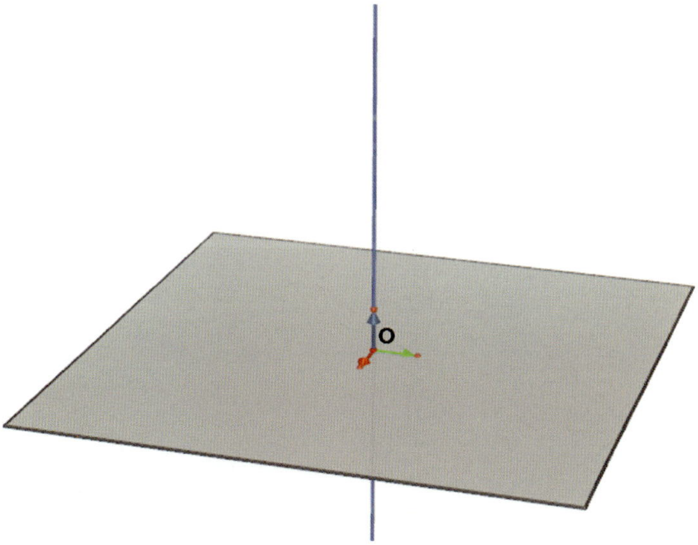

② [선] **선분** 도구를 사용하여 원점부터 원기둥의 높이가 될 부분에 선분을 작도한다.(원기둥의 높이)

선분 도구 클릭 → 원점 클릭 → Z 축 직선 위의 임의의 점 클릭

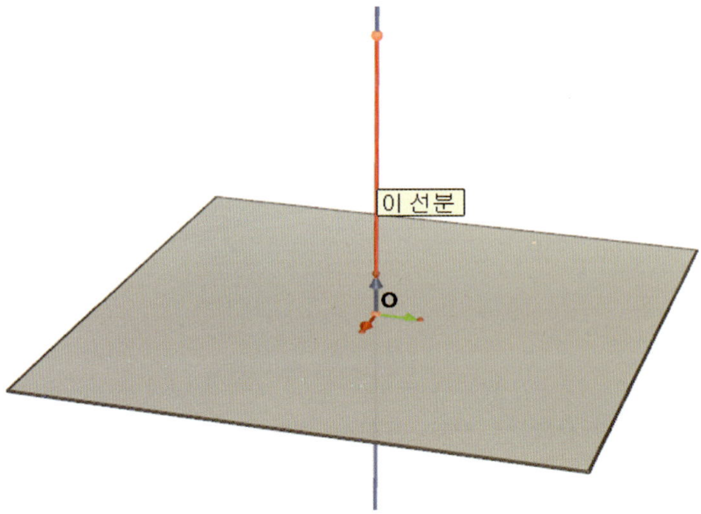

③ [면] **원기둥** 도구를 이용하여 원기둥을 작도한다.

원기둥 도구 클릭 → 작도된 선분 클릭 → 평면 위의 임의의 점 클릭(밑변의 반지름이 될 부분)

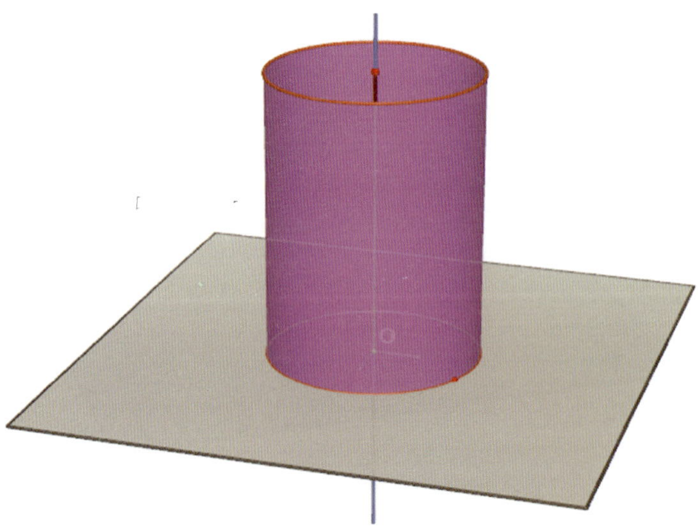

7) 원뿔

- 정의 : 꼭짓점과 원(또는 타원)에 의해 정의된 원뿔을 작도한다.
- 활용 : 원뿔의 작도

① [선] **원** 도구를 사용하여 평면 위에 점 O가 중심인 원을 작도한다.(밑변)
원 도구 클릭 → 점 O 클릭 → 평면 위의 임의의 점(반지름) 클릭

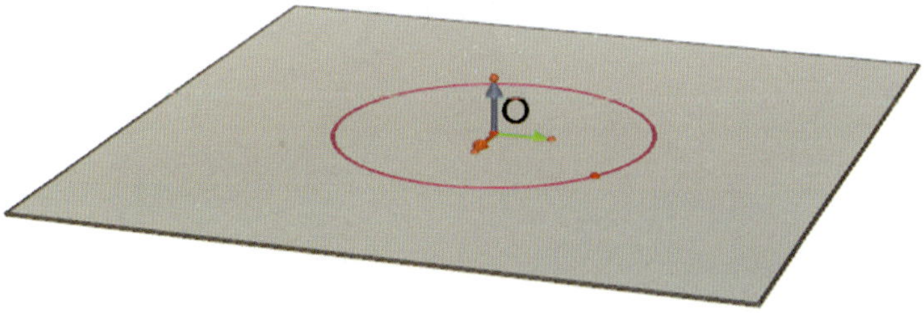

② [선] **직선** 도구를 사용하여 평면에 수직인 직선을 작도한다.
직선 도구 클릭 → Z축(파란색) 단위벡터 클릭

③ [선] **선분** 도구를 사용하여 원점부터 원뿔의 높이가 될 부분에 선분을 작도한다.(원뿔의 높이)
선분 도구 클릭 → 원점 클릭 → Z 축 직선 위의 임의의 점 클릭

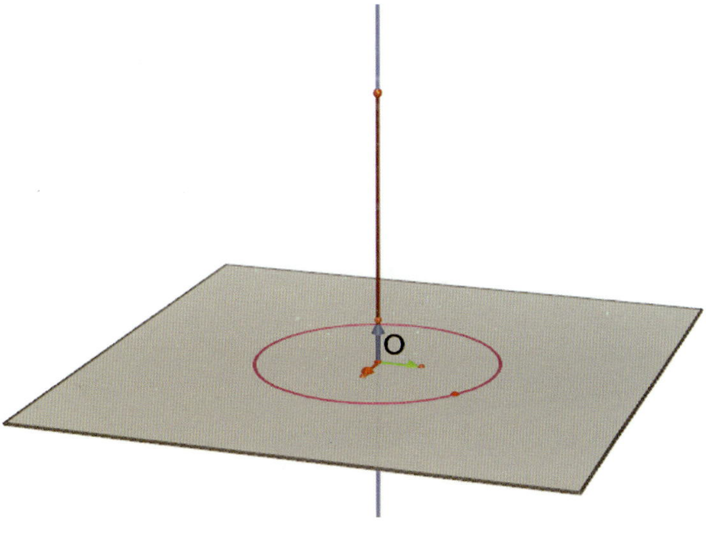

④ [면] **원뿔** 도구를 사용하여 원뿔을 작도한다.
원뿔 도구 클릭 → 선분의 끝점 클릭 → 원의 둘레 클릭

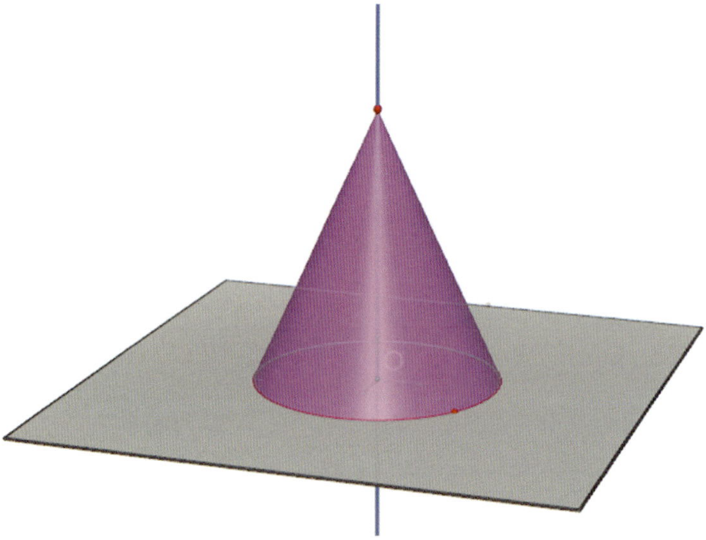

8) 구

- 정의 : 중심과 반지름으로 정의된 구를 작도한다.
- 활용 : 구-1

① [면] **구** 도구를 사용하여 평면 위에 점 O가 중심인 구를 작도한다.
구 도구 클릭 → 구의 중심 점 O 클릭 → 평면 위의 임의의 점(반지름) 클릭

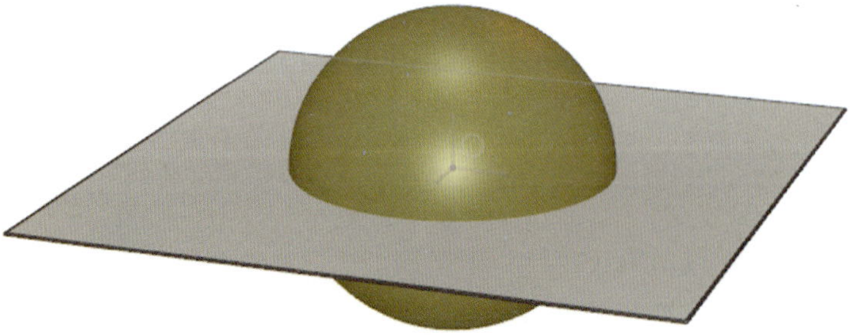

• 활용 : 구-2

① [선] **선분** 도구를 사용하여 평면 위에 선분을 작도한다.
선분 도구 클릭 → 평면 위에 서로 다른 두개의 점 클릭

② [면] **구** 도구를 사용하여 선분의 길이가 구의 반지름의 길이가 되는 구를 작도한다.

구 도구 클릭 → 선분 클릭 → 구의 중심이 될 부분 클릭

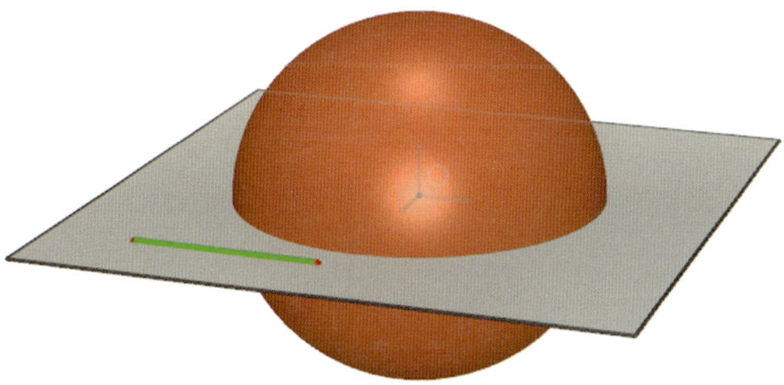

• 활용 : 구-3

① [측정] **계산기** 도구를 사용하여 임의의 숫자를 입력한다.
계산기 도구 클릭 → 임의의 숫자 입력(ex : 3) → 삽입 클릭

② [면] **구** 도구를 사용하여 입력한 값이 구의 반지름의 길이가 되는 구를 작도 한다.

구 도구 클릭 → 입력값 클릭 → 구의 중심이 될 부분 클릭

2.2.5 작도 도구

1) 수직

• 정의 : 한 평면이나 직선에 수직인 직선이나 평면을 작도한다.

• 활용 : 평면에 수직인 직선 작도

① [점] **점** 도구를 사용하여 공간에 임의의 점 *P*를 작도한다.

② [작도] **수직** 도구를 사용하여 점 *P*를 지나고 평면에 수직인 직선을 작도한다.

수직 도구 클릭 → 점 *P* 클릭 → 평면 클릭

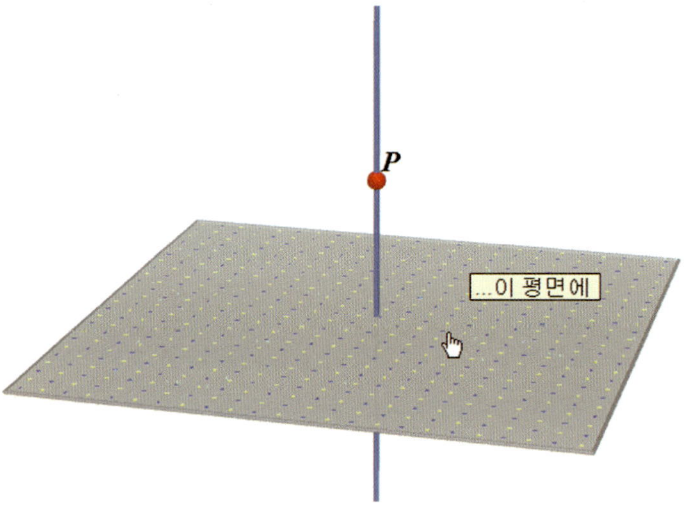

• 활용 : 직선에 수직인 평면 작도

① [점] **점** 도구와 [선] **직선** 도구를 사용하여 공간에 임의의 점 *Q*와 직선 *l*을 작도한다.

② [작도] **수직** 도구를 사용하여 점 *Q*를 지나고 직선 *l*에 수직인 평면을 작도한다.

수직 도구 클릭 → 점 *Q* 클릭 → 직선 *l* 클릭

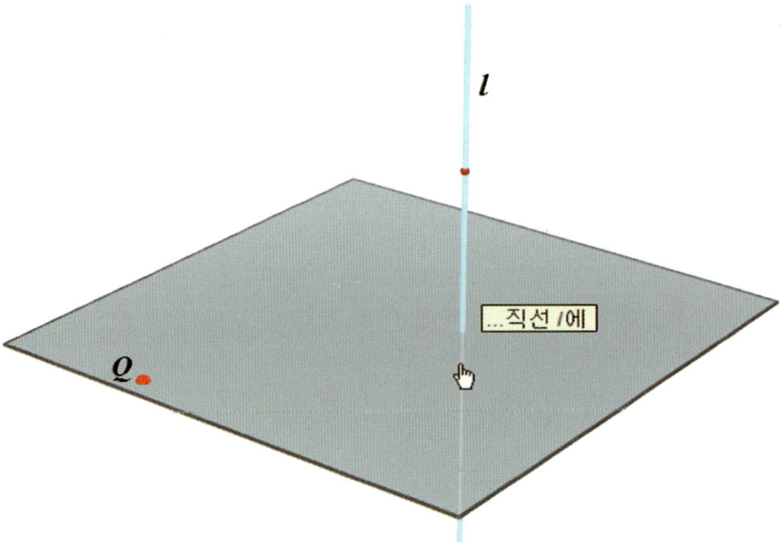

• 활용 : 다른 직선에 수직인 직선 작도

① [점] 점 도구와 [선] 직선 도구를 사용하여 공간에 임의의 점 *R*과 직선 *l*을 작도한다.

② [작도] 수직 도구를 사용하여 점 *R*을 지나고 직선 *l*에 수직인 직선을 작도한다.

수직 도구 클릭 → 점 *R* 클릭 → 직선 *l* 클릭

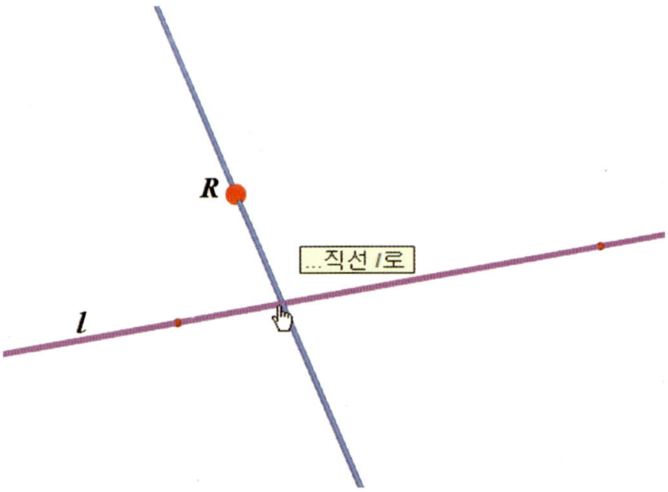

2) 평행

• 정의 : 직선이나 평면에 평행한 도형을 작도한다.

• 활용 : 직선에 평행한 직선 작도

① [점] **점** 도구와 [선] **직선** 도구를 사용하여 공간에 임의의 점 P와 직선 l을 작도한다.

② [작도] **평행** 도구를 사용하여 점 P를 지나고 직선 l에 평행한 직선을 작도한다.

평행 도구 클릭 → 점 P 클릭 → 직선 l 클릭

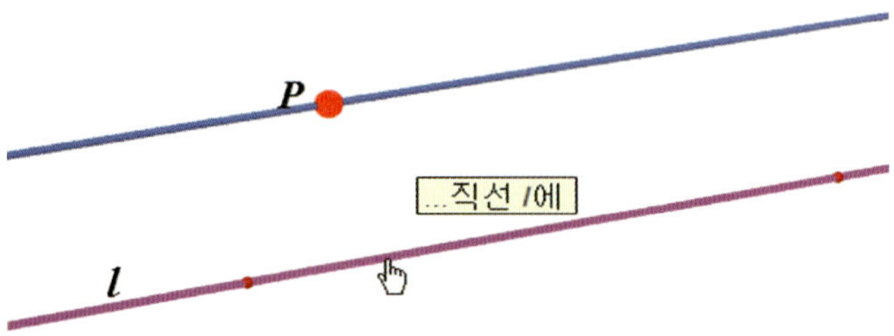

• 활용 : 평면에 평행한 평면 작도

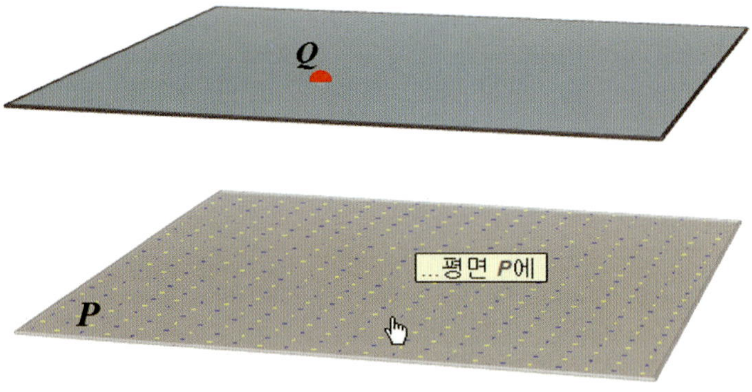

① [점] **점** 도구를 사용하여 공간에 임의의 점 Q를 작도한다.

② [작도] **평행** 도구를 사용하여 점 Q를 지나고 평면 P에 평행한 평면을 작도한다.

평행 도구 클릭 → 점 Q 클릭 → 평면 P 클릭

3) 수직이등분

- 정의 : 직선(선분, 벡터, 다각형의 변, 다면체의 모서리)의 중점을 지나는 평면을 작도한다.
- 활용 : 두 점의 수직이등분 평면 작도

① [점] **점** 도구를 사용하여 공간에 임의의 두 점 A, B를 작도한다.

② [작도] **수직이등분** 도구를 사용하여 두 점 A, B의 수직이등분 평면을 작도한다.

수직이등분 도구 클릭 → 점 A 클릭 → 점 B 클릭

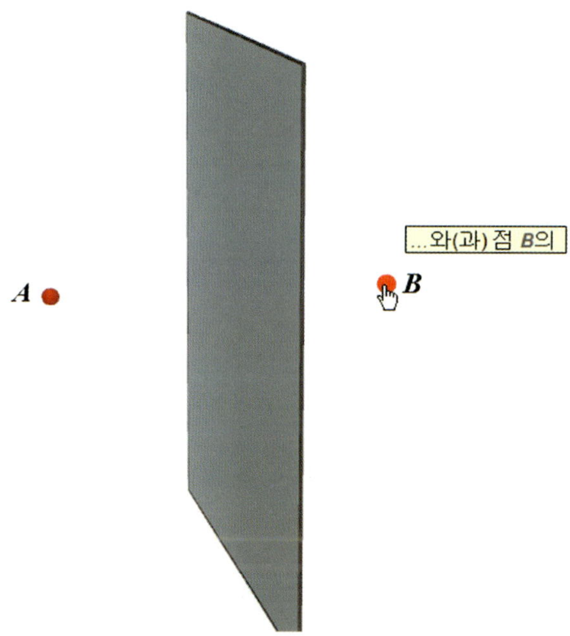

- 활용 : 선분의 수직이등분 평면 작도

① [선] **선분** 도구를 사용하여 공간에 임의의 선분을 작도한다.

② [작도] **수직이등분** 도구를 사용하여 선분의 수직이등분 평면을 작도한다.

수직이등분 도구 클릭 → 선분 클릭

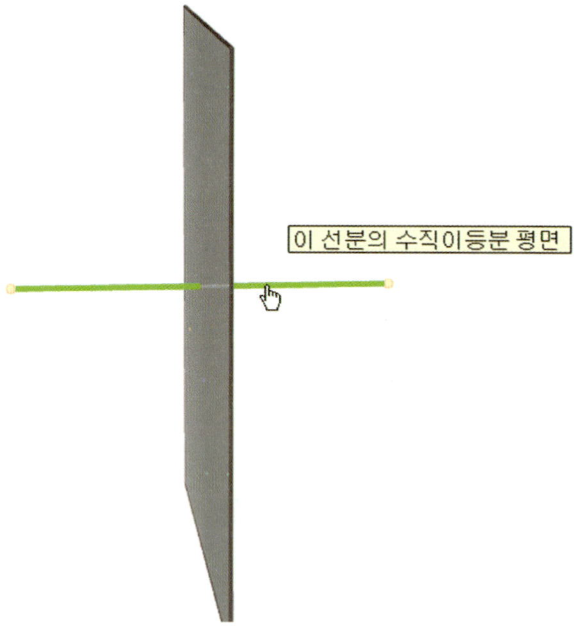

• 활용 : 다면체의 모서리의 중점을 지나는 평면 작도

① [정다면체] **정사면체** 도구를 사용하여 평면 위에 정사면체를 작도한다.

② [작도] **수직이등분** 도구를 사용하여 정사면체의 모서리의 중점을 지나는 평면을 작도한다.

수직이등분 도구 클릭 → 정사면체의 한 모서리 클릭

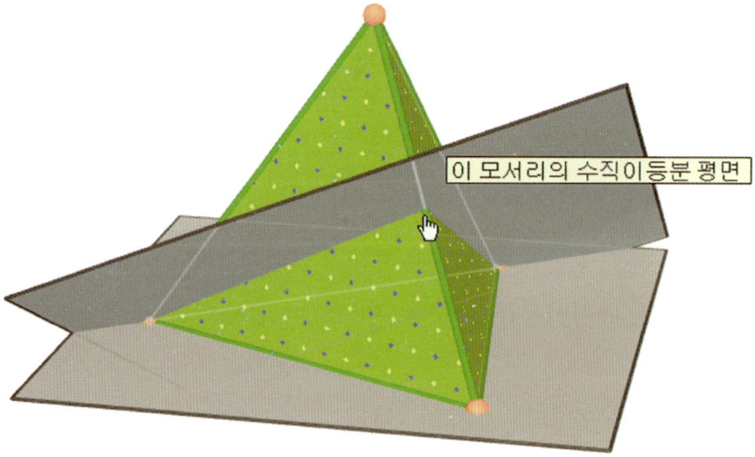

4) 각의 이등분면

- 정의 : 세 점으로 정의된 각의 이등분면을 작도한다.
- 활용 : 삼각형의 내심

① [면] **삼각형** 도구를 사용하여 평면 위에 삼각형을 작도한다.
기본 평면 위에 삼각형의 꼭짓점이 될 3개의 점을 클릭

② [조작] **조작** 도구를 이용하여 삼각형 꼭짓점에 텍스트를 입력한다.
조작 도구 클릭 → 삼각형 꼭짓점 클릭 → '*A*' 입력 → 다른 꼭짓점 클릭 → '*B*' 입력 → 다른 꼭짓점 클릭 → '*C*' 입력

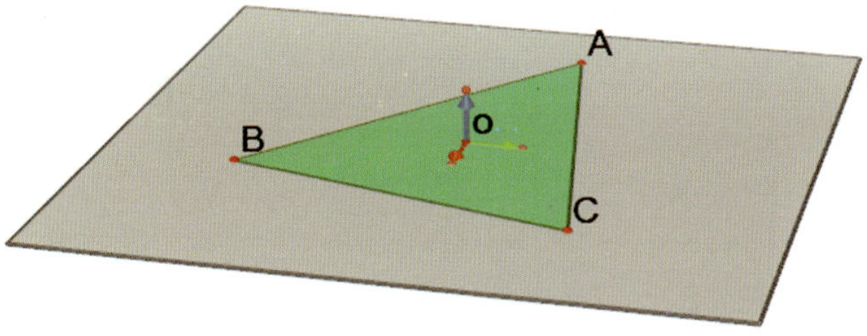

③ [작도] **각의 이등분면** 도구를 사용하여 각의 이등분면을 작도한다.
각의 이등분면 도구 클릭 → 점 *A* 클릭 → 점 *B* 클릭 → 점 *C* 클릭

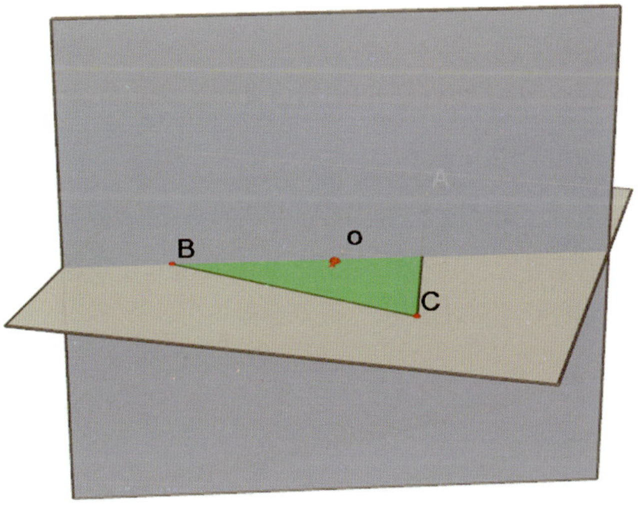

④ 나머지 각도 위와 같은 방법으로 이등분한다.

점 A 클릭 → 점 C 클릭 → 점 B 클릭

점 B 클릭 → 점 A 클릭 → 점 C 클릭

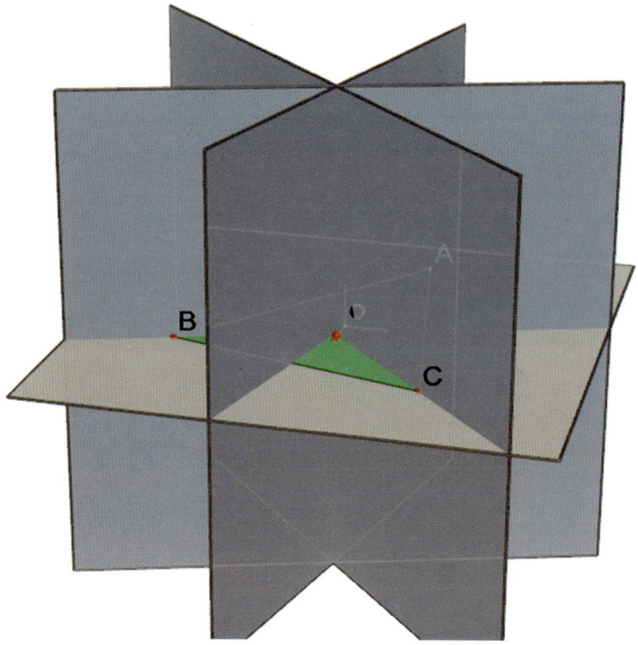

5) 중점

- 정의 : 직선(선분, 벡터, 다각형의 변, 다면체의 모서리)의 중점을 작도한다.
- 활용 : 두 점 사이의 중점 작도

① [점] **점** 도구를 사용하여 공간에 임의의 두 점 A, B를 작도한다.

② [작도] **중점** 도구를 사용하여 두 점 A, B 사이의 중점을 작도한다.
중점 도구 클릭 → 점 A 클릭 → 점 B 클릭

• 활용 : 삼각형의 무게중심 작도

① [면] 삼각형 도구를 사용하여 삼각형 ABC를 작도한다.

② [작도] 중점 도구를 사용하여 삼각형 ABC의 각 변의 중점을 작도한다.
중점 도구 클릭 → 삼각형 ABC의 각 변 클릭

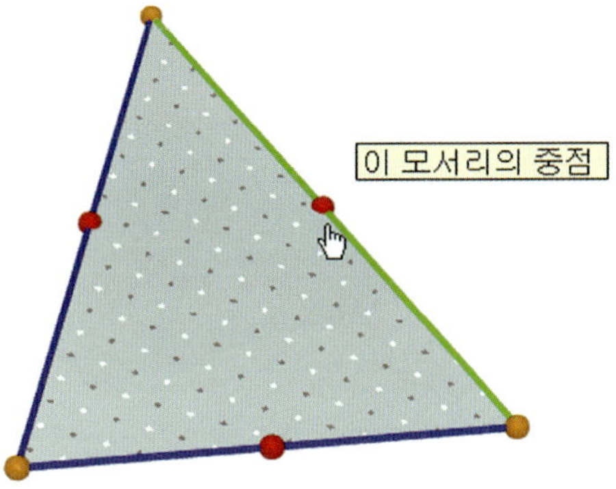

③ [선] 선분 도구를 사용하여 삼각형의 각 꼭짓점에서 그 대변의 중점을 연결한 중선을 작도한다.
선분 도구 클릭 → 꼭짓점 클릭 → 대변의 중점 클릭

④ [점] 교점 도구를 사용하여 삼각형의 중선의 교점을 작도한다.
교점 도구 클릭 → 세 중선이 만나는 곳 클릭

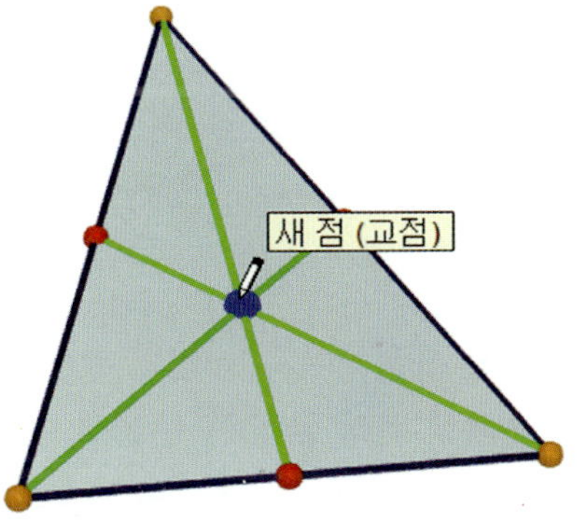

6) 벡터의 합

• 정의 : 두 벡터의 합을 작도한다.

• 활용 : 벡터의 합

① [선] **벡터** 도구를 사용하여 평면 위에 두 개의 벡터를 작도한다.
벡터 도구 클릭 → 원점(점 O) 클릭 → 평면 위에 서로 다른 두 개의 임의의 점 클릭

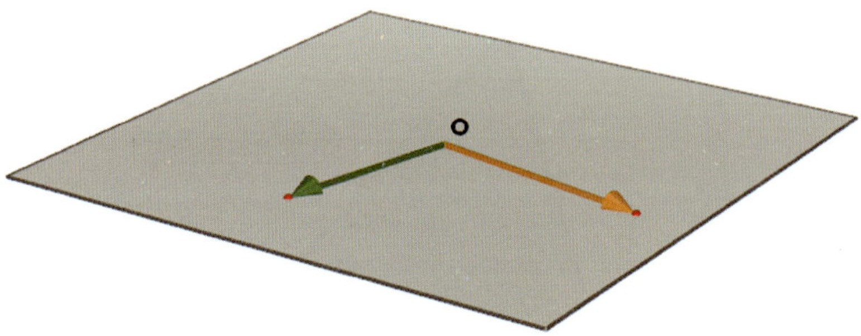

② [작도] **벡터의 합** 도구를 사용하여 두 벡터의 합을 작도한다.
벡터의 합 도구 클릭 → 초록색 벡터 클릭 → 주황색 벡터 클릭 → 원점 클릭

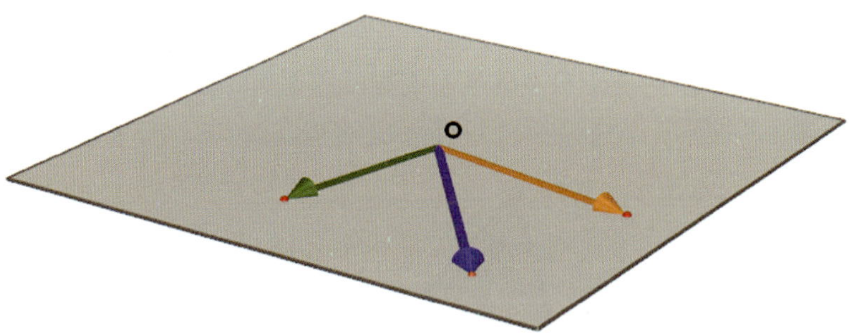

③ [작도] **평행** 도구를 사용하여 두 벡터의 평행선을 작도한다.
평행 도구 클릭 → 초록색 벡터 클릭 → 주황색 벡터의 끝 클릭 → 평행 도구 클릭 → 주황색 벡터 클릭 → 초록색 벡터의 끝 클릭

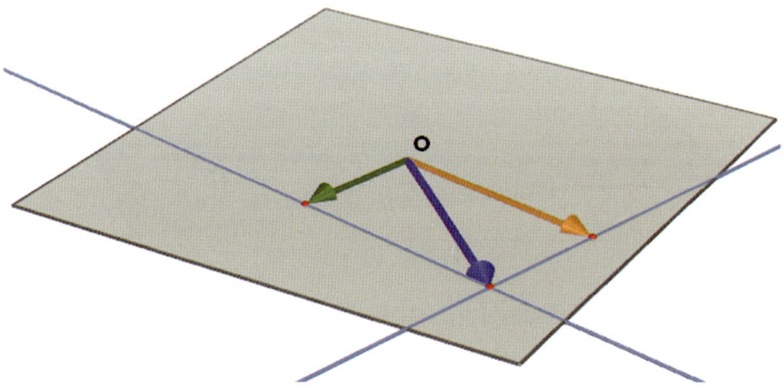

④ [선] 벡터 도구를 사용하여 벡터를 직선 위에 벡터를 작도하고 직선은 숨긴다.

벡터 도구 클릭 → 주황색 벡터 끝점 클릭 → 파란색. 벡터 끝점 클릭 → 초록색 벡터 끝점 클릭 → 파란색 벡터 끝점 클릭

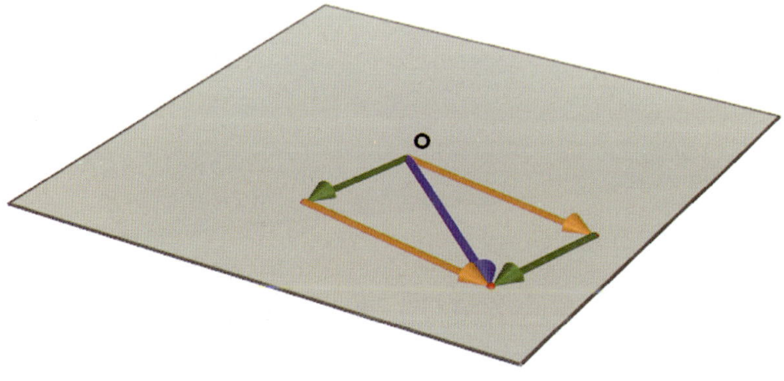

7) 외적

- 정의 : 두 벡터의 외적을 작도한다.
- 활용 : 벡터의 외적

① [선] 벡터 도구를 사용하여 평면 위에 두 개의 벡터를 작도한다.

벡터 도구 클릭 → 원점(점 O) 클릭 → 평면 위의 서로 다른 두 개의 임의의 점 클릭

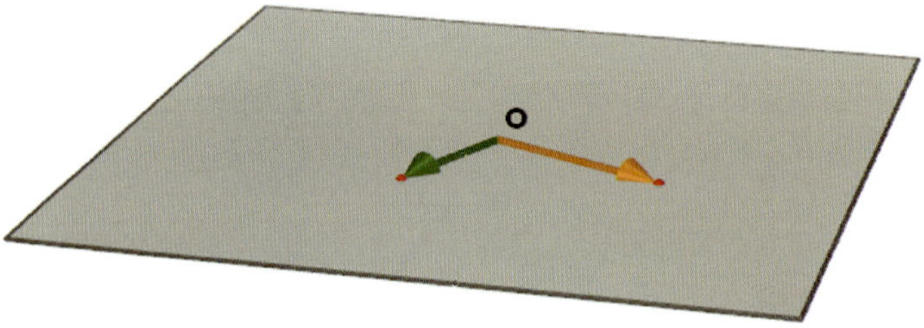

② [작도] 외적 도구를 사용하여 두 벡터의 외적을 작도한다.
외적 도구 클릭 → 첫 번째 벡터(초록색) → 두 번째 벡터(주황색) 클릭 → 점 O 클릭

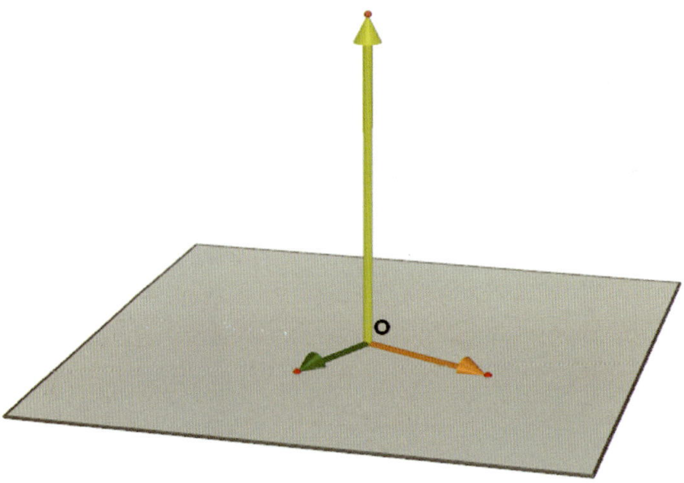

8) 측정값으로 평행이동

• 정의 : 어떤 도형 위에서 측정 도구를 이용하여 만든 측정값으로 평행이동한 점을 작도한다.

•활용 : 반직선과 벡터 상에서 측정값으로 평행이동한 점 작도

① [선] **선분** 도구를 사용하여 선분을 작도한 후, [측정] **길이** 도구를 사용하여 선분의 길이를 측정한다.

② [선] **반직선** 도구와 **벡터** 도구를 사용하여 반직선과 벡터를 각각

작도한다.

③ [작도] **측정값으로 평행이동** 도구를 사용하여 선분의 길이만큼 반직선과 벡터 상에서 평행이동한 점을 작도한다.

측정값으로 평행이동 도구 클릭 → 측정값 클릭 → 벡터 클릭

측정값으로 평행이동 도구 클릭 → 측정값 클릭 → 반직선 클릭

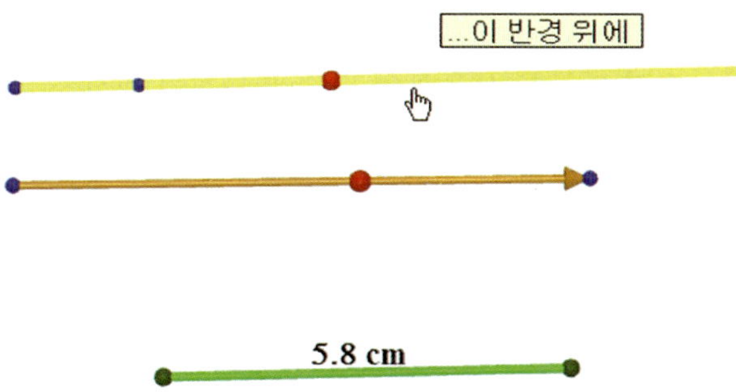

•활용 : 원과 직선 위에서 측정값으로 평행이동한 점 작도

① [선] **선분** 도구를 사용하여 선분을 작도한 후, [측정] **길이** 도구를 사용하여 선분의 길이를 측정한다.

② [선] **원** 도구를 사용하여 원을 작도한다.

③ [작도] **측정값으로 평행이동** 도구를 사용하여 선분의 길이만큼 원 위의 한 점 O로부터 원의 평행이동한 점을 작도한다.

측정값으로 평행이동 도구 클릭 → 측정값 클릭 → 원 클릭 → 원 위의 점 O 클릭

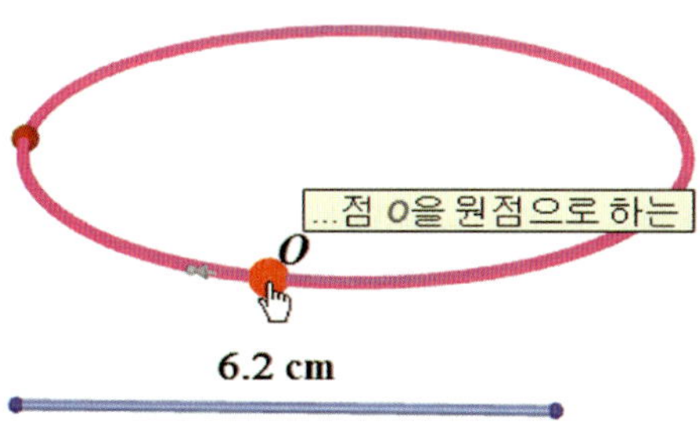

9) 자취

- 정의 : 어떤 도형의 움직임에 의해 나타나는 자취를 남긴다.
- 활용 : 회전체

① [선] **원** 도구를 사용하여 평면 위에 원을 작도한다.
원 도구 클릭 → 기본 평면 클릭 → 원점(점 O) 클릭 → 반지름이 될 적당한 부분 클릭

② [작도] **수직** 도구를 사용하여 평면에 수직인 직선을 작도한다.
수직 도구 클릭 → 기본 평면 클릭 → 원점(점 O) 클릭

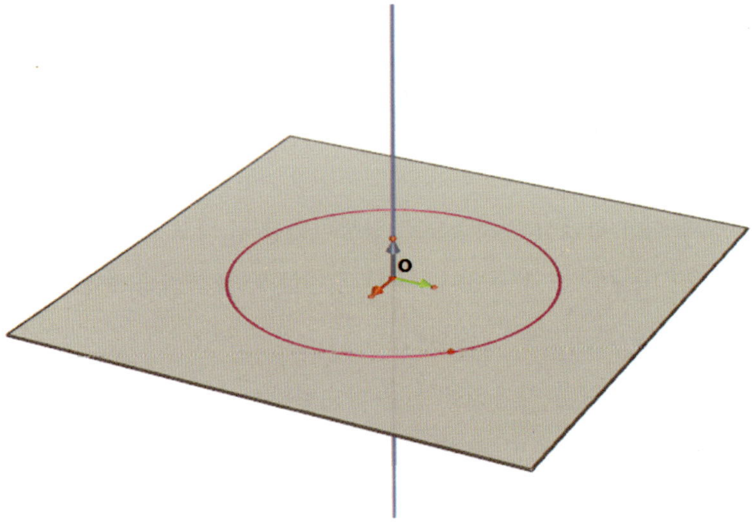

③ [면] **삼각형** 도구를 사용하여 수직선과 원, 그리고 원의 중심을 꼭짓점으로 갖는 삼각형을 작도한다.
삼각형 도구 클릭 → 수직선 클릭 → 원의 둘레 클릭 → 원점(점 O)클릭

④ [작도] **자취** 도구를 사용하여 삼각형의 자취를 만든다.
자취 도구 클릭 → 삼각형 클릭

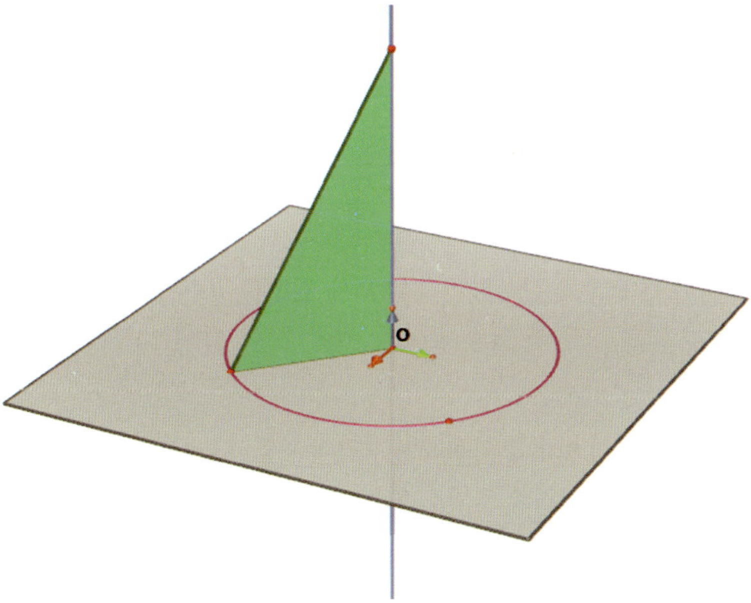

⑤ [조작]  **조작** 도구를 사용하여 원의 둘레 위의 점을 원의 형태로 천천히 드래그 한다.

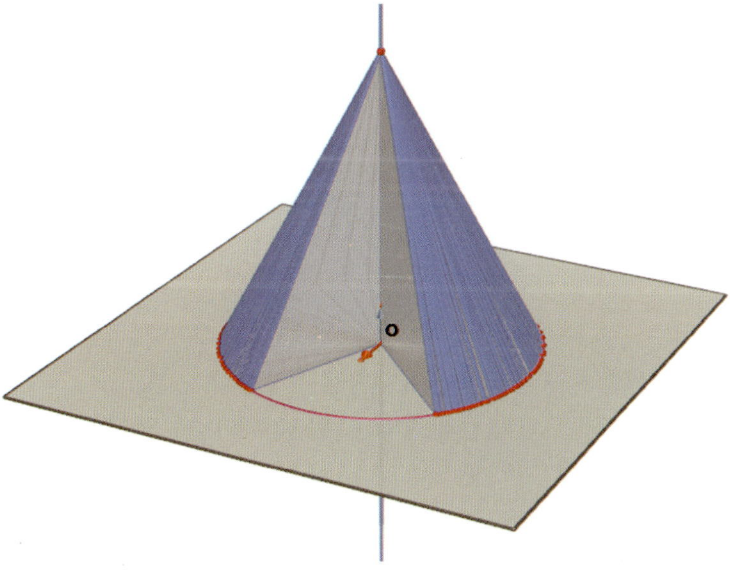

2.2.6 변환 도구

1) 점대칭

- 정의 : 한 점을 중심으로 도형을 대칭시킨다.
- 활용 : 원뿔의 점대칭

① [선] **원** 도구를 사용하여 평면 위에 원뿔의 밑변이 될 원을 작도한다.
원 도구 클릭 → 기본 평면 클릭 → 원점(점 O) 클릭 → 반지름이 될 임의의 점 클릭

② [작도] **수직** 도구를 사용하여 평면에 원뿔의 높이가 될 직선을 작도한다.
수직 도구 클릭 → 기본 평면 클릭 → 원점(점 O) 클릭

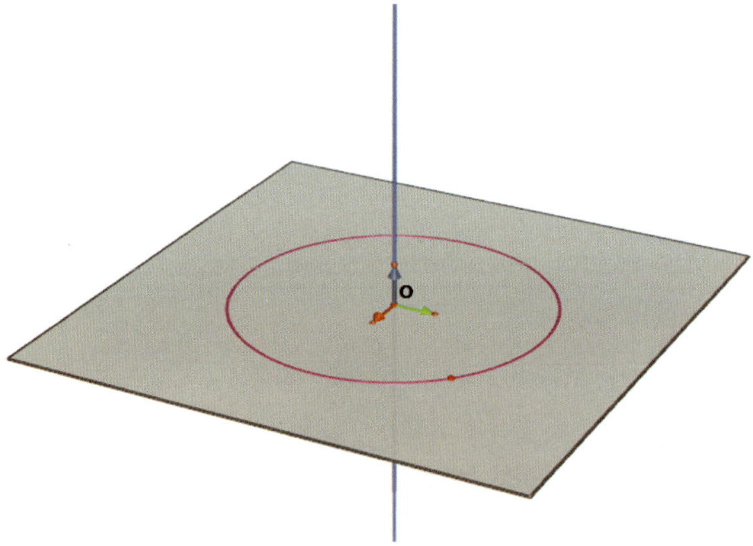

③ [면] **원뿔** 도구를 사용하여 원뿔을 작도한다.
원뿔 도구 클릭 → 원의 둘레 클릭 → 원뿔의 높이가 될 적당한 부분 클릭

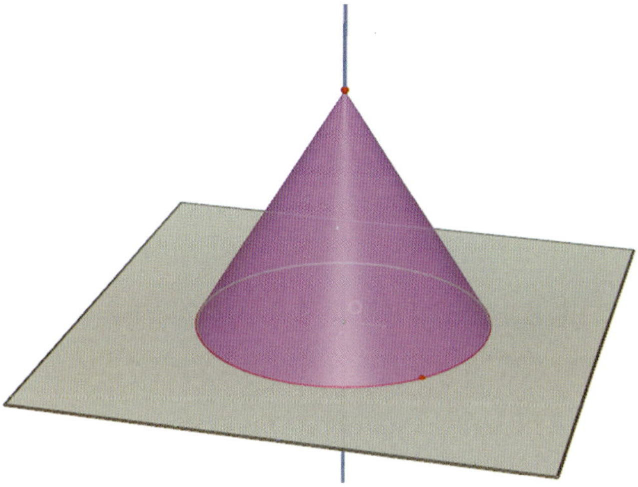

④ [변환]  **점대칭** 도구를 사용하여 원뿔의 꼭짓점을 점대칭의 중심으로 하는 점대칭인 도형을 작도한다.

점대칭 도구 클릭 → 원뿔 클릭 → 원뿔의 꼭짓점 클릭

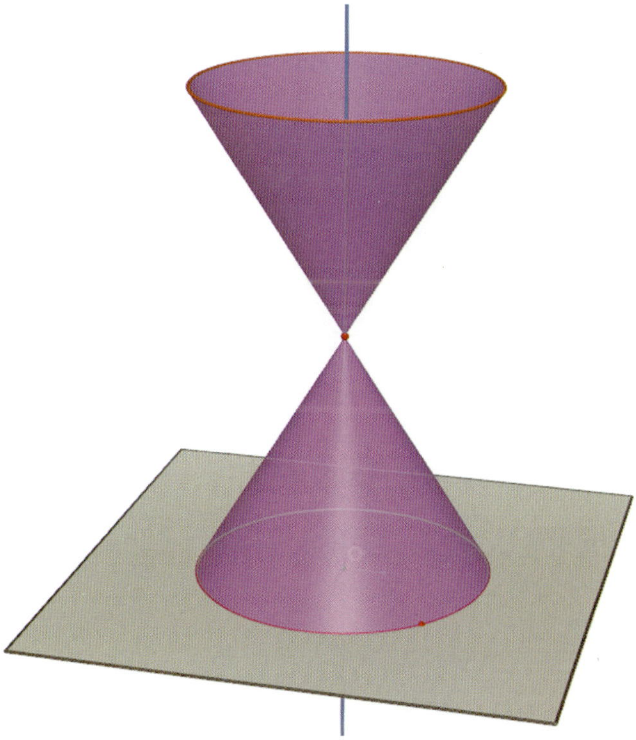

2) 선대칭

- 정의 : 한 직선(또는 선분)을 중심으로 도형을 대칭시킨다.
- 활용 : 삼각뿔의 선대칭

① [작도] **수직** 도구를 사용하여 평면에 수직이고, 대칭축이 될 직선을 작도한다.

② [면] **다각형** 도구를 사용하여 평면 위에 오각형을 작도한다.

③ [다면체] **각뿔** 도구를 사용하여 오각형을 밑면으로 하는 오각뿔을 작도한다.

각뿔 도구 클릭 → 오각형 클릭 → 공간에서 오각뿔의 꼭짓점이 될 점 클릭 (shift키 사용)

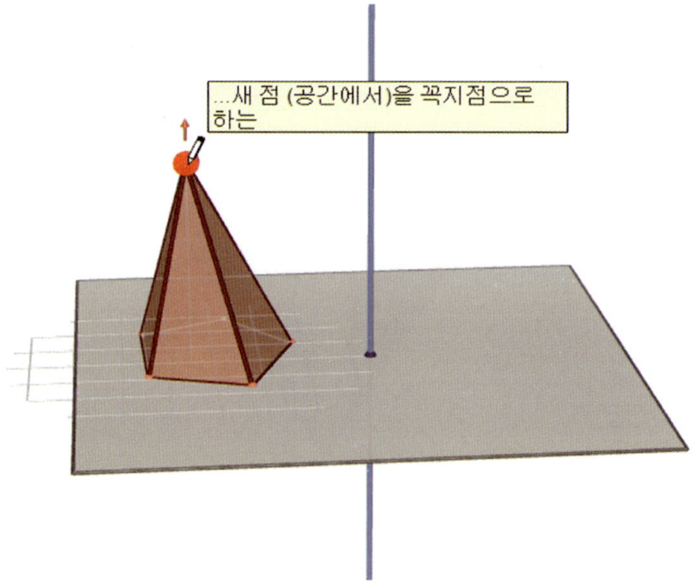

④ [변환] **선대칭** 도구를 사용하여 직선에 대칭인 오각뿔을 작도한다.

선대칭 도구 클릭 → 오각뿔 클릭 → 직선 클릭

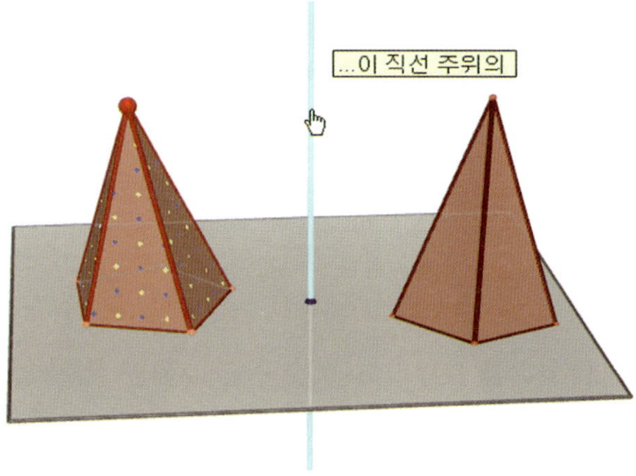

3) 면대칭

- 정의 : 한 평면(또는 평면의 일부분)에 도형을 대칭시킨다.
- 활용 : 원기둥의 면대칭

① [면] **평면** 도구를 사용하여 벡터 *i*와 *k*를 포함하는 평면 *P*를 작도한다.
평면 도구 클릭 → 벡터 *i* 클릭 → 벡터 *k* 클릭

② [선] **선분** 도구를 사용하여 원기둥의 높이가 될 선분 *S*를 작도한다.

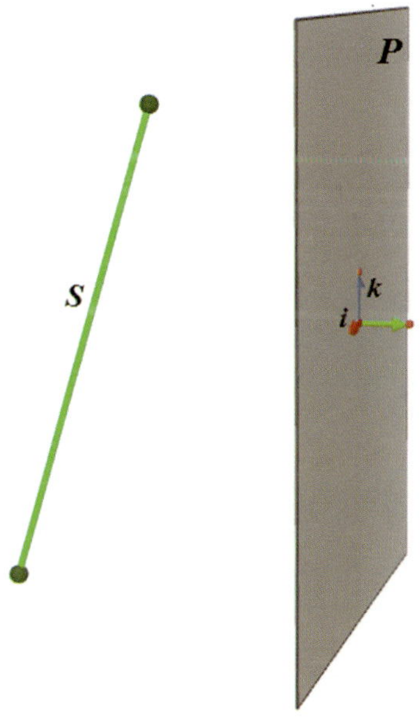

③ [면] 원기둥 도구를 사용하여 선분 *S* 주위에 원기둥을 작도한다.

④ [변환] 면대칭 도구를 사용하여 평면 *P*에 대칭인 원기둥을 작도한다.
면대칭 도구 클릭 → 원기둥 클릭 → 평면 *P* 클릭

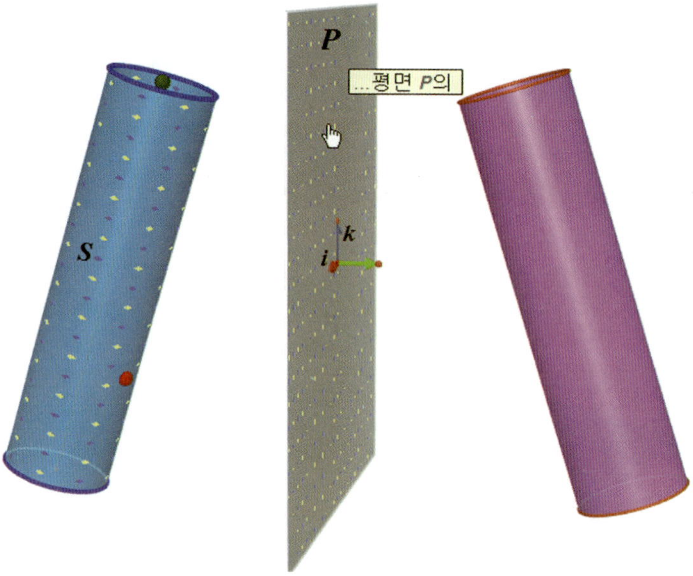

4) 평행이동

- 정의 : 도형을 평행이동 시킨다.
- 활용 : 육각기둥의 평행이동

① [정다각형] 정육각형 도구를 사용하여 평면 위에 정육각형을 작도한다.
정육각형 도구 클릭 → 평면 클릭 → 정육각형의 중심이 될 점 *O* 클릭 → 평면 위의 임의의 점 클릭

② [작도] 수직 도구를 사용하여 점 *O*를 지나고 평면에 수직인 직선 *l*을 작도한다.
수직 도구 클릭 → 평면 클릭 → 점 *O* 클릭

③ [선] 벡터 도구를 사용하여 점 *O*와 직선 *l* 위의 점 *P*에 의한 벡터를 작도한다.
벡터 도구 클릭 → 점 *O* 클릭 → 점 *P* 클릭

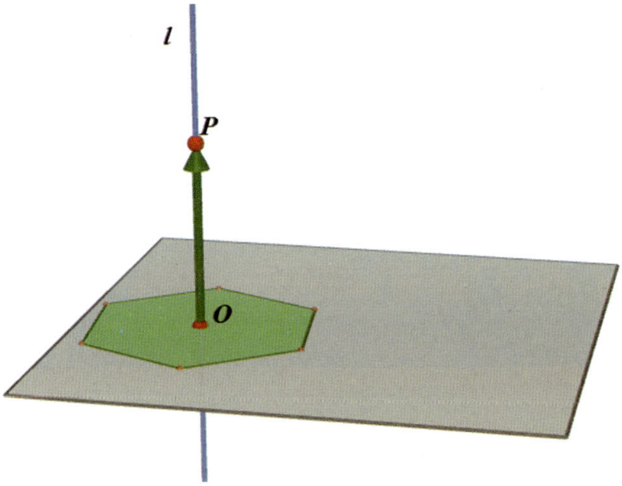

④ [다면체] 각기둥 도구를 사용하여 정육각형을 밑면으로 하고 벡터를 높이로 갖는 육각기둥을 작도한다.

각기둥 도구 클릭 → 정육각형 클릭 → 벡터 클릭

⑤ [선] 벡터 도구를 사용하여 평행이동할 방향이 될 벡터를 작도한다.

⑥ [변환] 평행이동 도구를 사용하여 육각기둥을 벡터에 의해 평행이동 시킨다.

평행이동 도구 클릭 → 육각기둥 클릭 → 벡터 클릭

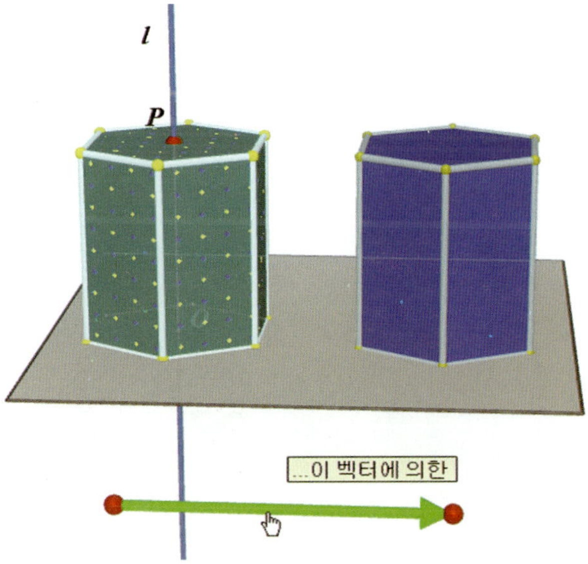

5) 회전이동

- 정의 : 도형을 회전이동 시킨다.
- 활용 : 정사각형의 회전이동

①[정다각형] **정사각형** 도구를 사용하여 평면 위에 정사각형을 작도한다.
정사각형 도구 클릭 → 평면 클릭 → 정사각형의 중심이 될 점 A 클릭 → 평면 위의 임의의 점 클릭

②[선] **원** 도구를 사용하여 정사각형의 한 모서리 주위에 점 A를 지나는 원을 작도한다.
원 도구 클릭 → 점 A 클릭 → 정사각형의 한 모서리 클릭

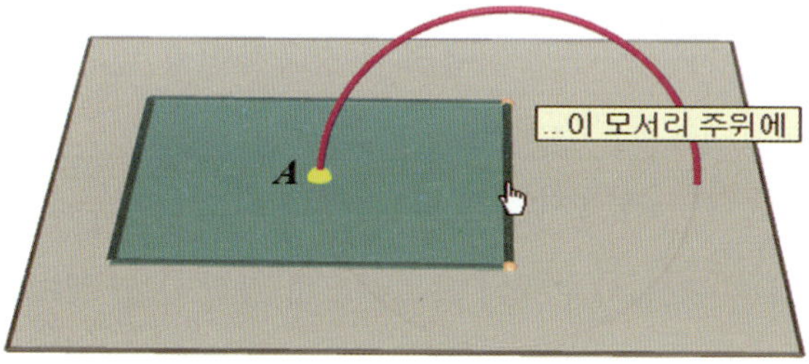

③[점] **점** 도구를 사용하여 원 위에 점 A'을 작도한다.

④[변환] **회전이동** 도구를 사용하여 정사각형을 모서리를 축으로 점 A에서 점 A'로 회전이동 시킨다.
회전이동 도구 클릭 → 정사각형 클릭 → 점 A 클릭 → 점 A' 클릭 → 정사각형의 모서리 클릭

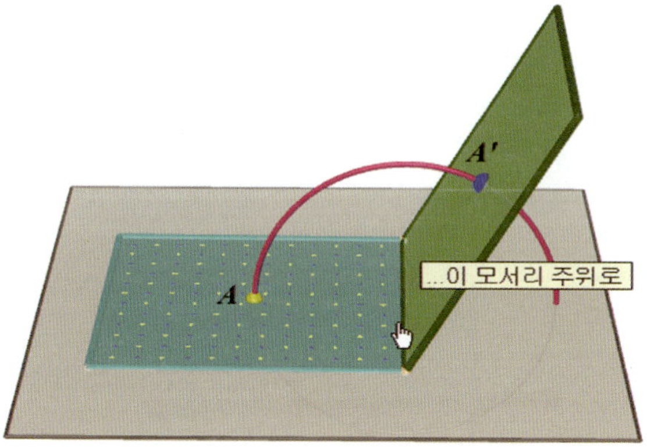

6) 닮음변환

• 정의 : 닮음비를 이용하여 닮음도형을 작도한다.

• 활용 : 정사각뿔의 닮음변환

① [선] **선분** 도구를 사용하여 평면 위에 닮음비가 될 선분을 작도한다.

② [측정] **길이** 도구를 사용하여 선분의 길이를 측정한다.

③ [정다면체] **정사각뿔** 도구를 사용하여 평면 위에 정사각뿔을 작도한다.

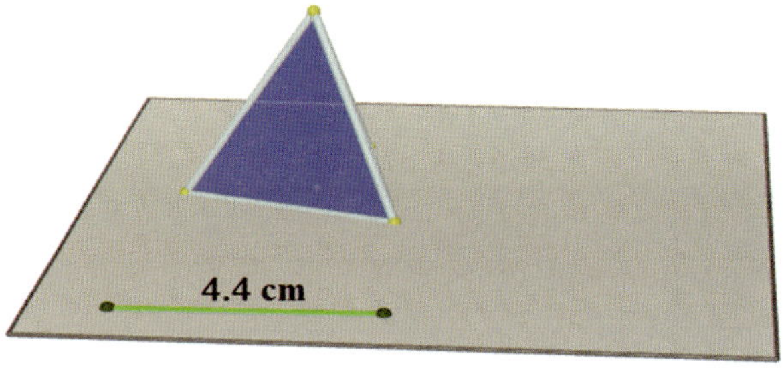

④ [점] **점** 도구를 사용하여 평면 위에 닮음의 중심이 될 점 O를 작도한다.

⑤ [변환] **닮음변환** 도구를 사용하여 정사면체를 점 O를 중심으로 측정값 (선분의 길이)에 의한 닮음변환을 시킨다.

닮음변환 도구 클릭 → 측정값(선분의 길이) 클릭 → 점 O 클릭 → 정사각뿔 클릭

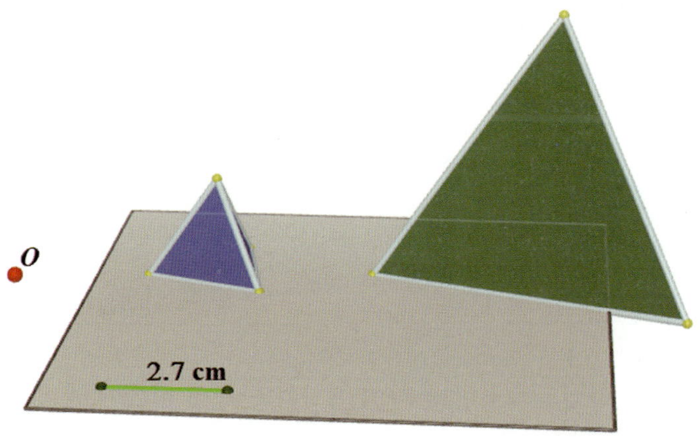

7) 반전

- 정의 : 중심과 비율로 정의되거나 반지름이 일정한 구의 반전을 작도한다.
- 활용 : 반지름이 일정한 구에 의해 정의되는 점의 반전

① [면] **구** 도구를 사용하여 반전구를 작도한다.

② [점] **점** 도구를 사용하여 반전시킬 점 A를 작도한다.

③ [변환] **반전** 도구를 사용하여 점 A를 반전시킨 도형을 작도한다.
반전 도구 클릭 → 구 클릭 → 점 A 클릭

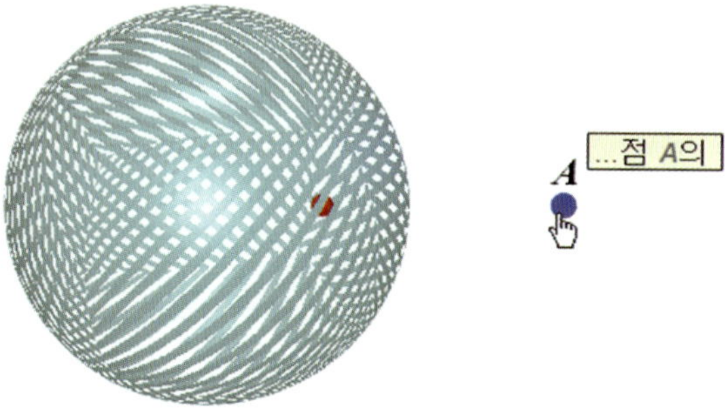

- 활용 : 중심과 비율에 따라 정의되는 점의 반전

① [측정] **계산기** 도구를 사용하여 반전의 비로 사용할 값(10)을 입력한다.

② [점] **점** 도구를 사용하여 반전시킬 점 A와 중심이 될 점 B를 작도한다.

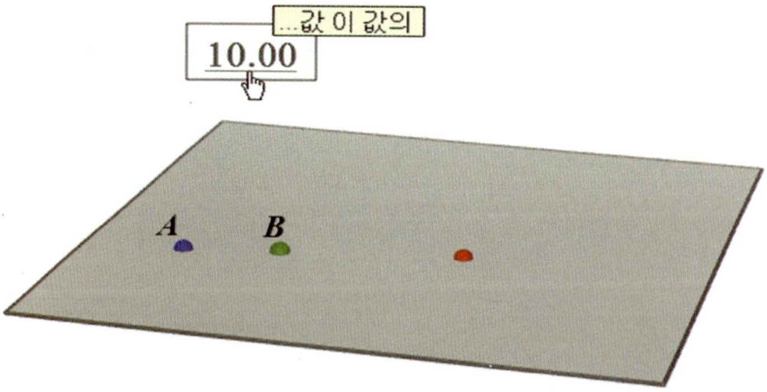

③ [변환] **반전** 도구를 사용하여 점 A와 반전의 비에 의해 점 B를 반전시킨 도형을 작도한다.

반전 도구 클릭 → 점 A 클릭 → 점 B 클릭 → 측정값 클릭

2.2.7 정다각형 도구

(정삼각형, 정사각형, 정오각형, 정육각형, 정팔각형, 정십각형, 정십이각형, 별모양오각형)

- 정의 : 주어진 평면에 정다각형을 작도한다.
- 활용 : 축과 한 꼭짓점에 의한 정삼각형

① [작도] **수직** 도구를 사용하여 평면에 수직인 직선을 작도한다.

② [점] **점** 도구를 사용하여 평면에 정삼각형의 꼭짓점이 될 점 A를 작도한다.

③ [정다각형] **정삼각형** 도구를 사용하여 직선 주위에 점 A를 지나는 정삼각형을 작도한다.

정삼각형 도구 클릭 → 직선 클릭 → 점 A 클릭

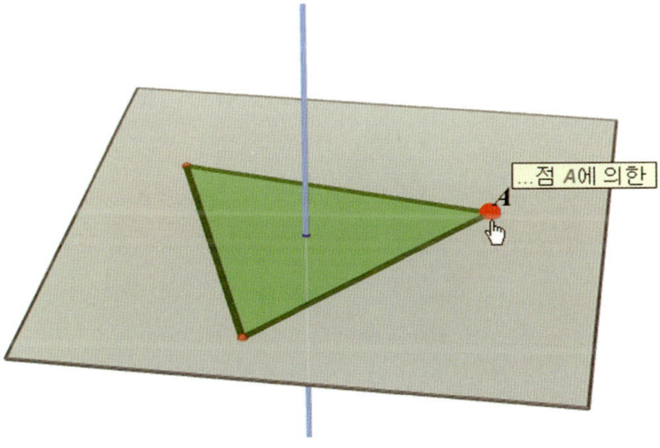

- 활용 : 중심과 한 꼭짓점에 의한 평면 위의 정팔각형

① [정다각형] **정팔각형** 도구를 사용하여 평면 위에 정팔각형을 작도한다.

정팔각형 도구 클릭 → 평면 클릭 → 평면 위의 점 O 클릭 → 평면 위에 임의의 점 클릭

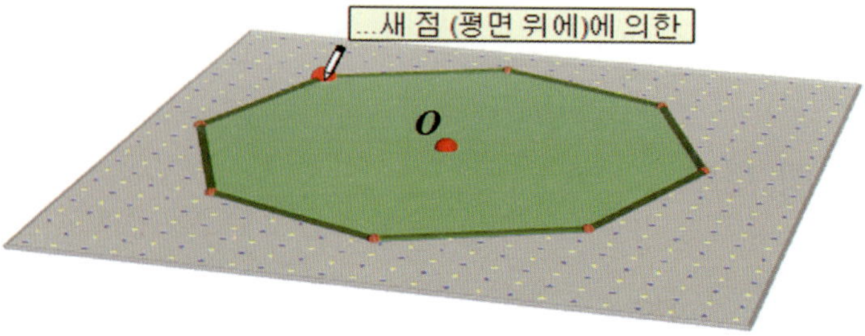

2.2.8 다면체 도구

1) 사면체

- 정의 : 4개의 점에 의한 사면체를 작도한다.
- 활용 : 사면체 작도

① [다면체] **사면체** 도구를 사용하여 평면에 세 점 *A*, *B*, *C*와 Shift 키를 누른 후, 네 번째 점 *D*를 작도한다.

사면체 도구 클릭 → 점 *A* 클릭 → 점 *B* 클릭 → 점 *C* 클릭 → shift 키 누른 상태로 마우스를 움직여 점 *D* 클릭

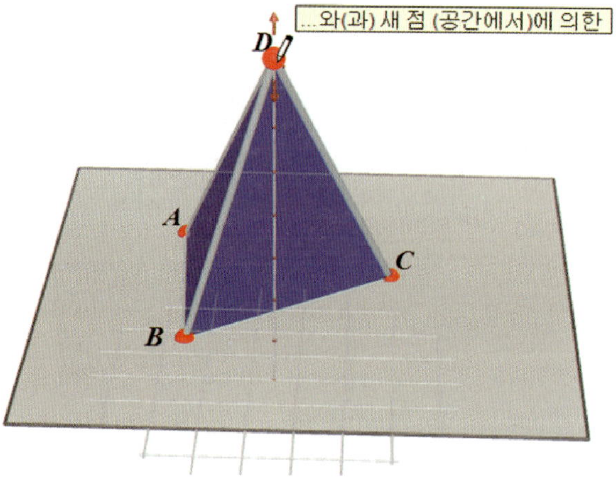

☞ 참고. 3차원 다면체를 작도하기 위해서는 평면 위에 있는 점들과 함께 다른 평면 위의 점이 적어도 하나는 작도되어야 한다. 이 점은 작도된 도형 위의 점이거나 Shift 키를 누른 상태에서 작도한다.

2) XYZ 상자

- 정의 : 밑변과 높이로 정의되는 직육면체를 작도한다.
- 활용 : 직육면체의 작도

① [다면체] **XYZ 상자** 도구를 사용하여 평면 위에 직사각형을 작도한다.
XYZ 상자 도구 클릭 → 기본 평면 클릭 → 마우스를 대각선으로 이동

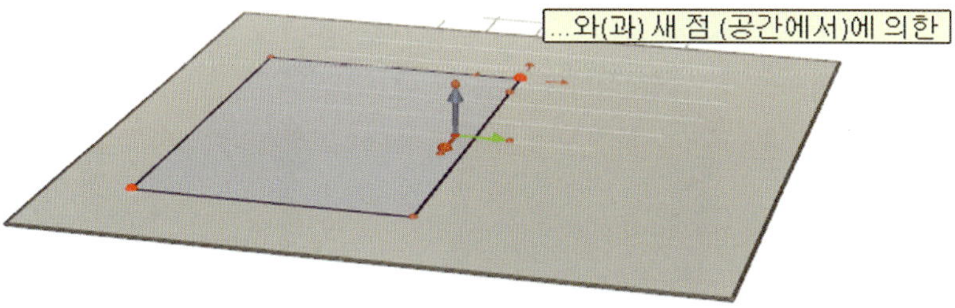

② Shift 키를 누른 상태로 마우스를 수직으로 이동하여 직육면체를 작도한다.

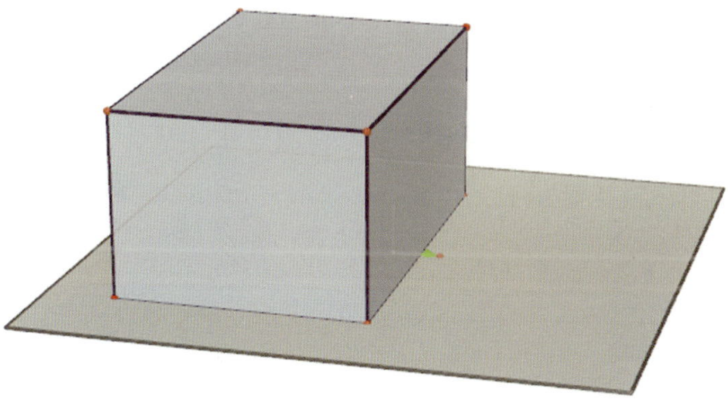

3) 각기둥

- 정의 : 다각형과 벡터에 의한 각기둥을 작도한다.
- 활용 : 육각기둥 작도

① [면] **다각형** 도구를 사용하여 평면에 임의의 다각형(육각형)을 작도한다.

② [선] **벡터** 도구를 사용하여 각기둥의 방향과 길이를 결정할 벡터를 작도한다.

③ [다면체] **각기둥** 도구를 사용하여 다각형과 벡터를 클릭하여 각기둥(육각기둥)을 작도한다.

각기둥 도구 클릭 → 육각형 클릭 → 벡터 클릭

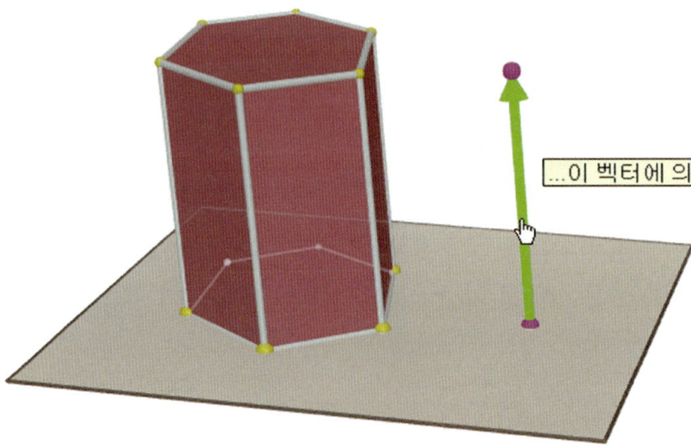

☞ 참고. 벡터의 방향이 다각형이 포함된 평면과 평행하면 3차원의 각기둥이 작도되지 않는다.

4) 각뿔

- 정의 : 다각형과 점에 의한 각뿔을 작도한다.
- 활용 : 정사각뿔 작도

① [정다각형] **정사각형** 도구를 사용하여 평면에 정사각형을 작도한다.

② [다면체] **각뿔** 도구를 사용하여 정사각형을 밑면으로 하고 공간에서의 점을 꼭짓점으로 갖는 각뿔을 작도한다.

각뿔 도구 클릭 → 정사각형 클릭 → Shift 키를 누른 상태로 공간에서의 새 점 클릭

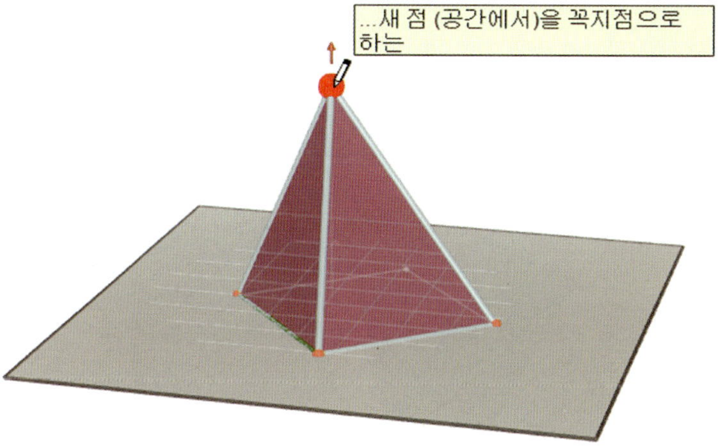

☞ 참고. 3차원의 각뿔을 작도하기 위해서는 다각형과 꼭짓점이 같은 평면 위에 존재해서는 안 된다. 이럴 때는 Shift 키를 사용하여 공간에 점을 작도한다.

5) 볼록다면체

- 정의 : 점, 선분, 다각형, 다면체 등으로 이루어진 볼록다면체를 작도한다.
- 활용 : 여러 개의 점에 의한 볼록 다면체 작도

① [다면체] **볼록다면체** 도구를 사용하여 세 점 또는 그 이상의 점을 갖는 다면체를 작도한다. (Shift 키를 사용하여 공간에서의 점을 작도한다.)

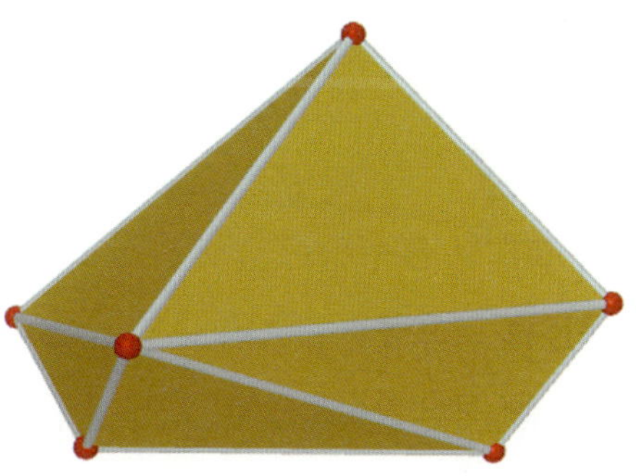

• 활용 : 작도된 도형을 포함하는 다면체 작도

① [다각형] **삼각형** 도구와 [선] **선분** 도구를 사용하여 임의의 삼각형과 선분을 작도한다.

② [다면체] **볼록다면체** 도구를 사용하여 삼각형과 선분에 의한 볼록다면체를 작도한다.

볼록다면체 도구 클릭 → 삼각형 클릭 → 선분 두 번 클릭

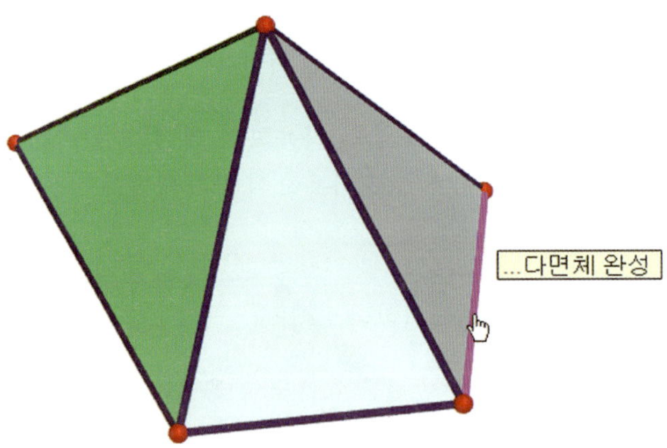

☞ 참고. 작도를 끝내려면 마지막에 작도된 점을 두 번 클릭(또는 작도된 다른 점 클릭)하거나 Enter 키를 누른다. 3차원의 다면체를 작도하기 위해 적어도 하나의 점이나 도형이 다른 평면에 있어야 한다.

6) 다면체 전개

• 정의 : 다면체를 전개하여 전개도를 만든다.

• 활용 : 정육면체의 전개도

① [정다면체] **정육면체** 도구를 사용하여 평면 위에 정육면체를 작도한다.
정육면체 도구 클릭 → 기본 평면 클릭 → 원점(점 O) 클릭 → 평면 위의 한 점(정육면체 한변의 길이)

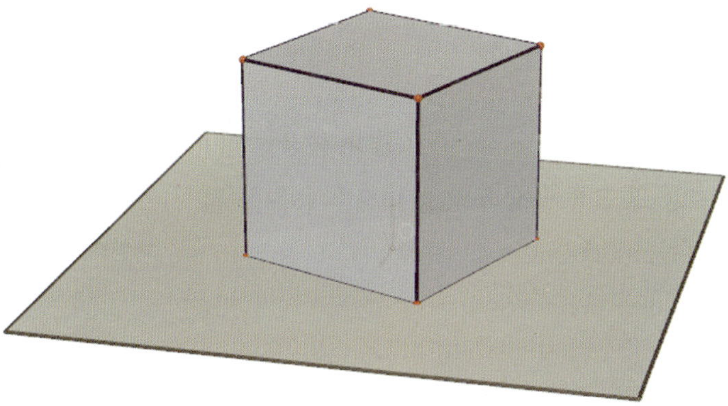

② [다면체] **다면체 전개** 도구를 사용하여 다면체를 전개한다.
다면체 전개 도구 클릭 → 정육면체 클릭

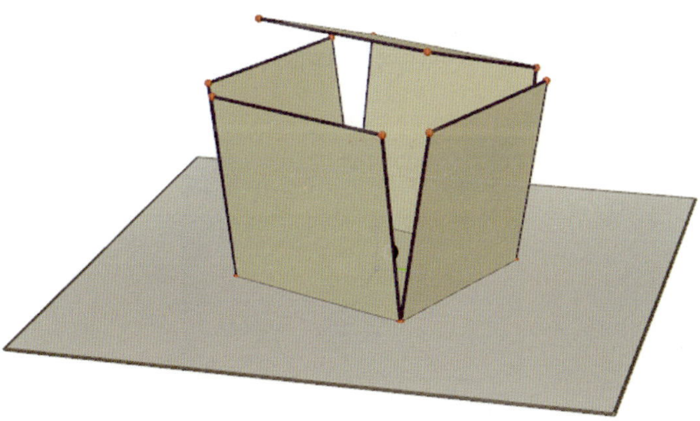

③ 면을 마우스 왼쪽 버튼으로 드래그 하면 전개도가 펼쳐진다. 면을 따로 움직이는 방법은 Shift 키를 누른 상태로 면을 마우스 왼쪽 버튼으로 드래그 한다.

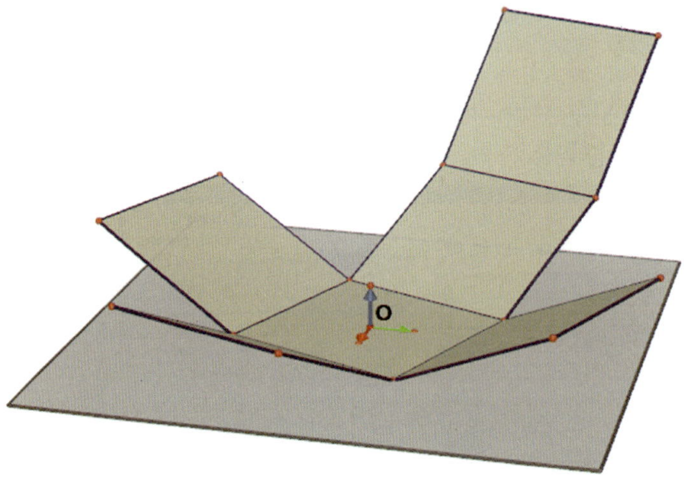

7) 다면체절단

- 정의 : 평면에 의해 절단되는 다면체를 작도한다.
- 활용 : 정육면체 절단

① [정다면체] **정육면체** 도구를 사용하여 평면 위에 정육면체를 작도한다.

② [면] **평면** 도구를 사용하여 다면체를 절단할 평면을 작도한다.

③ [다면체] **다면체절단** 도구를 사용하여 정육면체를 평면으로 절단한 다면체를 작도한다.

다면체절단 도구 클릭 → 정육면체 클릭 → 절단할 평면 클릭

☞ 참고. 다면체의 감추어진 부분을 보기 위해서는 숨기기/보이기 기능을 이용한다.

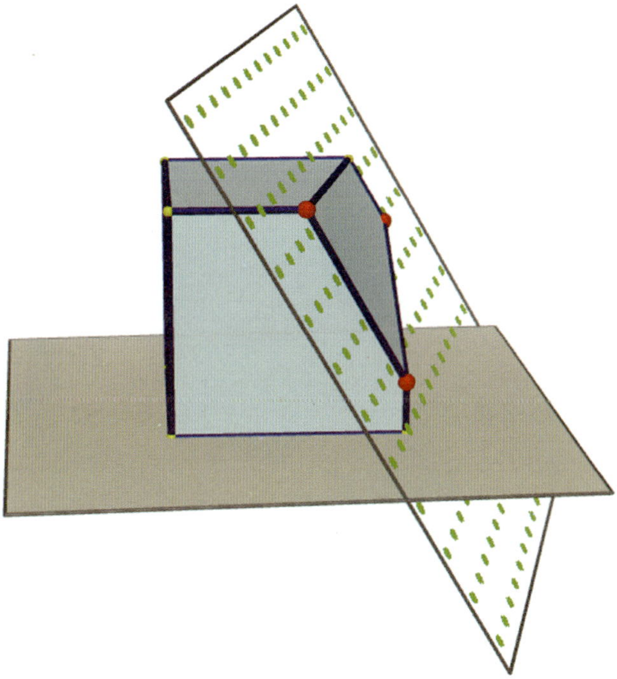

2.2.9 정다면체 도구

(정사면체, 정육면체, 정팔면체, 정십이면체, 정이십면체)

- 정의 : 정다면체를 직접 작도한다.
- 활용 : 두 개의 점에 의한 정다면체 작도

① [정다면체]  **정십이면체** 도구를 사용하여 평면 위에 정십이면체를 작도한다.

정십이면체 도구 클릭 → 평면 클릭 → 첫 번째 점(면의 중심이 될 점) 클릭 → 두 번째 점 클릭

☞ 참고. 두 번째 점은 선택한 평면의 보이는 영역(또는 선택한 평면의 보이지 않는 영역(NVP) 위에 작도된 도형) 위에 있어야 한다.

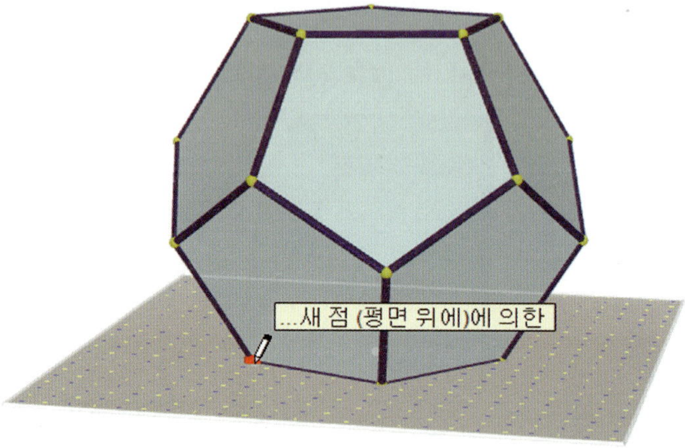

• 활용 : 작도된 정다각형에 의한 정다면체 작도

① [정다각형] **정다각형** 도구를 사용하여 작도할 다면체의 면과 같은 종류의 다각형을 작도한다.

② [정다면체] **정다면체** 도구를 사용하여 미리 작도된 다각형 위에 마우스를 가져가 정다면체가 나타날 때, 클릭하면 정다면체가 작도된다.

☞ 참고. 반대편에 다면체를 작도하기 위해서는 Ctrl 키를 누르고 작도하면 된다.

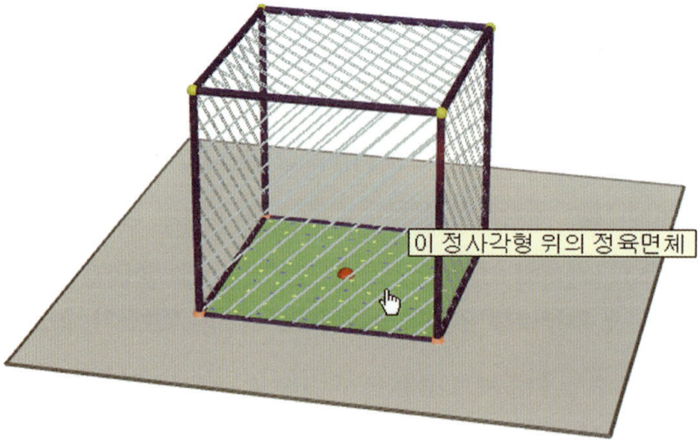

2.2.10 측정 도구

1) 거리

• 정의 : 두 도형 사이의 거리를 측정한다.

■ 한 점과 다른 한 점 사이의 거리를 측정한다.

■ 한 점과 한 직선 사이의 거리를 측정한다.

■ 한 점과 한 평면 사이의 거리를 측정한다.

■ 두 직선 사이의 거리를 측정한다.

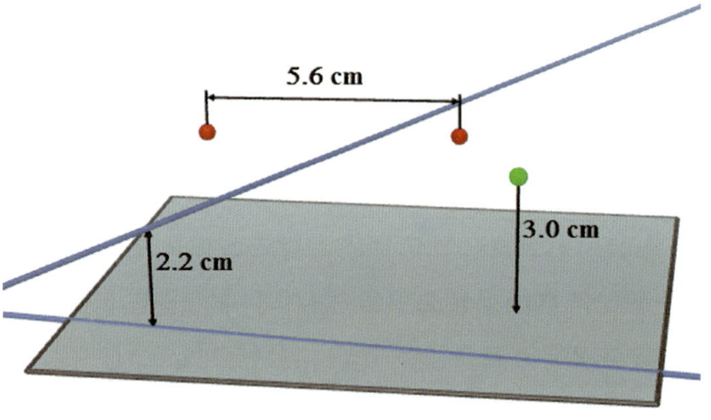

☞ 참고. 어떤 경우에는 거리의 측정값이 작도 영역 밖에 보이기도 한다. 그런 경우에는 측정값을 보기 위해 관찰각을 변경하거나 거리를 결정하는 도형 하나를 이동한다.

2) 길이

• 정의 : 도형의 거리와 둘레를 측정한다.

■ 선분, 벡터, 다각형의 변, 다면체의 모서리의 길이를 측정한다.

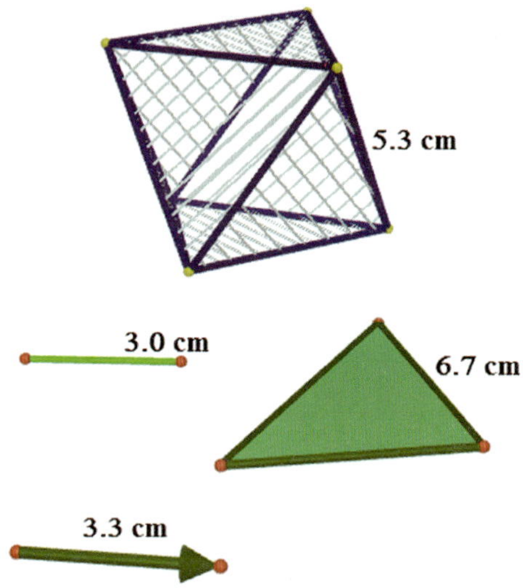

■ 원주를 측정하거나 원, 타원, 다각형의 둘레를 측정한다.

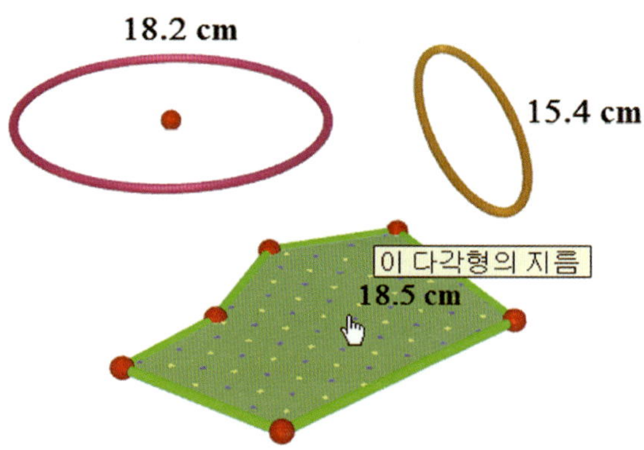

3) 면적

• 정의 : 도형에서의 면적과 구와 다면체에서의 겉넓이를 측정한다.

■ 다각형, 원, 타원 등 도형에서의 면적을 측정한다.

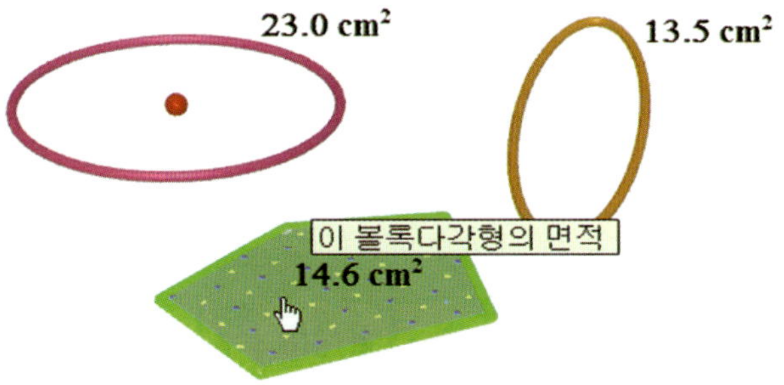

■ 구와 다면체의 겉넓이를 측정한다.

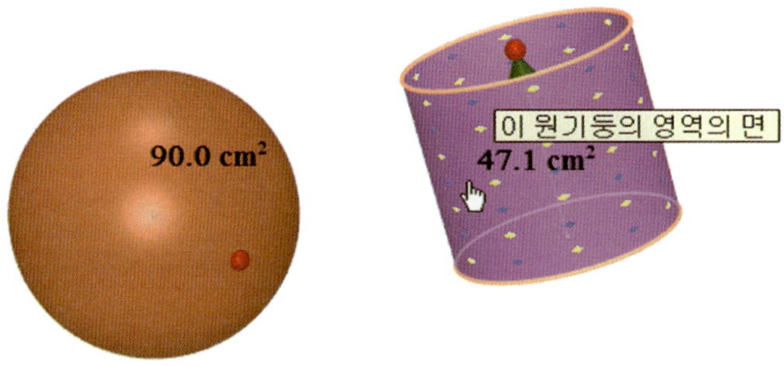

☞ 참고. 직선, 반직선에 의해 정의된 원기둥 제외

4) 부피

• 정의 : 도형의 부피를 측정한다.

■ 다각형, 원, 타원 등 도형에서의 면적을 측정한다.

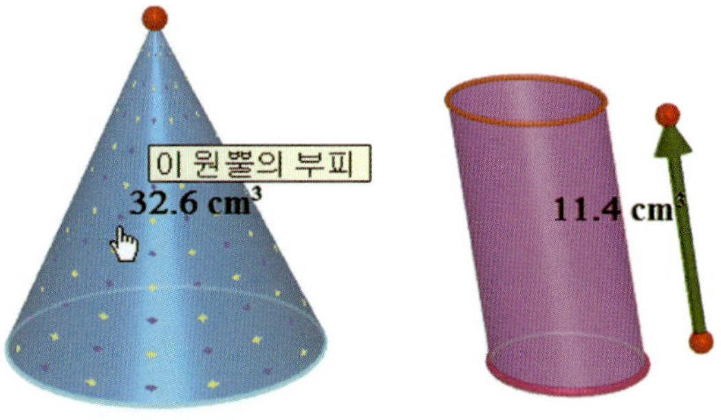

☞ 참고. 직선, 반직선에 의해 정의된 원기둥 제외

5) 각

• 정의 : 도형의 부피를 측정한다.

■ 평면과 직선 사이의 각을 측정한다.

① [선] **직선** 도구를 사용하여 직선을 작도한다.

② [각] **각** 도구를 사용하여 직선과 평면의 각을 측정한다.
각 도구 클릭 → 직선 클릭 → 평면 클릭

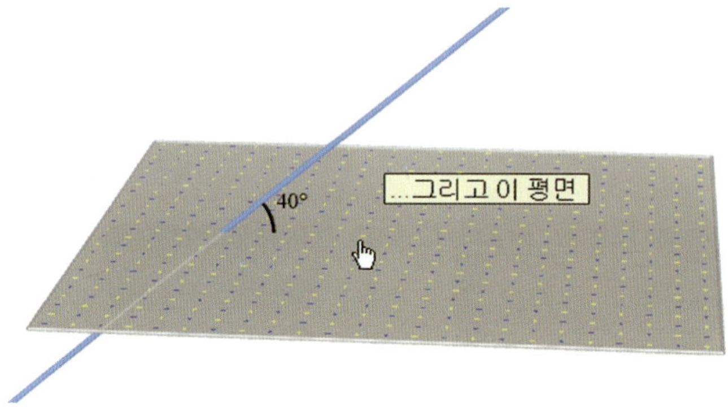

■ 세 점으로 이루어진 각을 측정한다.

① [점] **점** 도구를 사용하여 3개의 짐을 작도한다.

② [각] **각** 도구를 사용하여 세 점으로 이루어진 각을 측정한다.
각 도구 클릭 → 차례대로 점 클릭 (두 번째 점이 꼭짓점이 된다.)

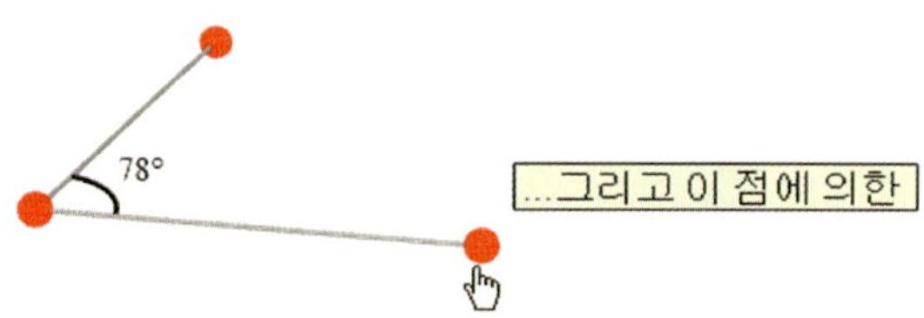

■ 호의 중심각을 측정한다.

① [선] **호** 도구를 사용하여 호를 작도한다.

② [각] **각** 도구를 사용하여 호의 중심각을 측정한다.
각 도구 클릭 → 호 클릭

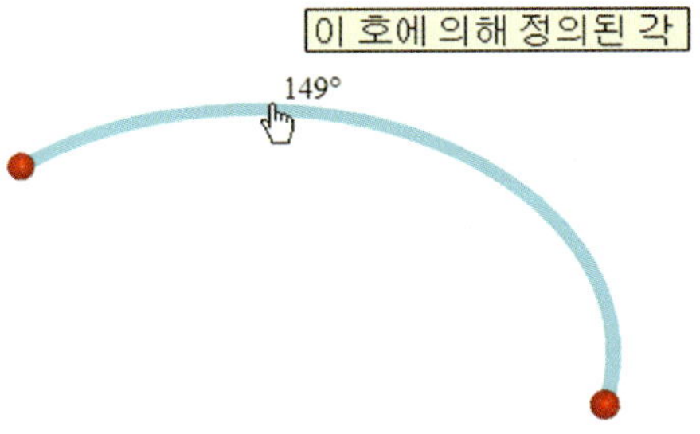

6) 벡터의 합

- 정의 : 두 벡터의 합을 작도 한다.
- 활용 : 벡터의 합

① [선] **벡터** 도구를 사용하여 평면 위에 두개의 벡터를 작도한다.
벡터 도구 클릭 → 점 O 클릭 → 평면 위에 서로 다른 두 임의의 점 클릭

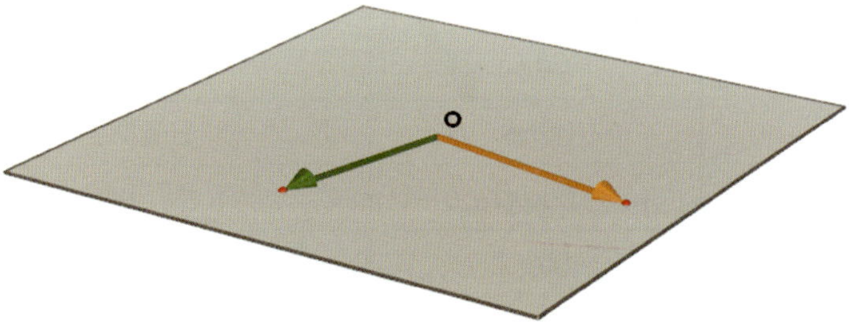

② [측정] **내적** 도구를 사용하여 두 벡터의 내적을 작도한다.
내적 도구 클릭 → 초록색 벡터 클릭 → 주황색 벡터 클릭

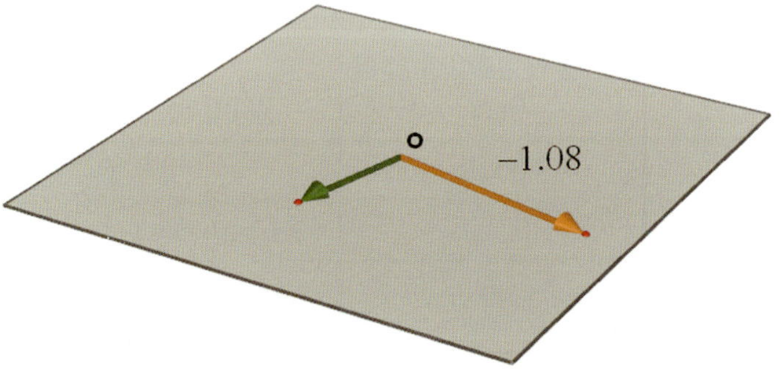

7) (x,y,z) 좌표와 방정식

• 정의 : 도형의 좌표와 방정식을 나타낸다.

■ 점과 벡터의 좌표를 나타낸다.

① [점] **점** 도구를 사용하여 점을 작도하고, [선] **벡터** 도구를 사용하여 벡터를 작도한다.

② [측정] (x,y,z) **좌표와 방정식** 도구를 사용하여 점과 벡터의 좌표를 측정한다.
좌표와 방정식 도구 클릭 → 점 클릭
좌표와 방정식 도구 클릭 → 벡터 클릭

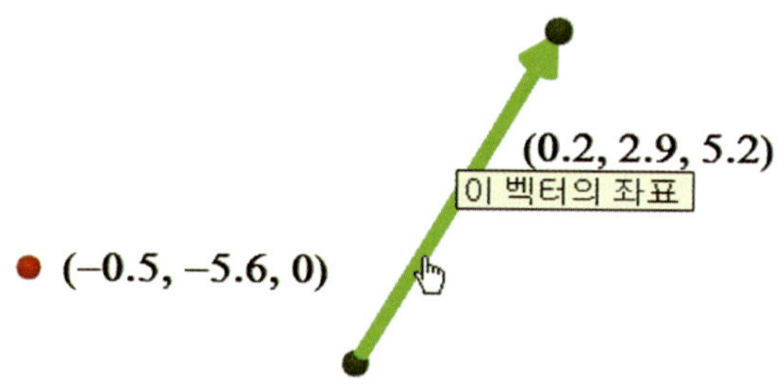

■ 직선, 평면, 구의 방정식을 나타낸다.

① 직선, 구, 평면을 작도한다.

② [측정] (x,y,z) **좌표와 방정식** 도구를 사용하여 직선, 구, 평면의 방정식을 측정한다.
좌표와 방정식 도구 클릭 → 직선 클릭
좌표와 방정식 도구 클릭 → 구 클릭
좌표와 방정식 도구 클릭 → 평면 클릭

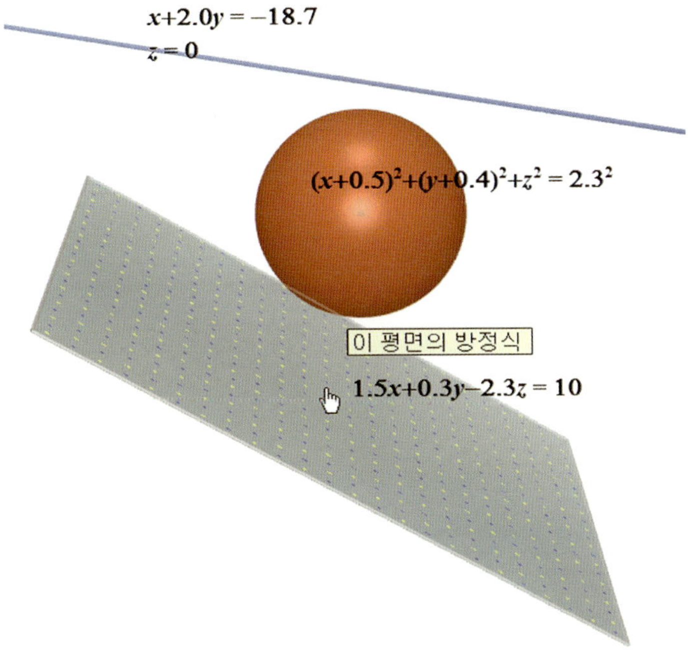

8) 계산기

- 정의 : 일반적인 연산이나 함수를 이용하여 계산 결과를 나타낸다.
- 활용 : 정사각형의 대각선 길이 측정

① [정다각형] **정사각형** 도구를 사용하여 평면 위에 정사각형을 작도한다.

② [선] **선분** 도구를 사용하여 정사각형의 대각선을 작도한다.

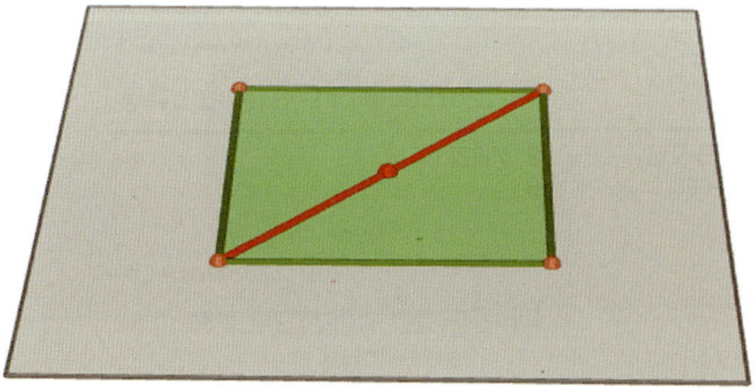

③ [측정] **길이** 도구를 사용하여 정사각형의 모서리의 길이를 측정한다.

④ [측정] **계산기** 도구를 사용하여 'sqrt(a^2+b^2)'를 계산한다.
계산기 도구 클릭 → 'sqrt' 입력 → 모서리의 길이값 클릭 → '^2+' 입력 → 모서리의 길이값 클릭 → '^2)' 입력 → '삽입' 클릭 → 계산 결과 값을 나타낼 위치에 클릭

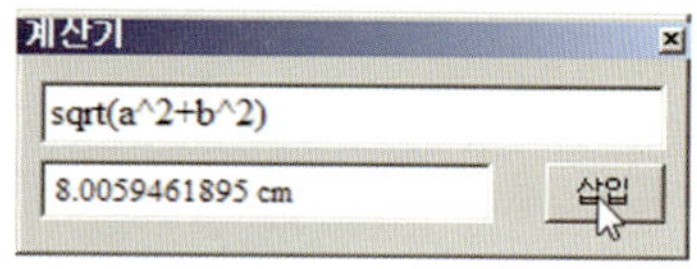

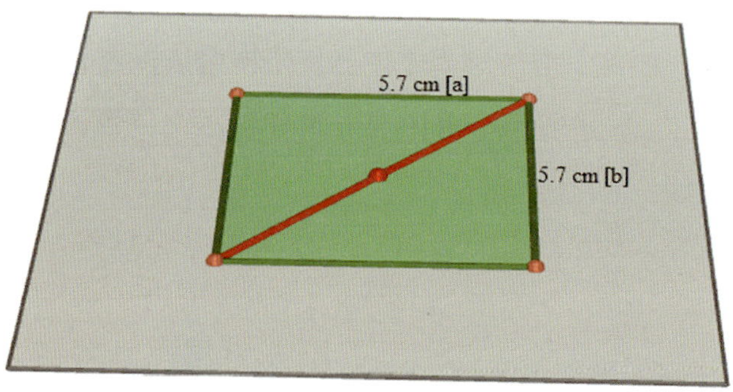

⑤ 측정] **길이** 도구를 사용하여 정사각형의 대각선의 길이를 측정하여 위의 계산 값과 비교하여 본다.

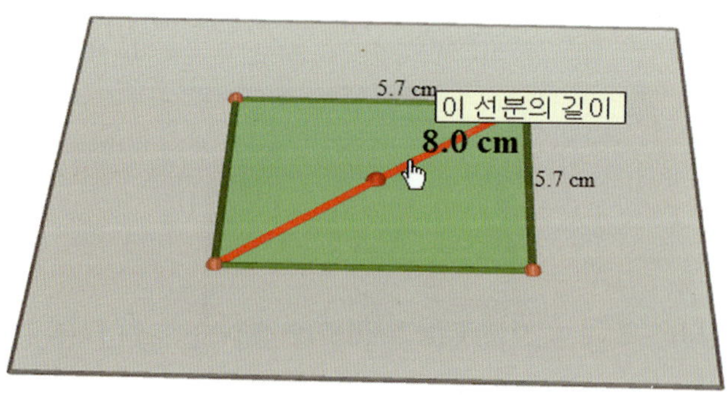

결과 = 8.0 cm

2.3 Cabri 3D 기능

2.3.1 숨기기/보이기 기능

1) 활용

필요에 따라 작도된 도형을 숨기거나 다시 보이게 한다.

2) 사용방법

• **숨기기**

① [조작] **조작** 도구를 사용하여 숨길 도형 선택한다.
(여러 개의 도형을 선택하려면 Ctrl 키를 누르고 선택한다.)

② [편집] 숨기기/보이기를 선택한다. (또는 마우스 오른쪽 버튼을 눌러서 나오는 팝업 메뉴에서 숨기기/보이기를 선택한다.)

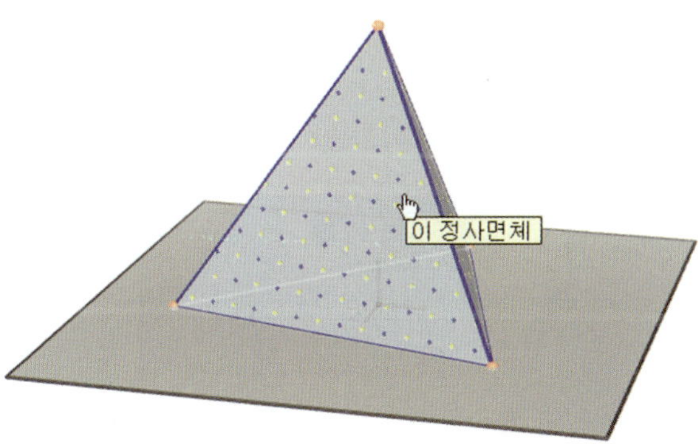

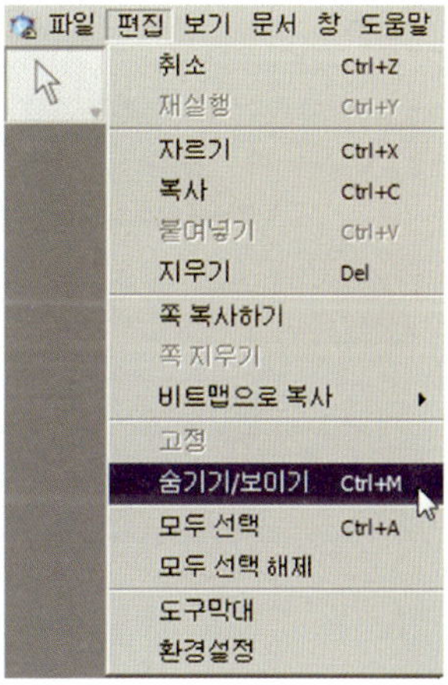

• **보이기**

① 우선 모든 숨겨진 도형이 보이도록 해야 한다.

[창] **화면 설정**을 선택하여 화면 설정창을 활성화 시킨다.

② 화면 설정창에서 '숨겨진 도형 보이기'를 선택하면 모든 숨겨진 도형의 윤곽이 나타난다.

③ 숨겨진 도형 중 보이기를 원하는 도형을 선택한다.
(여러 개의 도형을 선택하려면 Ctrl 키를 누르고 선택한다.)

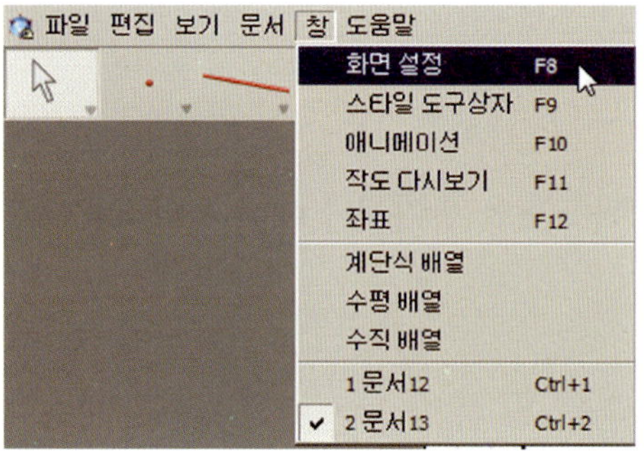

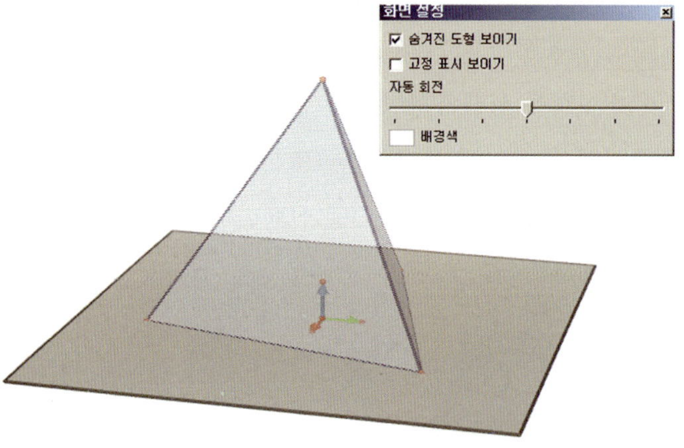

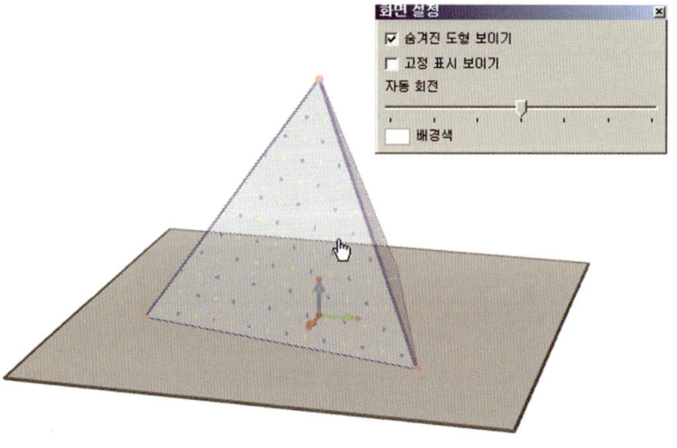

④ [편집] **숨기기/보이기**를 선택하거나, 마우스 오른쪽 버튼을 눌러서 나오는 팝업 메뉴에서 숨기기/보이기를 선택한다.

☞ 참고. (단축키)

숨기기/보이기 기능의 단축키는 Ctrl+M 이다.

2.3.2 점, 벡터의 좌표 수정

1) 활용

점이나 벡터의 좌표를 직접 입력할 수 있다.

2) 사용방법

① [조작] **조작** 도구를 사용하여 점이나 벡터를 선택한다.

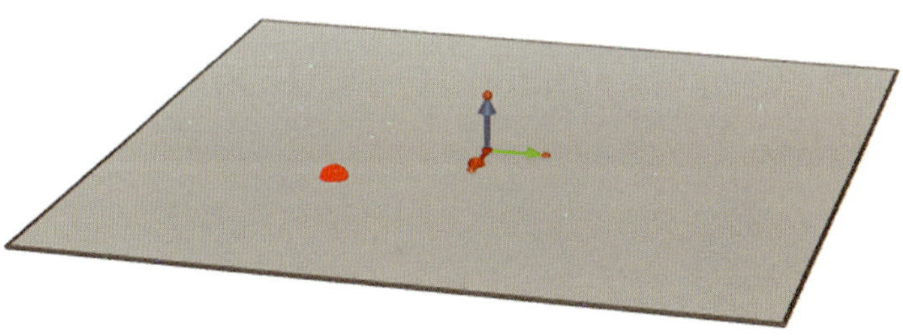

② [창] **좌표**를 선택하여 좌표 창을 활성화 시킨다.
(또는 점이나 벡터를 더블클릭한다.)

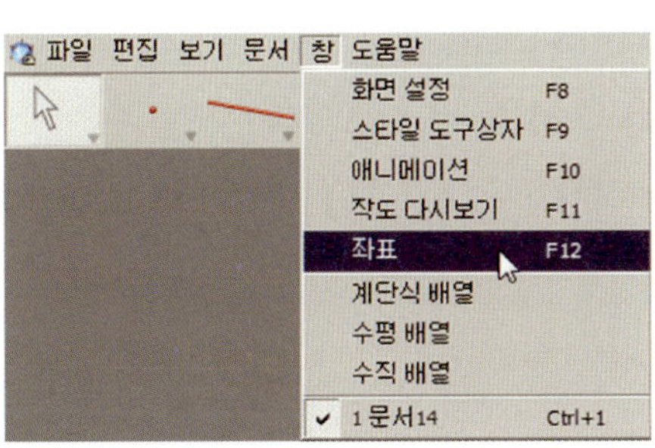

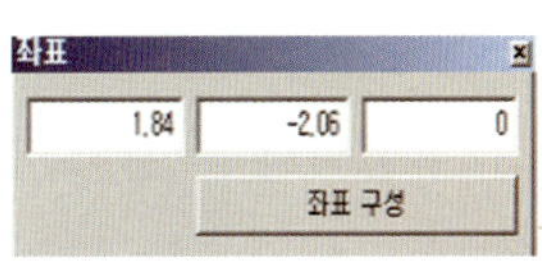

③ 좌표 입력 창에 새 좌표를 입력한 후, '좌표 구성'을 클릭하면 점이나 벡터가 입력된 좌표에 의해 이동한다.

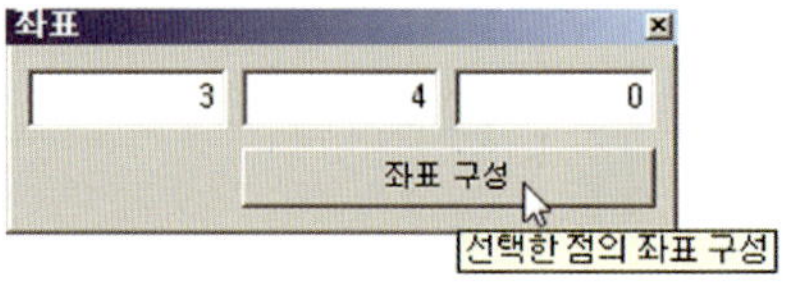

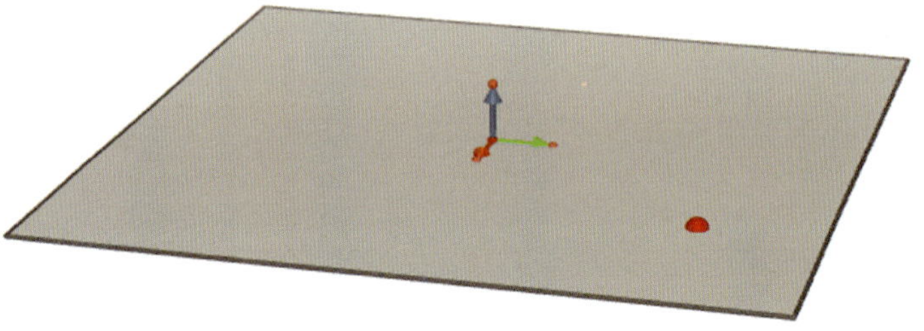

2.3.3 점 고정

1) 활용

점을 고정시킨다.

2) 사용방법

① [조작]  **조작** 도구를 사용하여 점을 선택한다.

② [편집] **고정**을 선택한다.

(또는 마우스 오른쪽 버튼을 눌러서 나오는 팝업 메뉴에서 고정을 선택한다.)

③ [편집] **고정해제**를 선택하면 점을 다시 움직일 수 있다.

(또는 마우스 오른쪽 버튼을 눌러서 나오는 팝업 메뉴에서 고정해제를 선택한다.)

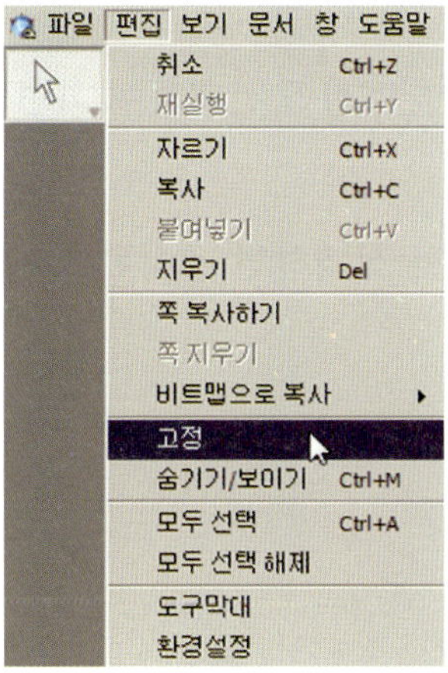

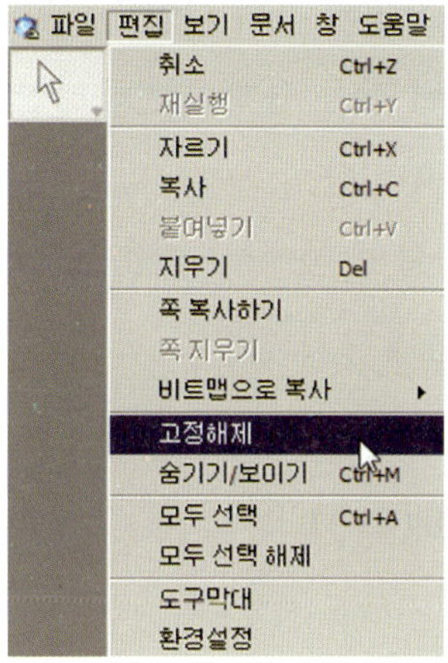

☞ 참고. (스타일 도구상자를 이용한 방법)

① [창] **스타일 도구상자**를 선택하여 스타일 도구상자 창을 활성화 시킨다.

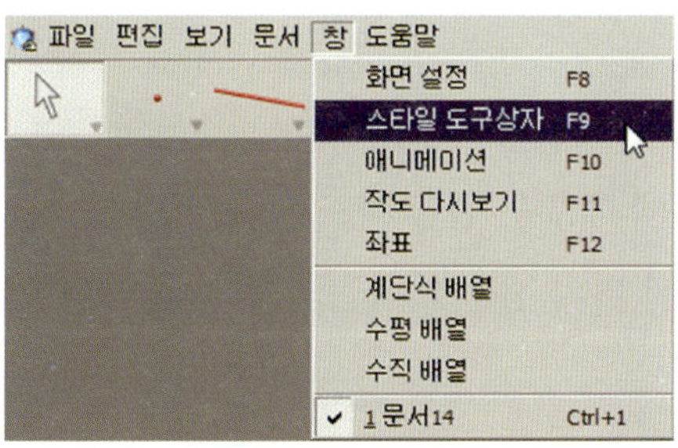

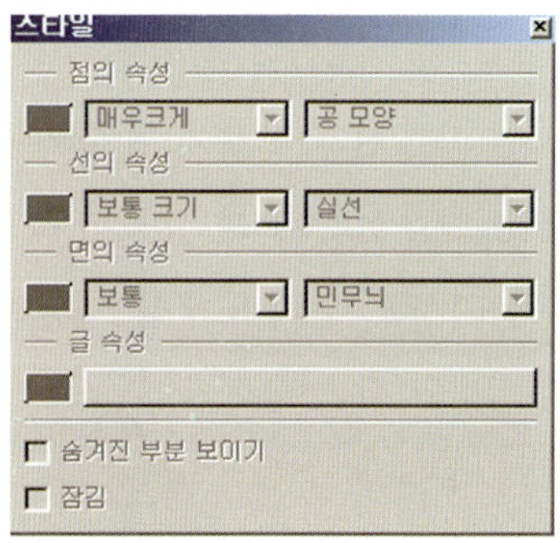

② [조작]  **조작** 도구를 사용하여 점을 선택한다.

③ 스타일 창도구상자 창에서 '잠김'의 체크상태에 따라 점이 고정되거나 고정 해제 된다.

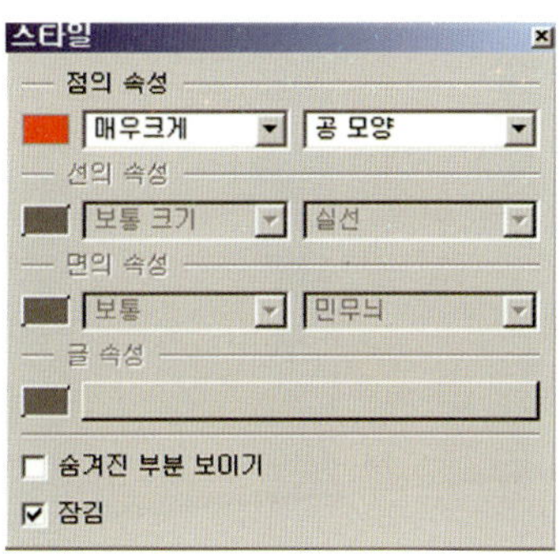

☞ 참고. (고정된 점의 확인)

① 고정된 점을 쉽게 확인하려면 [창] **화면 설정**을 선택하여 화면 설정 창을 활성화 시킨다.

② 화면 설정 창에서 '고정 표시 보이기'를 선택하면 고정된 점에 작은 자물쇠 ( )가 표시된다.

2.3.4 애니메이션

1) 활용

도형을 자동적으로 애니메이션 시킨다.

2) 사용방법

① [선] **원** 도구를 사용하여 원을 작도한다.

② [점] **점** 도구를 사용하여 원 위에 새로운 점을 작도한다.

③ [작도] **수직** 도구를 사용하여 원 위의 점을 지나는 수직선을 작도한다.

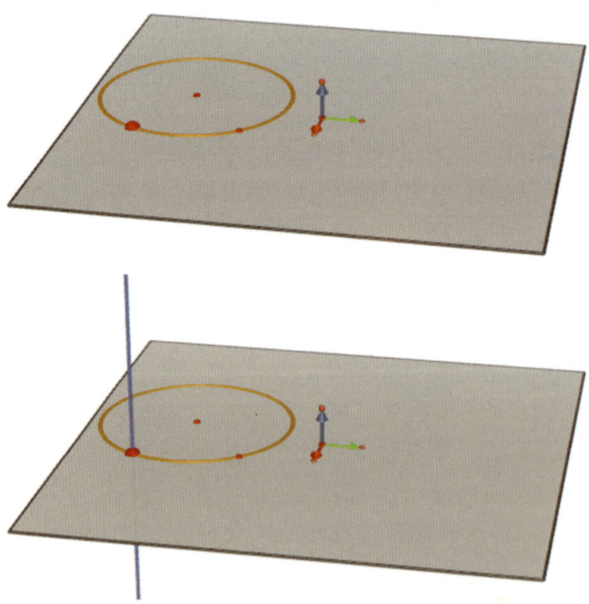

④ [창] **애니메이션**을 선택하여 애니메이션 창이 나타나도록 선택한다.

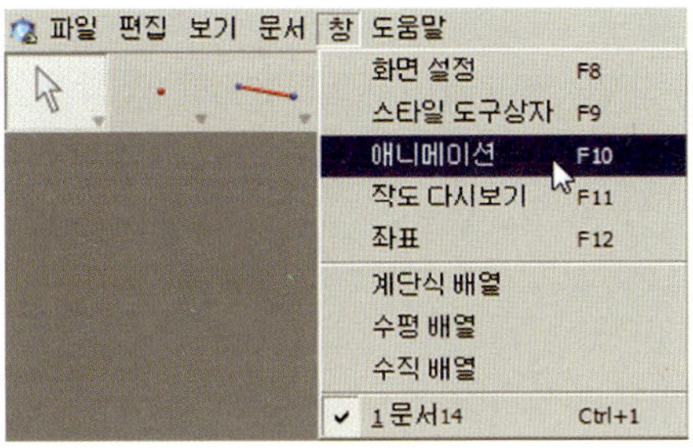

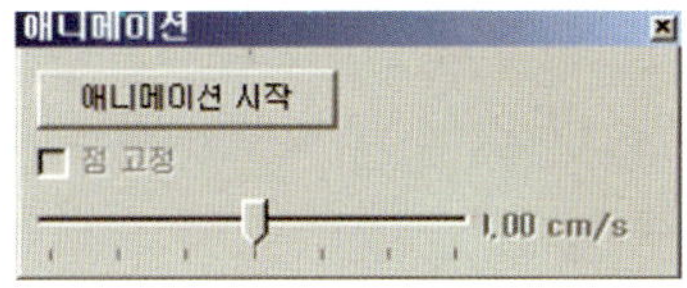

⑤ [조작]  **조작** 도구를 사용하여 애니메이션 시킬 점을 선택한다.

⑥ 속도를 0cm/s 이상이 되도록 애니메이션 속도 슬라이더를 사용한다.(상자에서 점고정 상자 체크를 해지한다.)

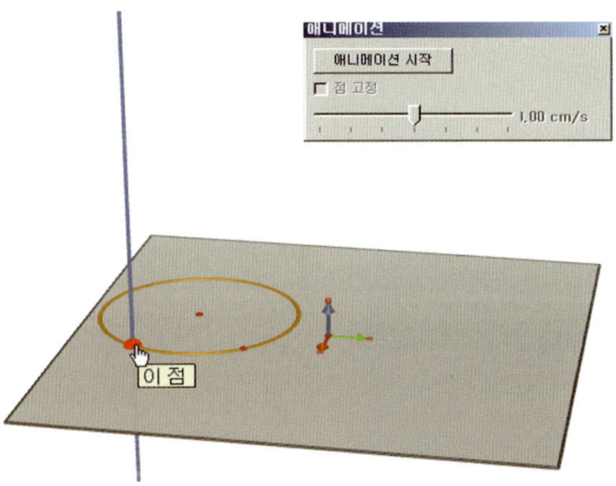

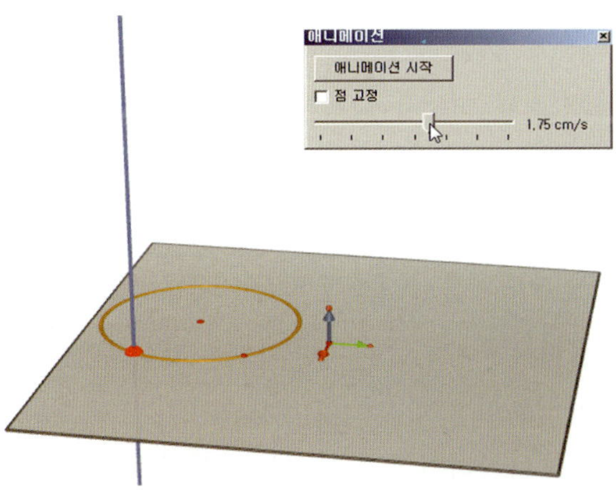

⑦ '애니메이션 시작' 버튼을 클릭한다. 그러면 수직선은 원의 원주 위로 움직이게 될 것이다.

⑧ 애니메이션 속도 슬라이더를 이용하면 애니메이션의 속도와 방향을 조절할 수 있다.

2.3.5 작도 다시보기

1) 활용

도형의 작도 과정을 재현할 수 있다.

2) 사용방법

① 도형을 작도한다.

② [창] **작도 다시보기**를 선택하여 작도 다시보기 창을 활성화 시킨다.

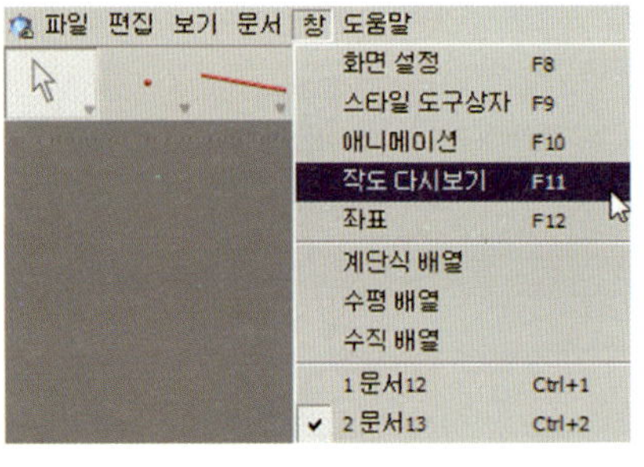

③ '작도 다시보기 실행' 버튼을 클릭한다. 그러면 작도한 도형들이 사라지고 기본 평면만 남는다.

④ > 버튼을 클릭할 때 마다 작도 단계가 차례로 나타난다. (작도 단계를 자동적으로 보려면 '작도과정 다시보기 시작' 버튼을 클릭한다.)

⑤ >> 버튼을 클릭하면 작도의 마지막 단계를 보여준다.

⑥ < 버튼은 작도의 앞 단계를, << 버튼은 작도의 처음 단계를 보여준다.

⑦ 작도 다시보기를 나가려면 '작도 다시보기 끝내기' 버튼을 클릭한다.

☞ 참고. 현재 작도 단계에서 작도를 다시 하고 싶으면, '현재 작도단계 유지' 버튼을 클릭한다. 이후의 작도 단계는 사라지게 된다.

2.3.6 작도 스크립트

1) 활용

작도 단계를 스크립트 형태로 볼 수 있고, 스크립트 창에서 작도를 수정하거나 작도할 수 있다.

2) 사용방법

새 문서를 열고 아무 것도 작도하지 않은 상태에서 [문서] **작도 스크립트(F7)**를 선택하면 작업 영역의 왼쪽에 작도된 도형 목록을 보여주는 스크립트 창이 나타난다. 작업 영역에 두 점을 작도하면 스크립트 창에 그 스크립트가 나타난다. 작도한 도형에 이름표를 붙이면 스크립트에 나타나는 많은 도형을 쉽게 확인할 수 있다. 이름표를 따로 붙이지 않으면 Cabri 3D는 (Pt_1, Pt_2, $\cdots$) 등으로 이름을 붙인다.

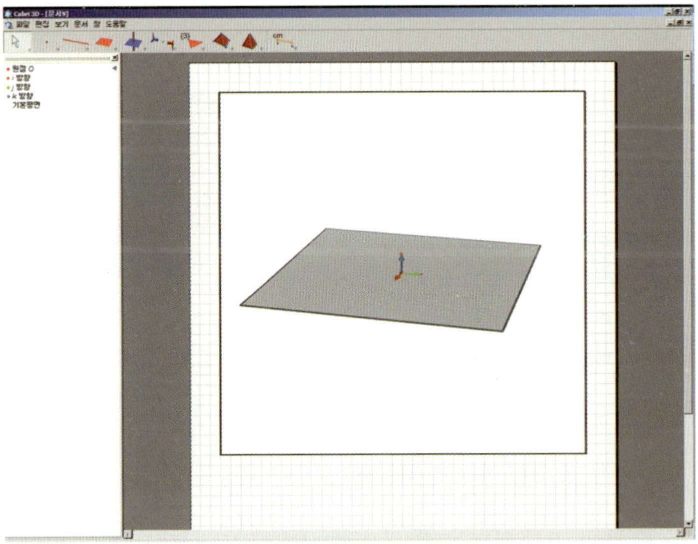

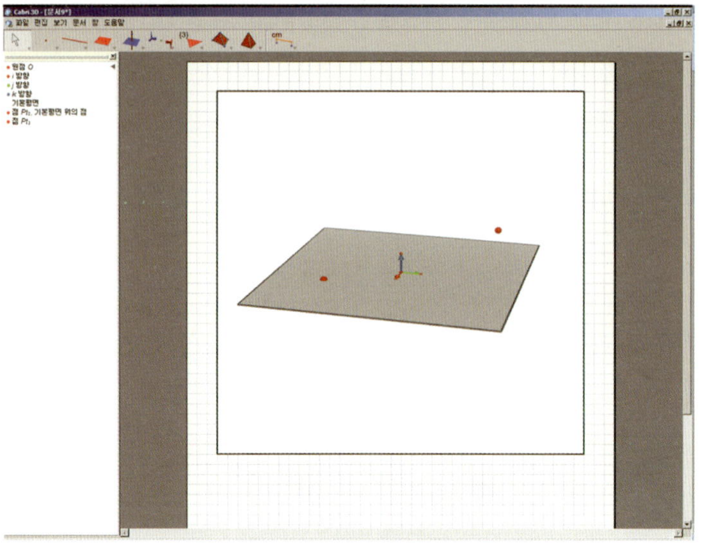

• **스크립트 창에서 작도 수정**

직선을 작도하려면 [선] **직선** 도구를 선택한 다음 스크립트 창에서 첫 번째 점과 두 번째 점을 선택한다. 그러면 작업 영역에 직선이 나타난다.

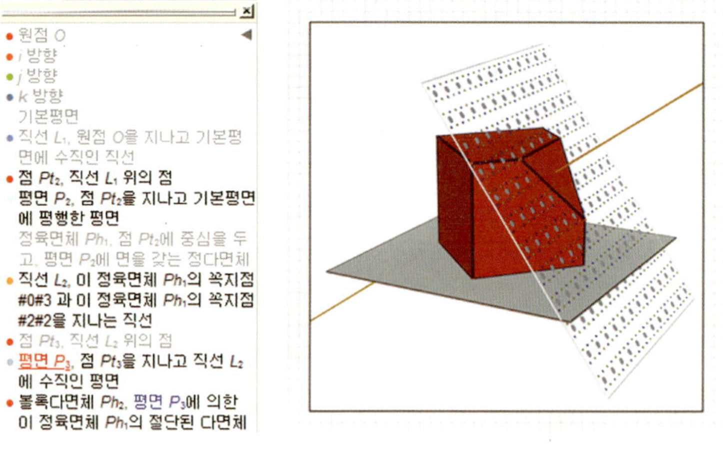

☞ 참고

숨어있는 도형의 스크립트는 회색으로 나타나고, 선택된 도형의 스크립트는 빨간 색으로 나타난다. 이 선택된 도형에 대한 참조는 스크립트에서 파란색으로 나타난다.

현재 설정에서 존재하지 않는 스크립트는 — 표(예 : • ~~점 P_1, 직선 L_1와 이 원 C_1의 교점~~)로 나타난다.

2.3.7 계산기의 고급 사용

1) 활용

과학적 계산으로 제공된 대부분의 연산을 수행하고 작업 창에 결과를 나타낼 수 있으며, 점이나 도형을 움직이면 즉시 계산된 매개변수들 중 하나의 값이 변화된 계산 결과를 나타내며 상호작용을 한다.

2) 사용방법

계산기에 자료를 입력하기 위해 작도 영역 안에 자료나 결과를 클릭하거나, 간단하게 직접 값들을 입력할 수 있다. 함수들은 표준 기호(sin, cos, In 등)로 제시되어 있으며, 자료는 바로 기호 다음의 괄호 안에 입력되어야 한다.

다음 예제를 통해 계산기의 사용과 기능성을 살펴보자.

- **예제**

① 평면 위의 한 점 O에서 출발한 개의 반직선 OA와 OB를 작도한다.

② [측정] **각** 도구를 사용하여 $\angle AOB$의 크기를 측정한다.

③ [측정] **계산기** 도구를 사용하여 계산기 창에 'sin('을 입력한다.

④ 작도 영역에서 $\angle AOB$의 값을 클릭하고, 다시 계산기 창에 ')'을 입력하면 sin(a)의 값이 계산된다.

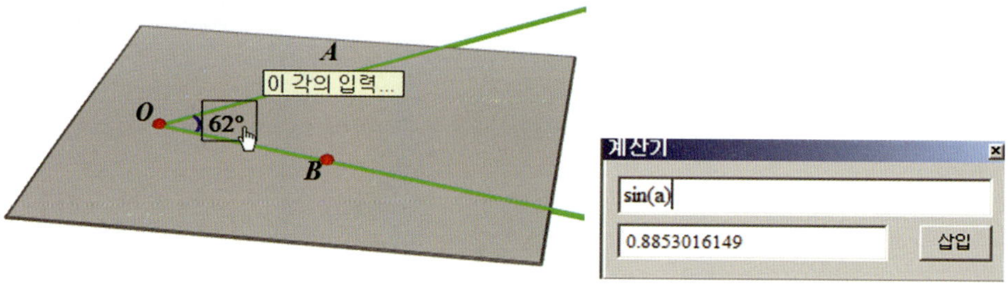

⑤ '삽입' 버튼을 클릭한 후, 마우스의 커서를 작도영역으로 이동시켜 작도영역 위에서 클릭한다.

⑥ 점 *A*를 움직이면 측정각이 변함에 따라 자동적으로 사인값도 변한다는 것을 볼 수 있다.

⑦ 결과를 더블 클릭하면 계산기가 다시 나타나며, 편집된 결과를 다시 수정하려면 창에 값을 다시 입력한다.(예를 들면, 입력된 식에 '+cos(a)'를 추가로 입력하면 계산 결과가 자동으로 나타난다.

☞ 참고. (계산기 기호)

연 산	기 호
덧 셈	+
뺄 셈	-
곱 셈	*
나눗셈	/
거듭제곱	^

함 수	기 호	다른 표기
사 인	sin(x)	Sin
코사인	cos(x)	Cos
탄젠트	tan(x)	Tan
역사인	asin(x)	ArcSin, arcsin
역코사인	acos(x)	ArcCos, arccos
역탄젠트	atan(x)	ArcTan, arctan
쌍곡사인	sinh(x)	SinH, sh, Sh
쌍곡코사인	cosh(x)	Cosh, ch, Ch
쌍곡탄젠트	tanh(x)	Tanh, th, Th
역쌍곡사인	argsh(x)	ArgSh, asinh
역쌍곡코사인	argch(x)	ArgCh, acosh
역쌍곡탄젠트	argth(x)	ArgTh, atanh
제 곱	sqr(x)	Sqr
제곱근	sqrt(x)	Sqrt
지 수	exp(x)	Exp
상용로그	log(x)	Log, LG, Lg
자연로그	ln(x)	Ln
Round(가까운 정수)	round(x)	Round
정수부분	trunc(x)	Trunc
최대 정수 $\leq x$	floor(x)	Floor
최소 정수 $\geq x$	ceil(x)	Ceil
0과 1사이의 임의의 값	rand()	Rand
절대값	abs(x)	Abs
Sign(-1 if x<0 +1 if x>0 0 if x=0)	sign(x)	Sign
π	pi	Pi, PI

2.3.8 측정, 계산의 정밀도 조정

1) 활용

측정이나 계산기에 나타나는 소수점이하 자리를 바꿀 수 있다.

2) 사용방법

측정이나 계산기에 나타나는 값은 보통 기본 값으로 소수 첫째자리나 둘째자리까지이다. (소수점이하 10번째 자리까지)

정밀한 값을 구하려면 측정값이나 계산된 결과에서 마우스 오른쪽 버튼을 클릭한 다음 '소수점 이하'에서 선택하면 된다.

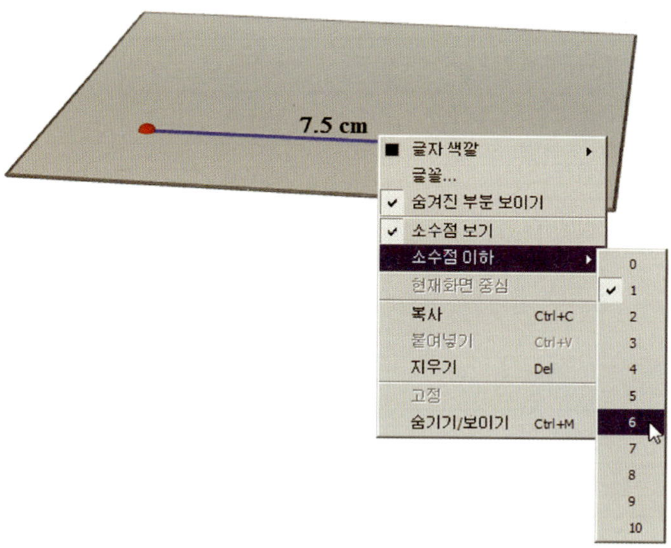

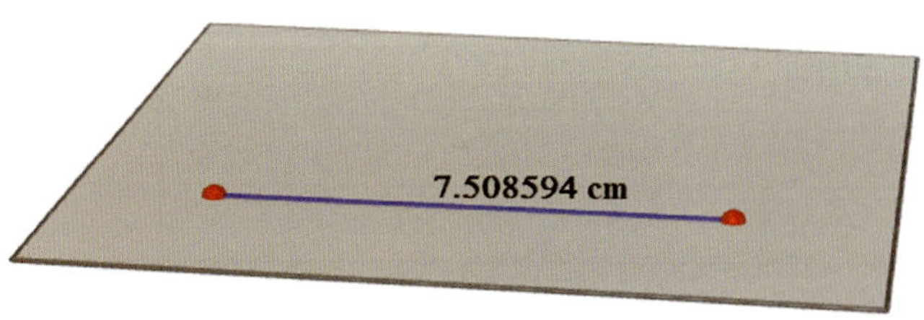

2.3.9 인쇄 가능한 전개도 만들기

1) 활용

Cabri 3D는 작도한 다면체로부터 전개도를 만들 수 있고, 전개도를 인쇄하거나 종이나 마분지에 실제 모형을 만들 수 있게 한다.

2) 사용방법

① 다면체를 작도한다.

② [다면체] **다면체 전개** 도구를 사용하여 작도한 다면체를 전개시킨다.

③ [문서] **전개도 추가**를 선택한다.

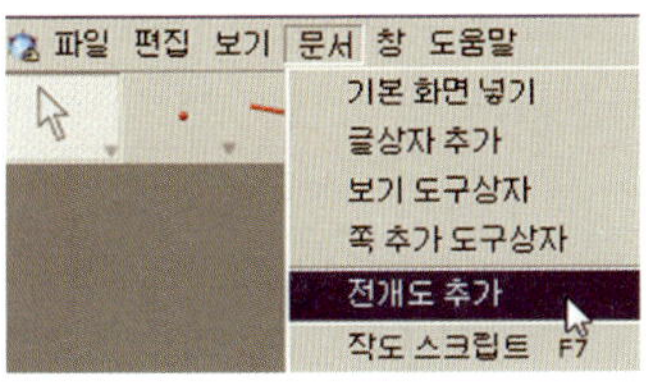

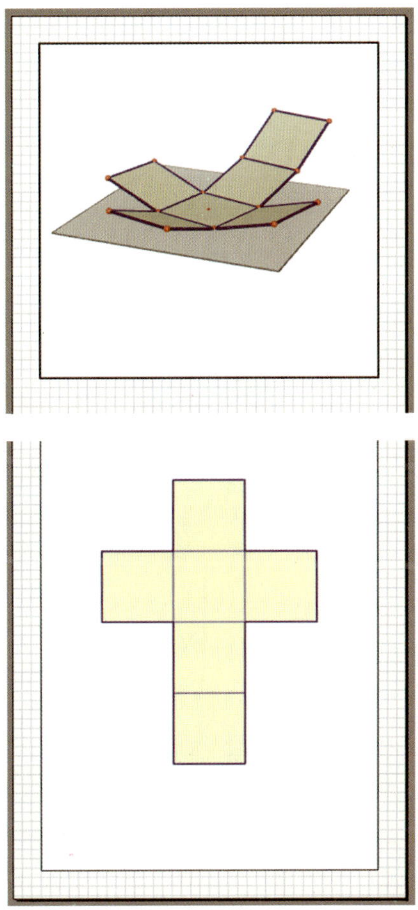

2.3.10 도형의 이름표 만들기

1) 활용

Cabri 3D는 작도한 도형에 이름을 붙일 수 있다.

2) 사용방법

① [조작] **조작** 도구를 사용하여 도형(점, 구, 직선, 평면 등)을 선택한다.
② 키보드로 원하는 도형의 이름을 입력한다.
③ 이름표를 이동시키려면 [조작] **조작** 도구를 사용하여 이름표를 드래그하여 움직이면 된다.
④ 글꼴이나 다른 속성을 바꾸려면 마우스를 이름표 위에 두고 마우스 오른쪽 버튼을 클릭하여 나오는 팝업 메뉴를 이용하면 된다.

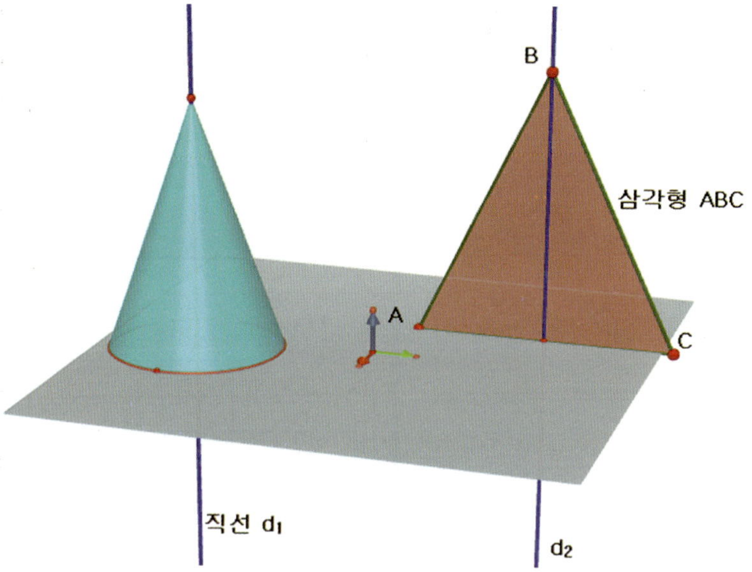

☞ 참고. 문자 뒤에 바로 숫자를 입력하면 자동적으로 인덱스(index)가 붙여지는 것에 주의한다.(예 : 직선 d_1)

2.3.11 설명문과 글상자 만들기

1) 활용

Cabri 3D는 글상자를 이용하여 간단한 설명문이나 기록 등을 만들 수 있다.

2) 사용방법

글상자를 만들기 위해서는 [문서] **글상자 추가**를 선택한다.

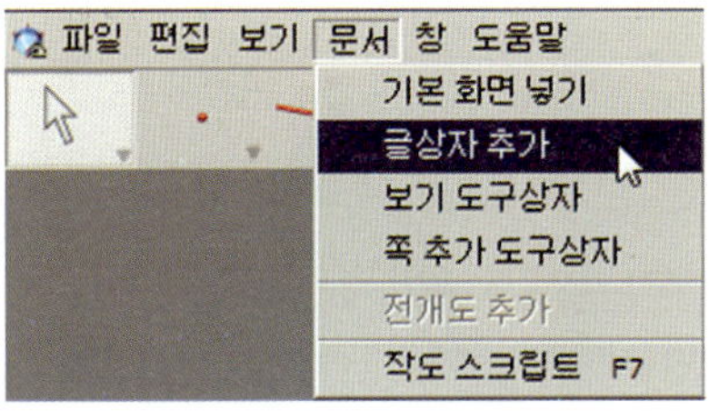

글상자의 크기를 바꾸기 위해서는 먼저 가장자리를 한 번 클릭하면 크기 조절점이 나타난다. 이 조절점을 드래그하여 원하는 크기의 글상자로 조절한다.

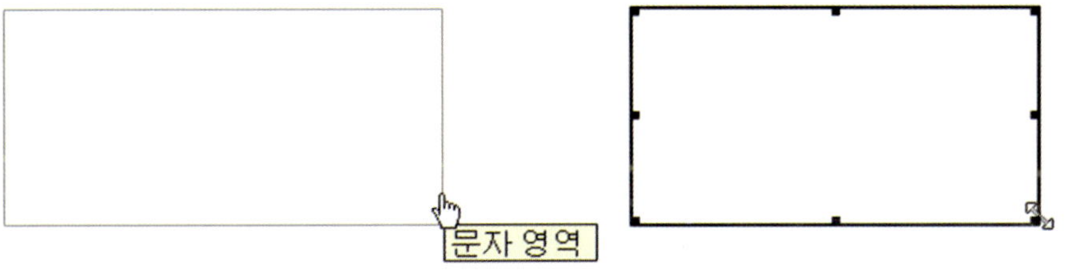

글상자에 글을 입력하려면 글상자 내부를 클릭하면 된다.

글상자를 옮기기 위해서는 조절점이 나타나도록 테두리를 한 번 클릭한다.

그런 다음 글상자 안쪽을 클릭해서 나타나는 십자 조절점( )을 사용하여 옮긴다.

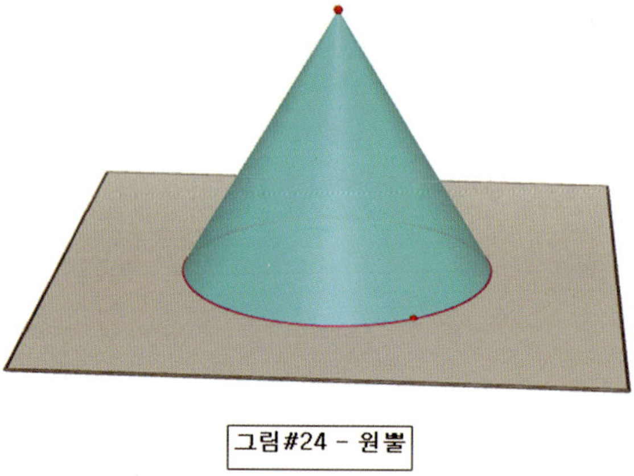

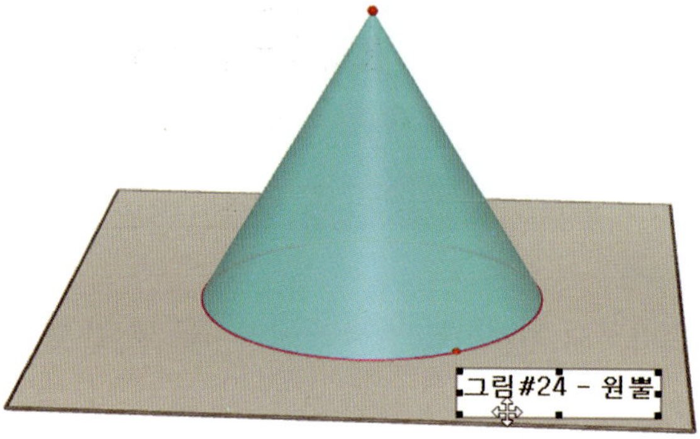

이름표의 글자 크기나 다른 속성을 바꾸기 위해서는 글상자 안쪽에 오른쪽 마우스 버튼을 클릭하여 나오는 팝업메뉴를 이용한다.

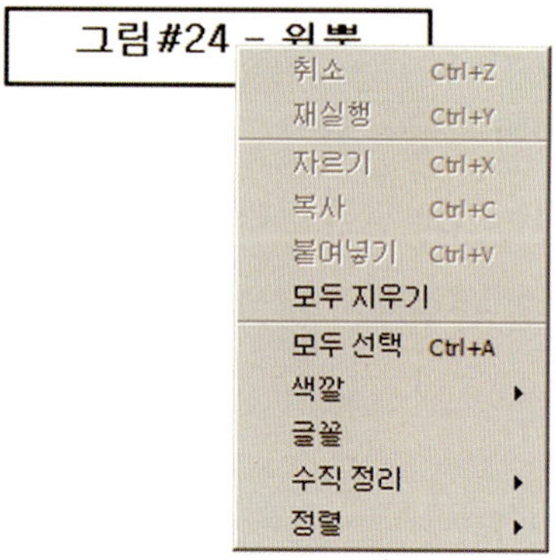

2.3.12 자동 회전

1) 활용

Cabri 3D는 완성된 작도 내용을 자동으로 회전시켜 보여준다.

2) 사용방법

① [창] **화면설정**을 선택하여 화면설정창을 활성화 시킨다.

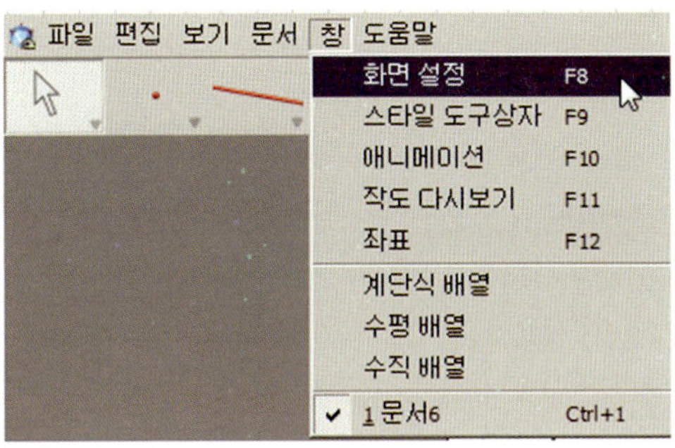

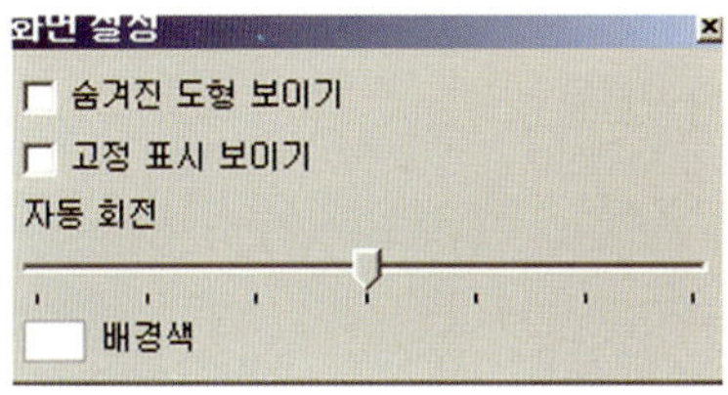

② 자동회전 슬라이더를 이용해서 회전을 시작하고 방향과 속도를 조절한다.

☞ 참고.

작도 영역 위에서 마우스 오른쪽 버튼을 누른 상태로 마우스를 왼쪽(또는 오른쪽) 방향으로 던지듯이 놓으면 화면이 자동으로 회전한다. (마우스 오른쪽 버튼을 누른 상태로 마우스 왼쪽 또는 오른쪽으로 빨리 움직인 후, 마우스를 뗀다.) 회전을 멈추려면 화면 위에서 마우스 오른쪽 버튼을 3초간 누르고 있는다.

2.3.13 회전 중심의 변경

1) 활용

자동 회전이나 관찰각 변경 등 전체 작도를 여러 가도에서 살펴보는 회전 중심점을 변경할 수 있다.

2) 사용방법

기본 평면에서 보이는 영역(VP)의 중심점이 회전하는 중심의 기본 값으로 설정되어 있다.

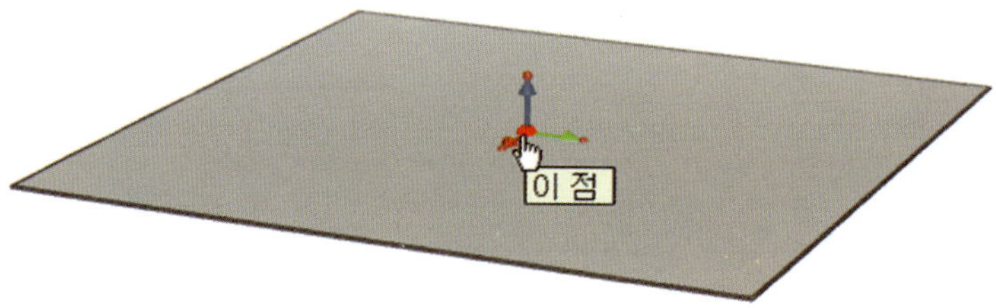

회전의 중심을 다시 지정하려면, 지정하려는 점에서 마우스의 오른쪽 버튼을 클릭하여 나타나는 팝업 메뉴 중 '현재화면 중심'을 선택한다. 그러면 이후에는 자동 회전이나 관찰각 변경 등 전체 작도를 여러 각도에서 살펴보는 회전 중심점이 된다.

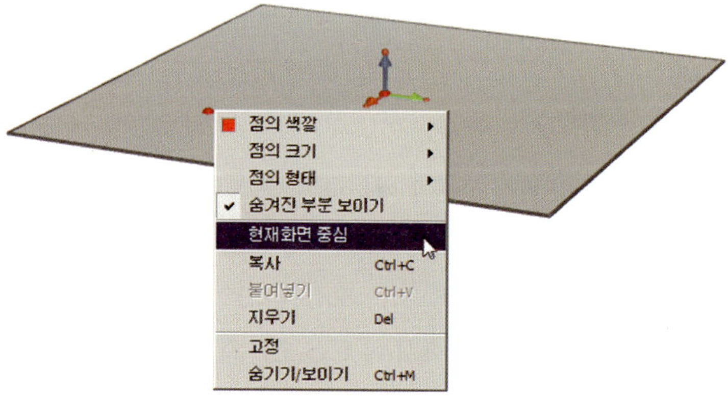

2.3.14 작업 영역 내의 전체 작도 이동

1) 활용

작업 영역 내에서 전체 작도를 이동할 수 있다.

2) 사용방법

Shift 키를 누른 후, 마우스의 오른쪽 버튼으로 드래그하면 작업 영역을 이동시킬 수 있다.(이때 마우스 포인터 모양은 ' '와 같다.) 작업 영역을 이동하면서 작도하면 복잡한 작도를 더 쉽게 할 수 있고, 전체 작도를 자유롭게 이동할 수 있다.

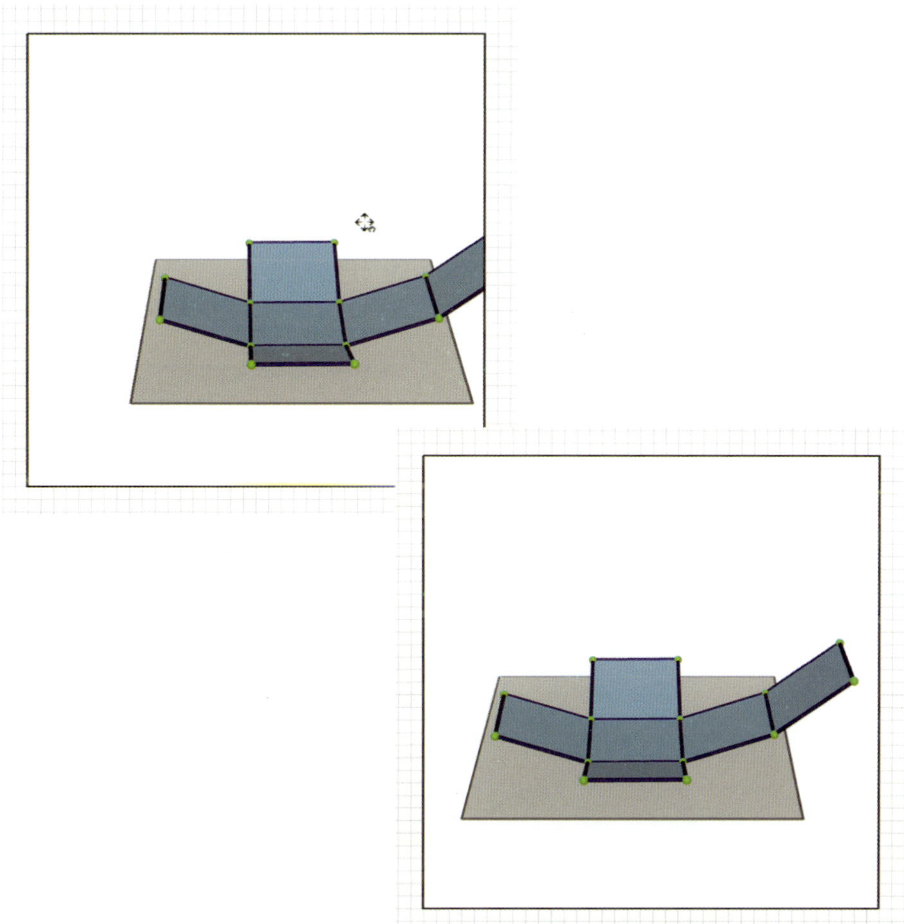

2.3.15 도형의 그래픽 속성 바꾸기

1) 활용

Cabri 3D는 평면이나 도형들의 속성을 바꿀 수 있다.

2) 사용방법

① [창] **스타일 도구상자**를 선택하여 스타일 도구상자 창을 활성화 시킨다.

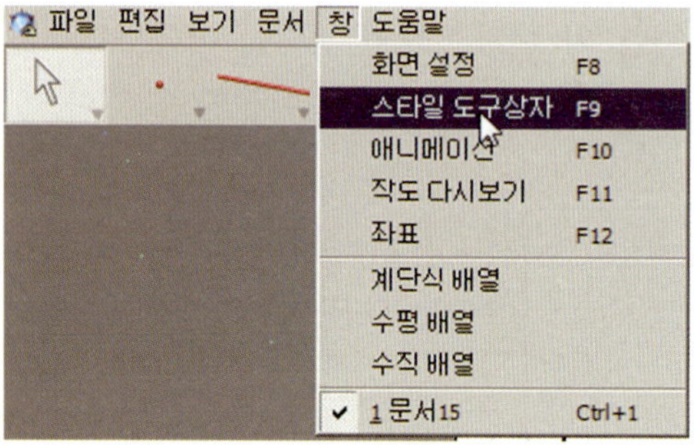

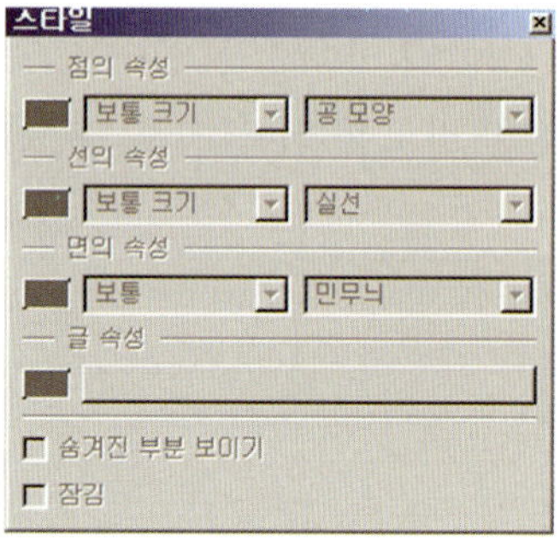

② [조작]  **조작** 도구를 사용하여 도형을 선택한다.
③ 스타일 창에서 도형의 속성을 바꿀 수 있다.

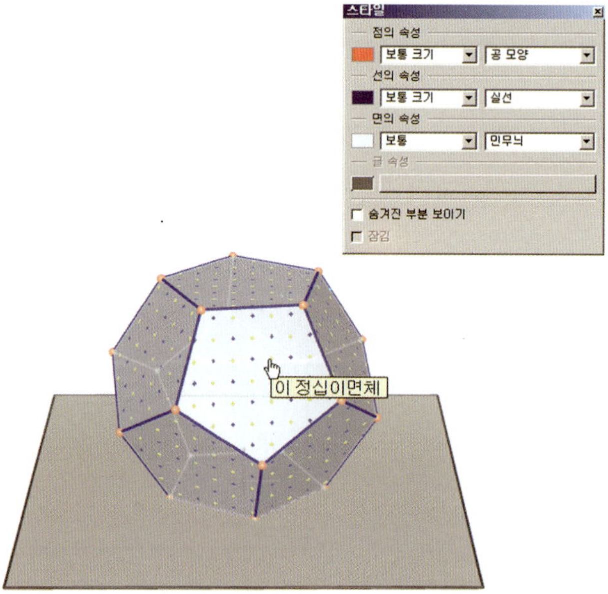

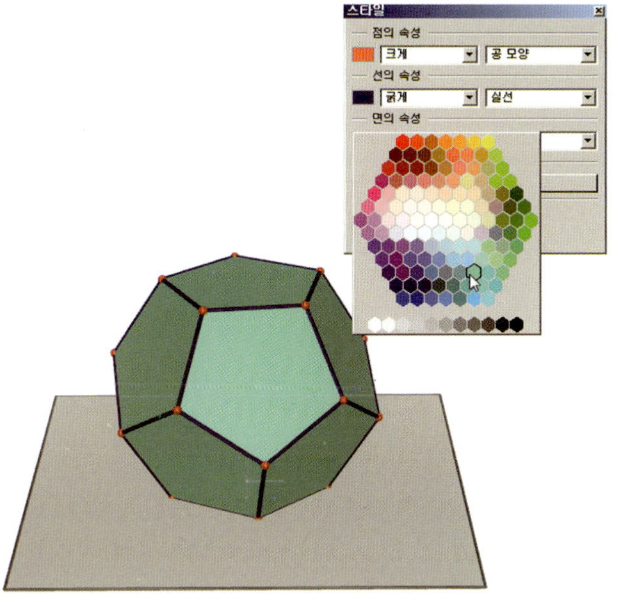
스타일
점의 속성
크게
공 모양
선의 속성
굵게
실선
면의 속성

제 2 부 Cabri 3D 활용하기

1. Cabri 3D로 수업자료 만들기

2. Cabri 3D 응용하기

01 CHAPTER Cabri 3D로 수업자료 만들기

1.1 평면과 평면의 위치 관계

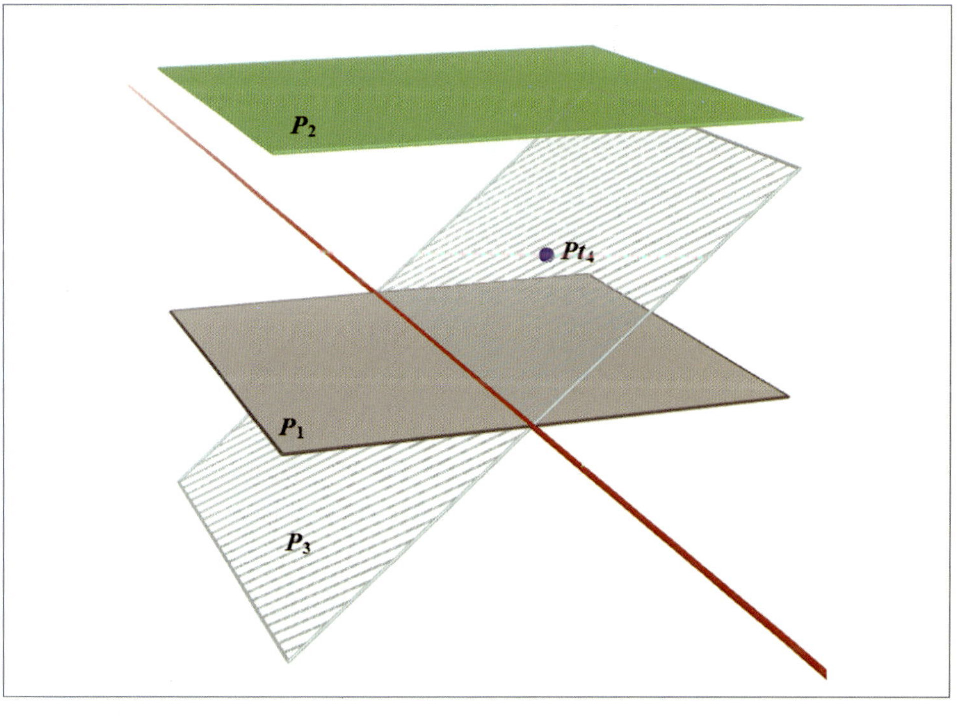

1) 제작 방법

① [선] **직선** 도구를 사용하여 벡터 i, j, k 방향으로 각각 직선 L_1, L_2, L_3를 작도한다.

도구 클릭 → 마우스를 벡터 i에 가까이 이동 → 직선이 나타나면 클릭

② [점] **점** 도구를 사용하여 직선 L_3 위에 점 Pt_1을 작도한다.

③ [작도] **평행** 도구를 사용하여 점 Pt_1을 지나고 평면 P_1에 평행한 평면 P_2를 작도한다.

④ [점] **점** 도구를 사용하여 직선 L_2 위에 각각 두 점 Pt_2, Pt_3를 작도한다.

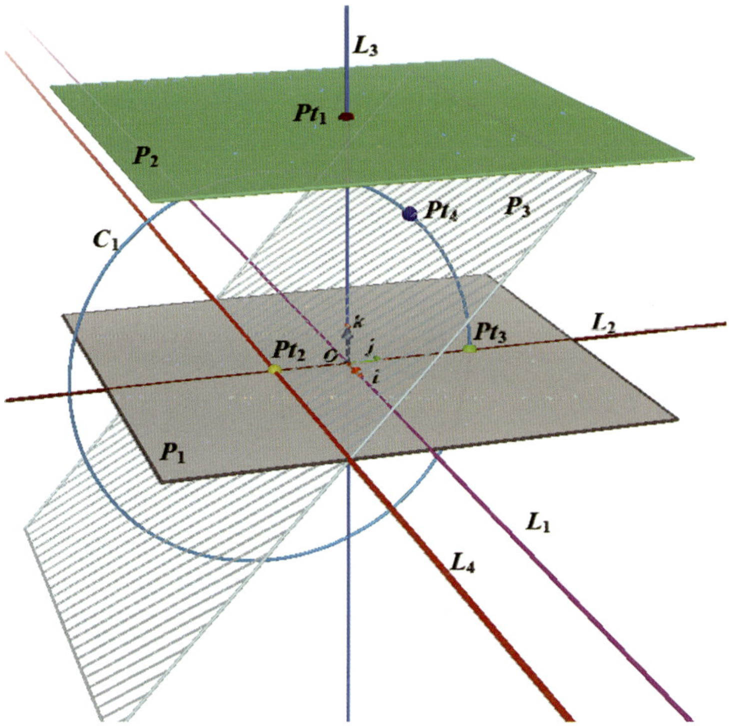

⑤ [작도] **평행 도구**를 사용하여 점 Pt_2를 지나고 직선 L_1에 평행한 직선 L_4를 작도한다.

⑥ [선] **원** 도구를 사용하여 직선 L_4 주위에 점 Pt_3를 지나는 원 C_1을 작도한 후, [점] **점** 도구를 사용하여 원 C_1 위에 점 Pt_4를 작도한다.

⑦ [변환] **회전이동** 도구를 사용하여 평면 P_1을 직선 L_4를 축으로 점 Pt_3에서 점 Pt_4로 회전이동한 평면 P_3를 작도한다.

도구 클릭 → 평면 P_1 클릭 → 직선 L_4 클릭 → 점 Pt_3 클릭 → 점 Pt_4 클릭

⑧ 숨기기/보이기(Ctrl+M) 기능을 사용하여 직선 L_1, L_2, L_3, 벡터 i, j, k, 점 Pt_1, Pt_2, Pt_3 를 숨긴다. (예 : 직선 L_1을 마우스 오른쪽 버튼으로 클릭 → 숨기기/보이기(Ctrl+M) 클릭)

2) 활용 방법

학 년	중1	주 제	평면과 평면의 위치 관계
단 원	도형 / 기본도형 / 위치 관계		
학습목표	평면과 평면의 위치 관계를 말할 수 있다.		
파 일 명	1.1 평면과 평면의 위치 관계		

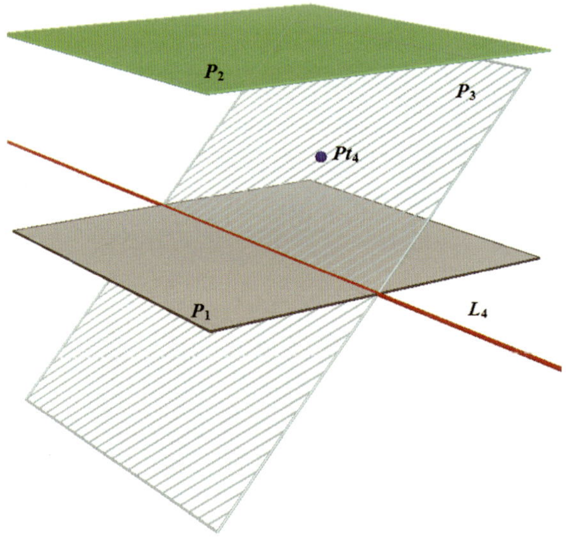

활용방법	• 이 자료는 공간에 있는 서로 다른 두 평면의 위치 관계를 관찰할 수 있도록 제작하였다. • 자료 '1.1 평면과 평면의 위치 관계'에서 점 Pt_1과 직선 L_4, 평면 P_2를 움직이면서 두 평면 P_1과 P_3(두 평면이 만나는 경우), P_1과 P_2(두 평면이 평행인 경우)의 위치 관계를 관찰한다. • 공간에 있는 서로 다른 두 평면은 위의 자료와 같이 서로 만나거나 만나지 않는다는 것을 확인할 수 있다.

1.2 육각뿔대

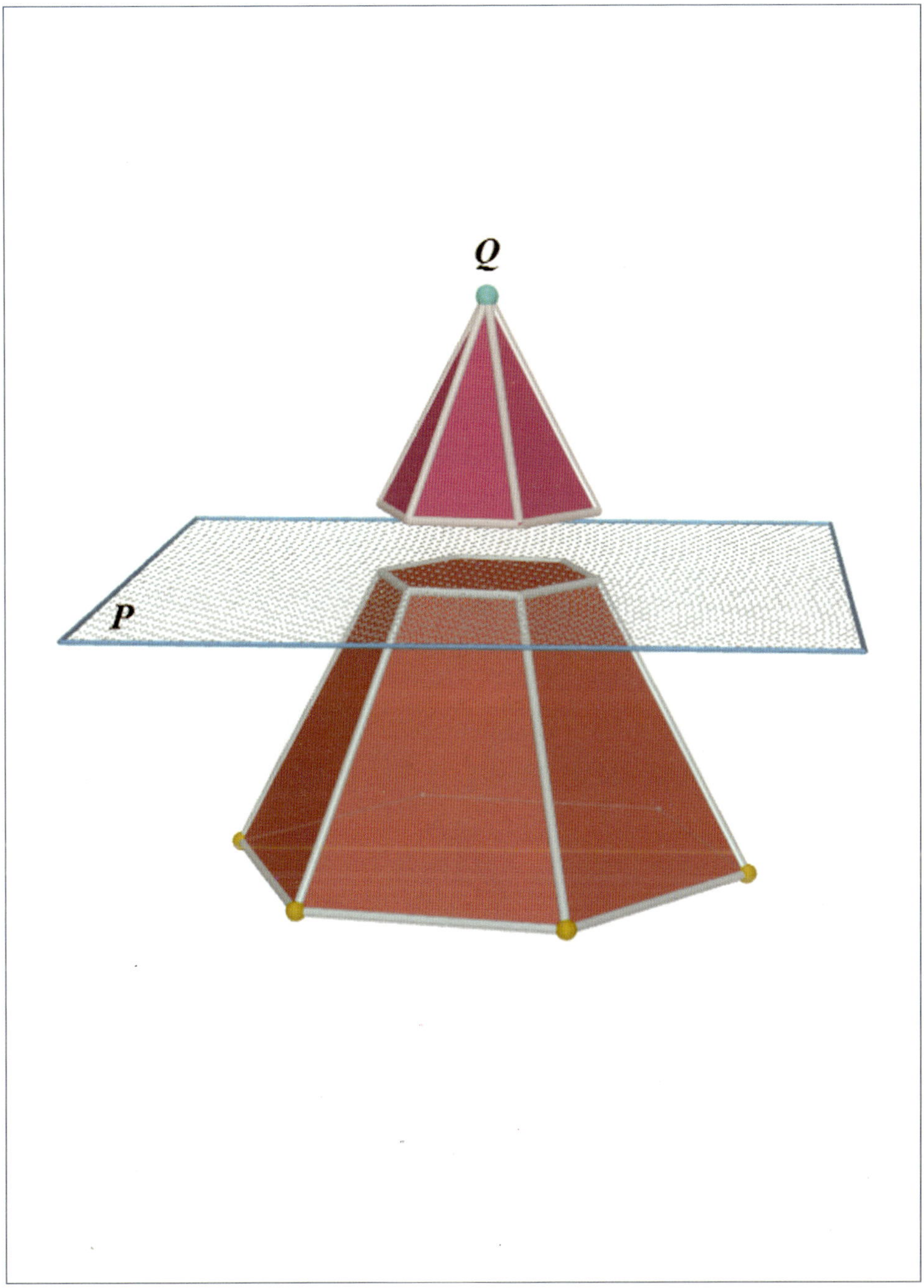

1) 제작 방법

① (작도 시작하기 전에 벡터 i, j, k 를 숨긴다.) [정다각형] **정육각형** 도구를 사용하여 평면 P_1 안에 점 O를 중심으로 하는 정육각형을 작도한다.

② [작도] **수직** 도구를 사용하여 점 O를 지나고 평면 P_1에 수직인 직선 L_1을 작도한다.

③ [점] **점** 도구를 사용하여 직선 L_1 위에 점 Pt_1, Pt_2를 작도한다.

④ [다면체] **각뿔** 도구를 사용하여 ①에서 작도한 정육각형을 밑면으로 하고 점 Pt_1을 꼭짓점으로 하는 각뿔(육각뿔)을 작도한다.

⑤ [작도] **평행** 도구를 사용하여 점 Pt_2를 지나고 평면 P_1에 평행한 평면 P_2를 작도한다.

⑥ **숨기기/보이기(Ctrl+M)** 기능을 사용하여 점 Pt_2, O는 숨기고, [작도] **작도** 도구를 사용하여 평면 P_2를 육각뿔과 겹치도록 이동시킨다.

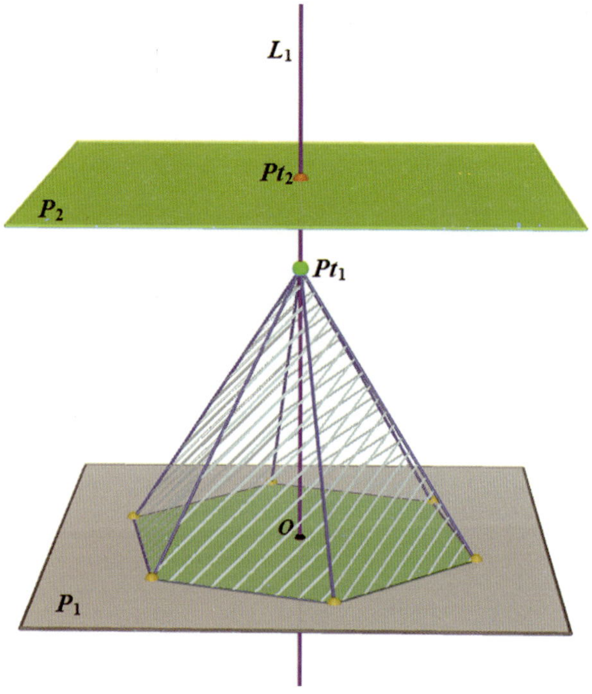

⑦ [다면체] **다면체 절단** 도구를 사용하여 ④에서 작도한 육각뿔을 평면 P_2로 절단시킨 다면체(육각뿔대)를 작도한다.(절단된 다면체가 육각뿔대로 나타나지 않을 경우에는 Ctrl 키를 누르고 다면체 절단을 한다.)

⑧ [보기] **숨겨진 도형 보이기**를 선택하여 ④에서 작도한 육각뿔을 **숨기기/보이기(Ctrl+M)** 기능을 사용하여 보이게 하고, 육각뿔의 면의 형태를 바꾼다. (육각뿔을 마우스 오른쪽 버튼으로 클릭 → 면의 형태 → 없음 클릭)

⑨ **숨기기/보이기(Ctrl+M)** 기능을 사용하여 직선 L_1을 숨긴다.

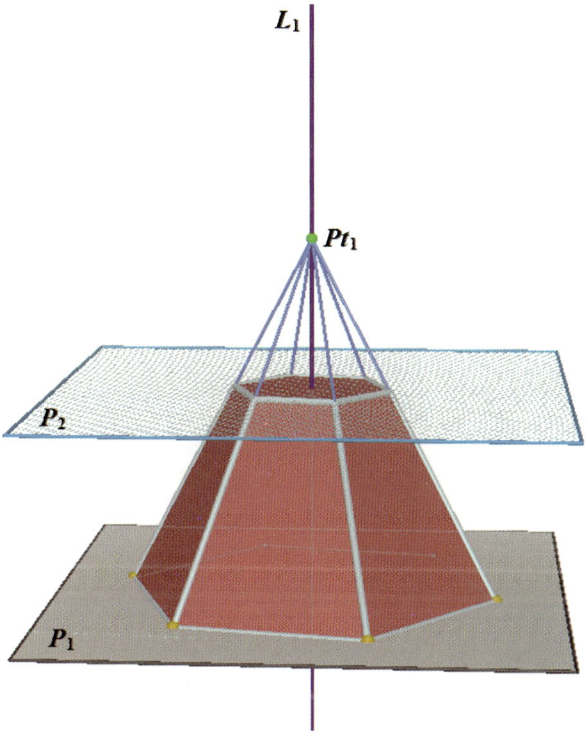

2) 활용 방법

<table>
<tr><td>학 년</td><td>중1</td><td>주 제</td><td>육각뿔대</td></tr>
<tr><td>단 원</td><td colspan="3">도형 / 입체도형의 성질 / 다면체</td></tr>
<tr><td>학습목표</td><td colspan="3">각뿔대의 뜻을 이해한다.</td></tr>
<tr><td>파 일 명</td><td colspan="3">1.2 육각뿔대</td></tr>
<tr><td colspan="4">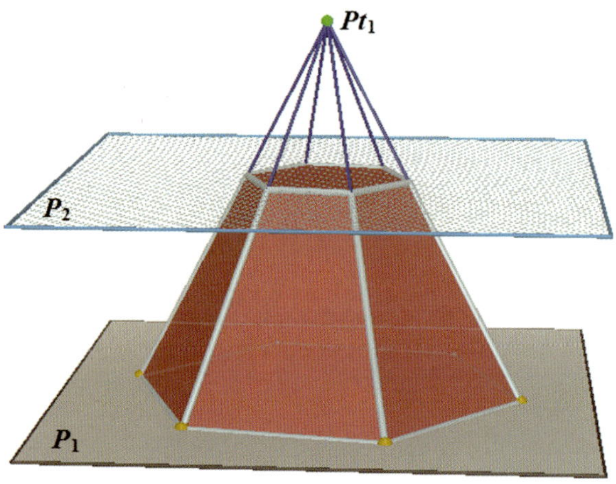
</td></tr>
<tr><td>활용방법</td><td colspan="3">• 각뿔을 그 밑면에 평행한 평면으로 잘라서 생기는 두 입체도형 중에서 각뿔이 아닌 쪽의 도형이 각뿔대가 됨을 확인한다.
• 평면 P_2를 움직이면서 잘리는 위치를 이동시킬 수 있고, 점 Pt_1을 움직이면서 각뿔의 크기를 바꿀 수 있다.
• 각뿔, 각뿔대도 다면체의 일종이라는 것에 유의하도록 한다.
• 밑면이 육각형인 각뿔대를 육각뿔대라 하고, 면이 모두 8개이므로 팔면체이기도 하다. 육각뿔대의 옆면은 모두 사다리꼴이다.</td></tr>
</table>

1.3 정육면체의 전개도

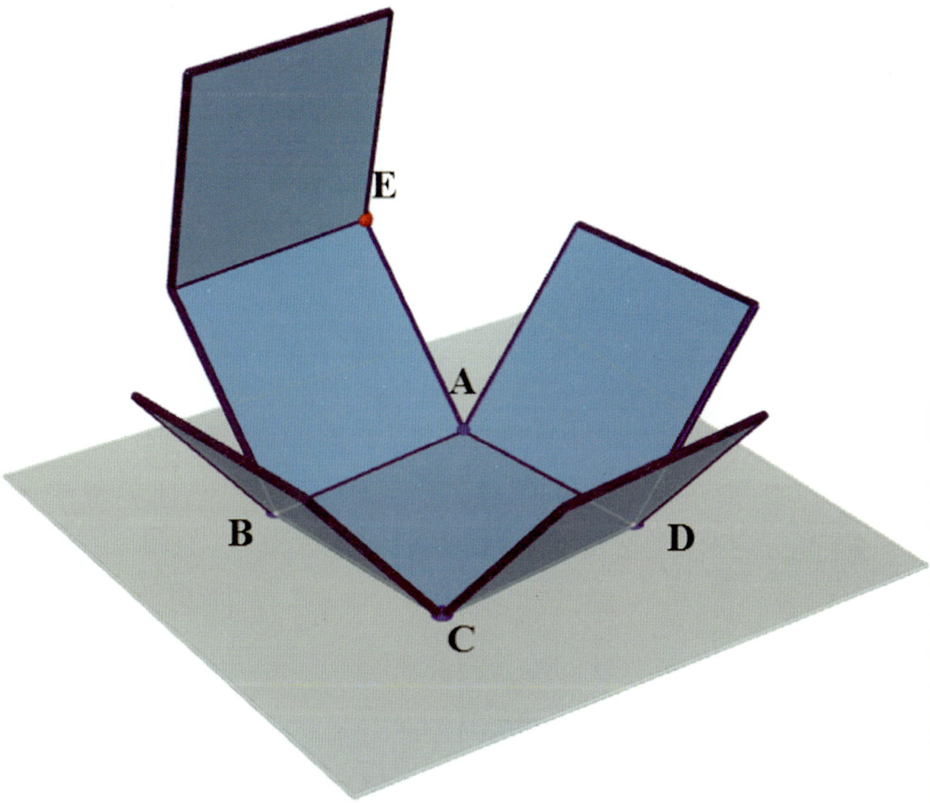

1) 제작 방법

① [정다각형] **정사각형** 도구를 사용하여 평면 P_1안에 점 O를 중심으로 하는 정사각형 A, B, C, D를 작도한다.

② [점] **점** 도구를 사용하여 정사각형의 꼭짓점 A, B, C, D를 작도한다.(제작 방법 설명을 위해 작도하는 점이다.)

③ [선] **원** 도구를 사용하여 모서리 AB 주위에 점 D를 지나는 원 C_1을 작도한다.

④ [점] **점** 도구를 사용하여 원 C_1 위에 점 E를 작도한다.

⑤ [변환] **회전이동** 도구를 사용하여 모서리 AB를 축으로 점 D에서 점 E로 정사각형 $ABCD$를 회전이동 시킨다.(도구 클릭 → 모서리 AB 클릭 → 점 D 클릭 → 점 E 클릭 → 정사각형 $ABCD$ 클릭)

⑥ [작도] **수직** 도구를 사용하여 점 O를 지나고 정사각형 $ABCD$에 수직인 직선 L_1을 작도한다.(도구 클릭 → 점 O 클릭 → 정사각형 $ABCD$ 클릭)

⑦ [변환] **회전이동** 도구를 사용하여 직선 L_1을 축으로 점 A에서 점 B로 ⑤에서 작도한 정사각형을 회전이동 시킨다.(도구 클릭 → 직선 L_1 클릭 → 점 A 클릭 → 점 B 클릭 → ⑤에서 작도한 정사각형 클릭)

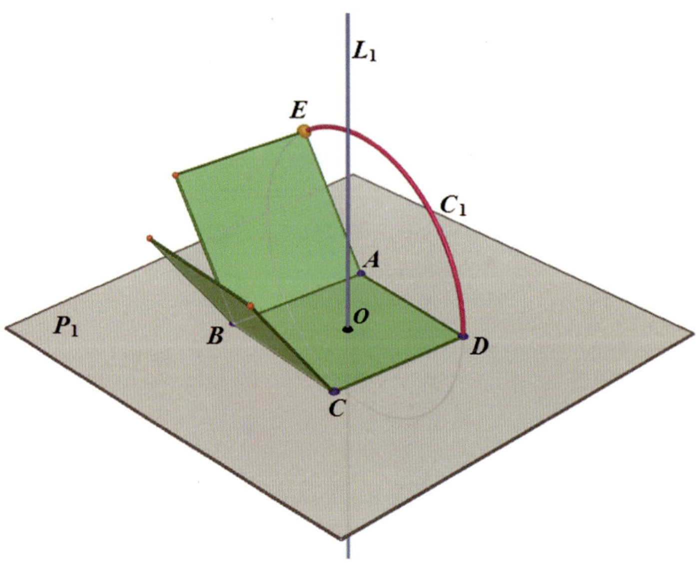

⑧ ⑦에서 작도한 것과 같은 방법으로 나머지 두 개의 면을 작도한다.(도구 클릭 → 직선 L_1 클릭 → 점 A 클릭 → 점 C 클릭 → ⑤에서 작도한 정사각형 클릭/ 도구 클릭 → 직선 L_1 클릭 → 점 A 클릭 → 점 D 클릭 → ⑤에서 작도한 정사각형 클릭)

⑨ [작도] **수직이등분** 도구를 사용하여 모서리 AE의 수직이등분 평면 P_2를 작도한다.

⑩ [변환] **면대칭** 도구를 사용하여 평면 P_2에 정사각형 $ABCD$를 대칭이동 시킨다.(평면 P_2 클릭 → 정사각형 $ABCD$ 클릭)

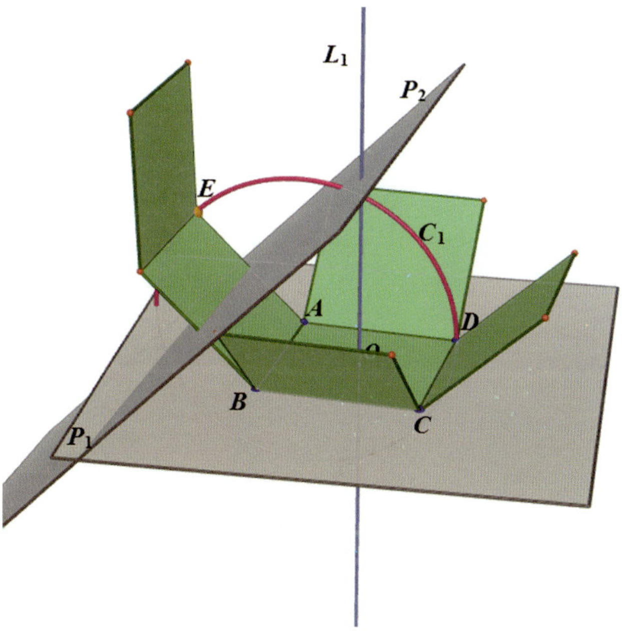

⑪ **숨기기/보이기**(Ctrl+M) 기능을 사용하여 평면 P_1, P_2, 원 C_1, 직선 L_1을 숨긴다.

※ 다른 모양의 전개도 작도하는 방법

① 앞에서 작도한 ① ~ ⑩과 같은 방법으로 작도한다.

② [점] **점** 도구를 사용하여 점 F를 작도한다.

③ [작도] **수직이등분** 도구를 사용하여 점 D와 점 F 사이에 수직이등분 평면 P_3를 작도한다.

④ [변환] **면대칭** 도구를 사용하여 평면 P_3에 정사각형 Sq를 대칭이동 시킨다.(평면 P_3 클릭 → 정사각형 Sq 클릭)

⑤ **숨기기/보이기(Ctrl+M)** 기능을 사용하여 평면P_1, P_2, P_3, 원 C_1, 직선 L_1, 정사각형 Sq를 숨긴다.

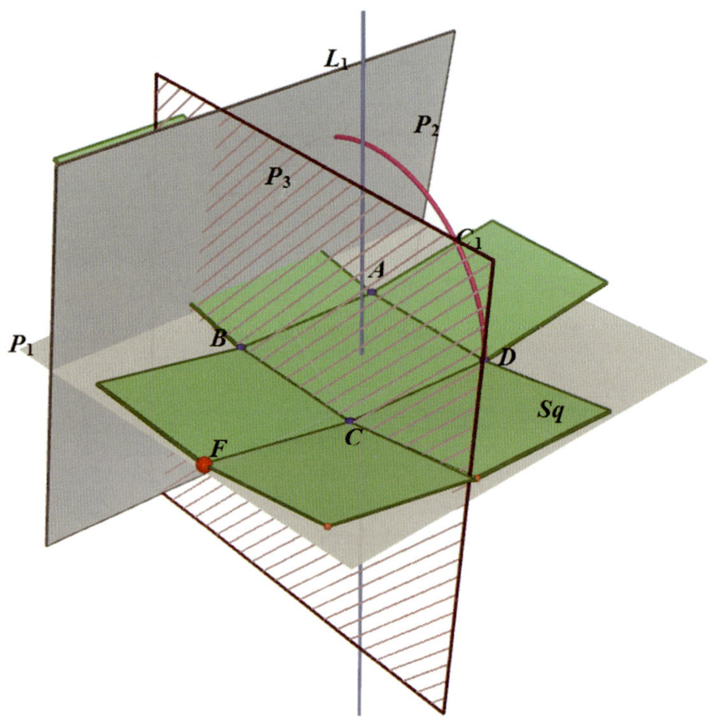

2) 활용 방법

<table>
<tr><td>학 년</td><td>중1</td><td>주 제</td><td>정육면체의 전개도</td></tr>
<tr><td>단 원</td><td colspan="3">도형 / 입체도형의 성질 / 다면체</td></tr>
<tr><td>학습목표</td><td colspan="3">정육면체의 전개도를 이해한다.</td></tr>
<tr><td>파 일 명</td><td colspan="3">1.3(1) 정육면체의 전개도, 1.3(2) 정육면체의 전개도, 1.3(3) 정육면체의 전개도</td></tr>
<tr><td colspan="4">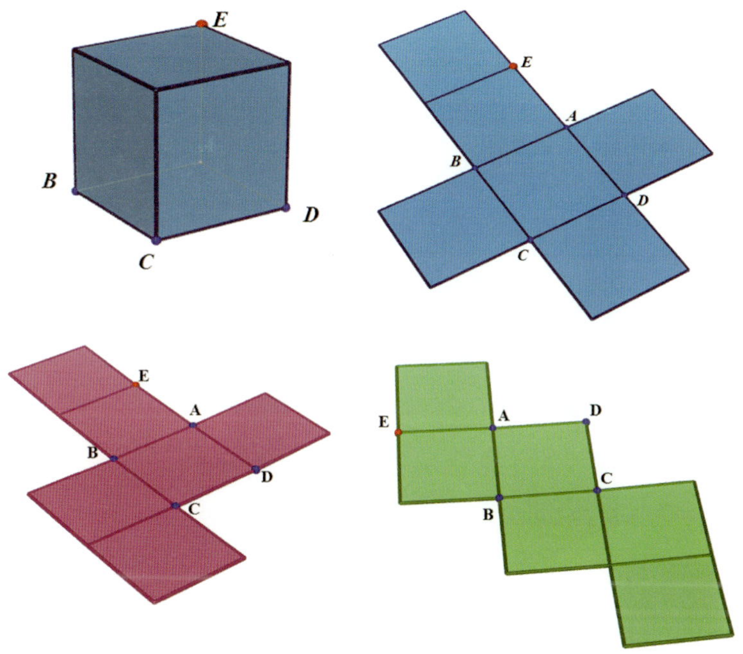
</td></tr>
<tr><td>활용방법</td><td colspan="3">• 정육면체의 전개도를 직접 움직이면서 관찰할 수 있는 자료이며, 총 3개의 파일로 구성되어 있다.
• 밑면의 꼭짓점 A, B, C, D를 움직이면 정육면체의 크기가 변한다.
• 점 E를 움직이면서 정육면체의 전개도가 펼쳐지고 접히는 것을 볼 수 있다.
• 여러 가지 방법으로 전개도를 만들어 보면서 정육면체의 전개도를 이해하게 하고, 하나의 정육면체에서 다양한 형태의 전개도가 나올 수 있음을 확인한다.</td></tr>
</table>

1.4 정육면체의 단면

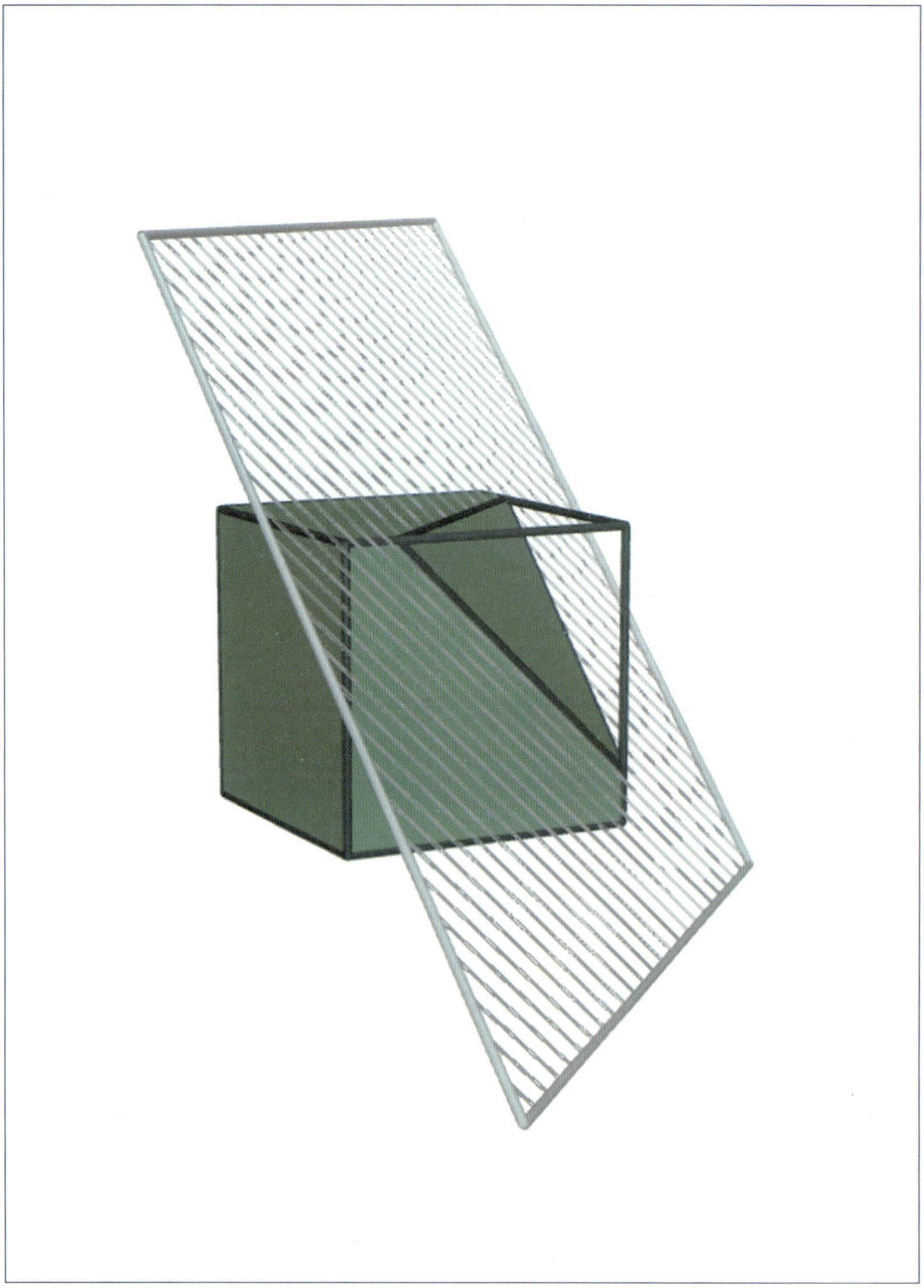

1) 제작 방법

① [정다면체] 정육면체 도구를 사용하여 평면 P_1 안에 점 O를 중심으로 하는 정육면체를 작도한다.(이때, 정육면체 면의 형태를 '없음'으로 바꾼다.)

② [선] 직선 도구를 사용하여 정육면체의 대각선을 지나는 직선 L_1을 작도한다.

③ [점] 점 도구를 사용하여 직선 L_1 위에 점 Pt_1을 작도한다.

④ [작도] 수직 도구를 사용하여 점 Pt_1을 지나고 직선 L_1에 수직인 평면 P_2를 작도한다.

⑤ [작도] 작도 도구를 사용하여 평면 P_2를 정육면체와 겹치도록 이동시킨다.

⑥ [다면체] 다면체 절단 도구를 사용하여 정육면체를 평면 P_2로 절단한 도형을 작도한다.(정육면체 클릭 → 평면 P_2 클릭)

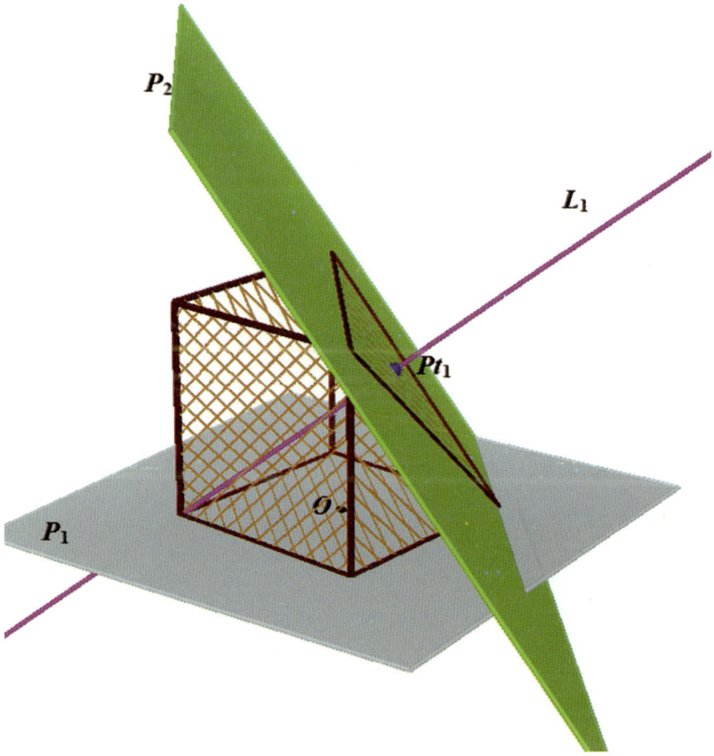

⑦ [보기] **숨겨진 도형 보이기**를 선택한 후, ①에서 작도한 정육면체를 **숨기기/보이기**(Ctrl+M) 기능을 사용하여 보이게 한다.

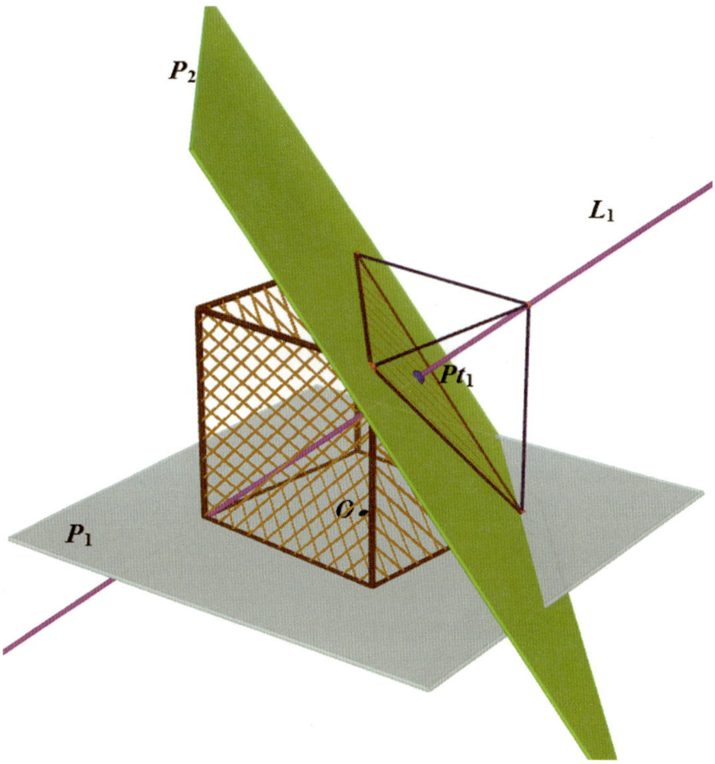

2) 활용 방법

<table>
<tr><td>학 년</td><td>중1</td><td>주 제</td><td>정육면체의 단면</td></tr>
<tr><td>단 원</td><td colspan="3">도형 / 입체도형의 성질 / 다면체</td></tr>
<tr><td>학습목표</td><td colspan="3">정육면체의 단면을 이해한다.</td></tr>
<tr><td>파 일 명</td><td colspan="3">1.4 정육면체의 단면</td></tr>
<tr><td colspan="4"> 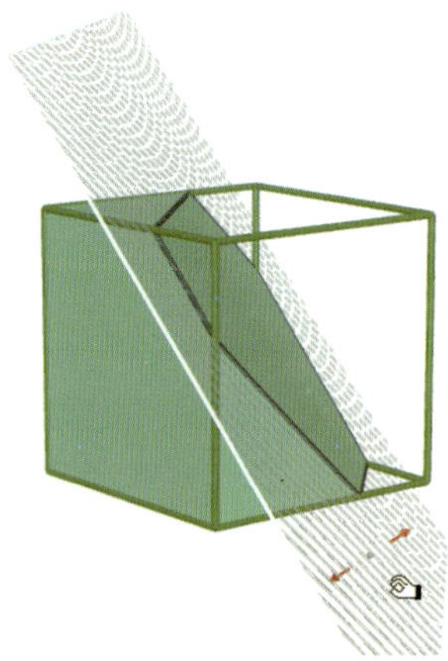</td></tr>
<tr><td>활용방법</td><td colspan="3">• 정육면체의 단면을 직접 움직이면서 관찰할 수 있는 자료이다.
• 평면을 드래그하면서 정육면체의 단면의 모양을 확인할 수 있다.
• 정육면체를 다른 각도로 잘라 보면서 단면의 모양을 확인할 수 있다.
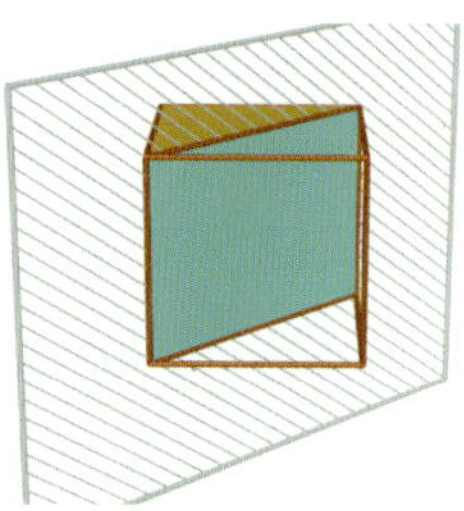 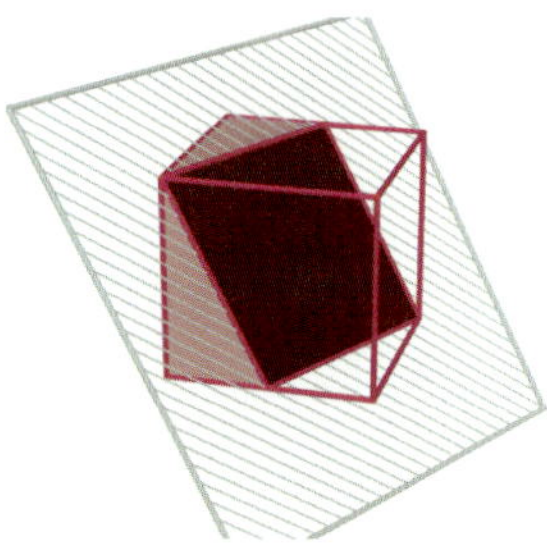 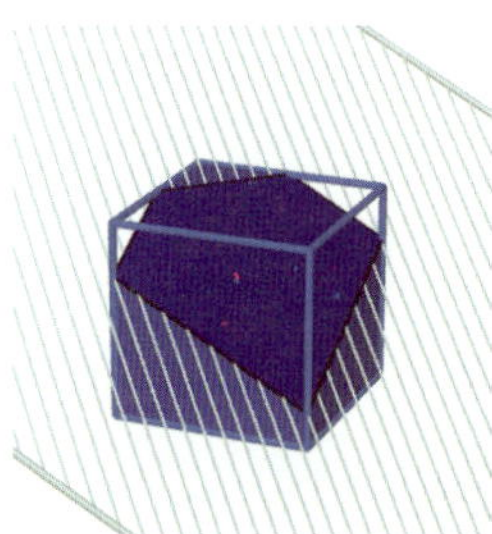</td></tr>
</table>

1.5 직각삼각형 회전하기

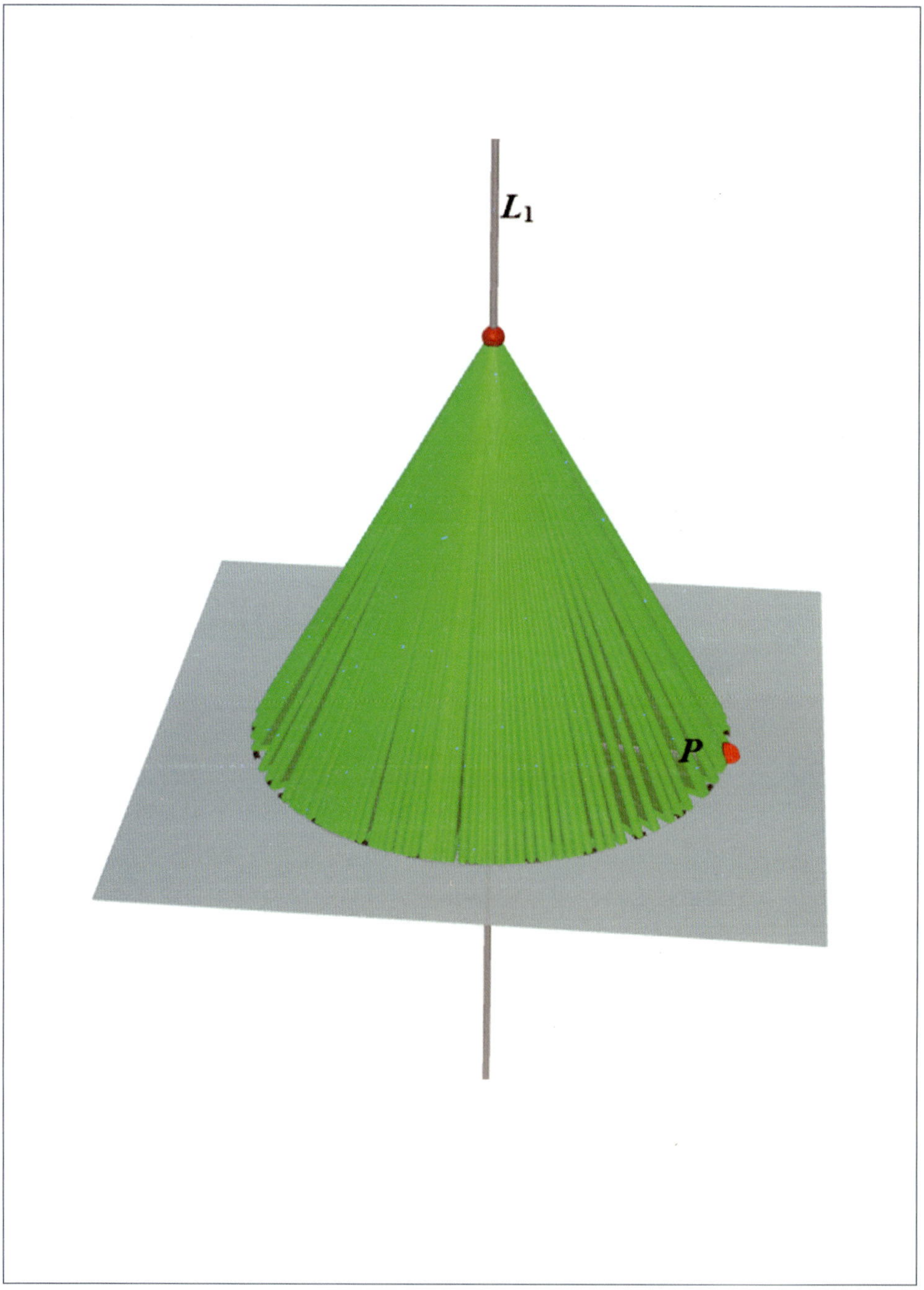

1) 제작 방법

① [작도] **수직** 도구를 사용하여 점 O를 지나고 평면 P_1에 수직인 직선 L_1을 작도한다.

② [점] **점** 도구를 사용하여 평면 P_1에 점 Pt_1을 작도한다.

③ [선] **원** 도구를 사용하여 평면 P_1에 점 O가 중심이고 점 Pt_1을 지나는 원 C_1을 작도한다.

④ [점] **점** 도구를 사용하여 원 C_1과 직선 L_1 위에 각각 점 Pt_2, 점 Pt_3를 작도한다.

⑤ [평면] **삼각형** 도구를 사용하여 점 Pt_2, 점 Pt_3, 점 O가 꼭짓점인 삼각형을 작도한다.

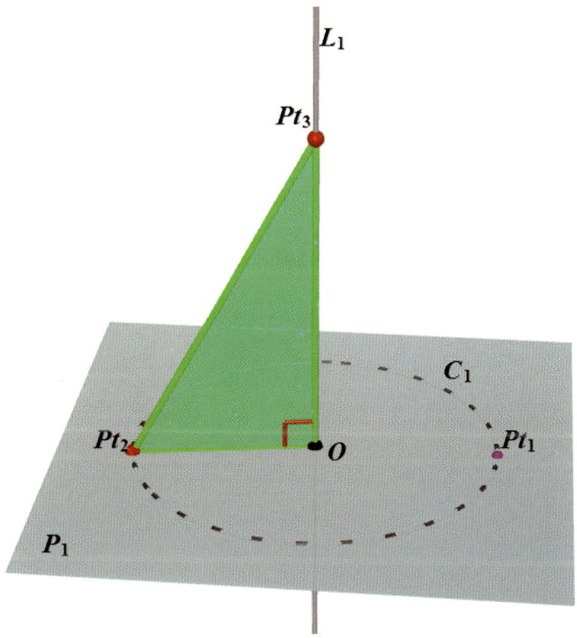

⑥ [측정] **각** 도구를 사용하여 점 Pt_2, 점 O, 점 Pt_3로 정의된 각을 측정한다. (도구 클릭 → 점 Pt_2 클릭 → 점 O 클릭 → 점 Pt_3 클릭)

⑦ [작도] **자취** 도구를 사용하여 삼각형의 자취를 작도한다.(도구 클릭 → ⑤에서 작도한 삼각형 클릭)

2) 활용 방법

학 년	중1	주 제	직각삼각형 회전하기
단 원	도형 / 입체도형의 성질 / 회전체		
학습목표	평면도형과 회전축을 보고 얻어지는 회전체를 알 수 있다.		
파 일 명	1.5 직각삼각형 회전하기		

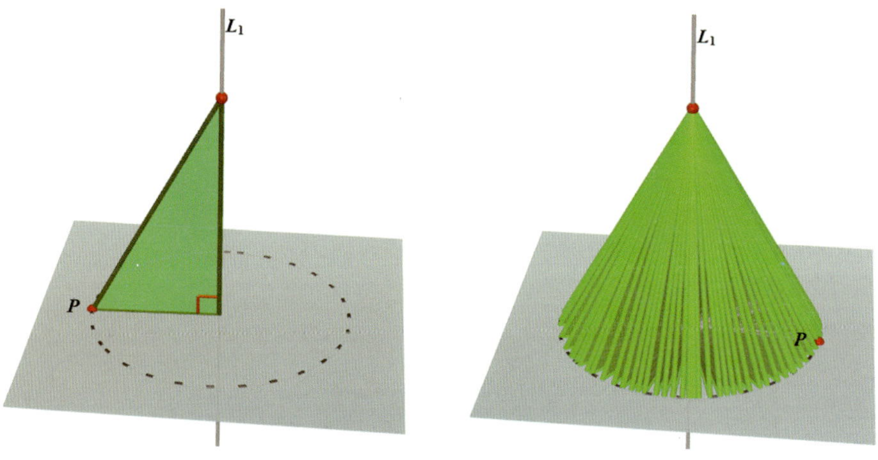

활용방법	• 직선 L_1을 축으로 하여 직각삼각형을 회전시켰을 때 얻어지는 회전체를 생각해 보도록 한다. • 점 P를 움직이면서 나타나는 자취를 확인하면 직각삼각형의 회전체는 원뿔이 되는 것을 볼 수 있다.

1.6 회전축에서 떨어진 사각형 회전하기

1) 제작 방법

① [작도] **수직** 도구를 사용하여 점 O를 지나고 평면 P_1에 수직인 직선 L_1을 작도한다.

② [점] **점** 도구를 사용하여 평면 P_1에 점 Pt_1, 점 Pt_2를 작도한다.

③ [선] **원** 도구를 사용하여 평면 P_1에 점 O가 중심이고 각각 점 Pt_1, 점 Pt_2를 지나는 원 C_1, 원 C_2를 작도한다.

④ [점] **점** 도구를 사용하여 원 C_2 위에 점 Pt_3를 작도한다.

⑤ [선] **직선** 도구를 사용하여 점 Pt_3와 점 O를 지나는 직선 L_2를 작도한다.

⑥ [점] **교점** 도구를 사용하여 원 C_1과 직선 L_2의 교점 Pt_4를 작도한다.

⑦ [선] **선분** 도구를 사용하여 점 Pt_3와 점 Pt_4를 지나는 선분 S_1을 작도한다.

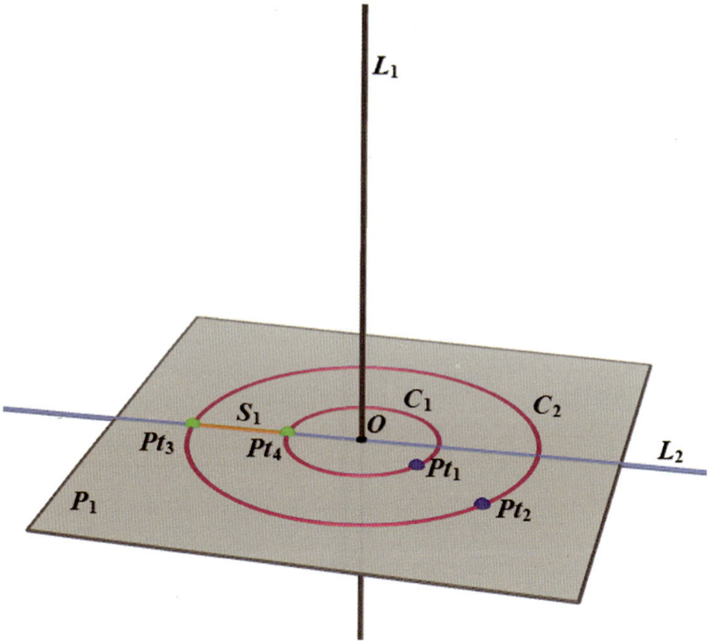

⑧ [작도] **수직** 도구를 사용하여 각각 점 Pt_3를 지나고 평면 P_1에 수직인 직선 L_3와 점 Pt_4를 지나고 평면 P_1에 수직인 직선 L_4를 작도한다.

⑨ [점] 점 도구를 사용하여 직선 L_3 위에 점 Pt_5를 작도한다.

⑩ [작도] 평행 도구를 사용하여 점 Pt_5를 지나고 평면 P_1에 평행한 평면 P_2를 작도한다.

⑪ [점] 교점 도구를 사용하여 평면 P_2와 직선 L_4의 교점 Pt_6을 작도한다. (**숨기기/보이기**(Ctrl+M) 기능을 사용하여 평면 P_2, 직선 L_3, L_4를 숨긴다.)

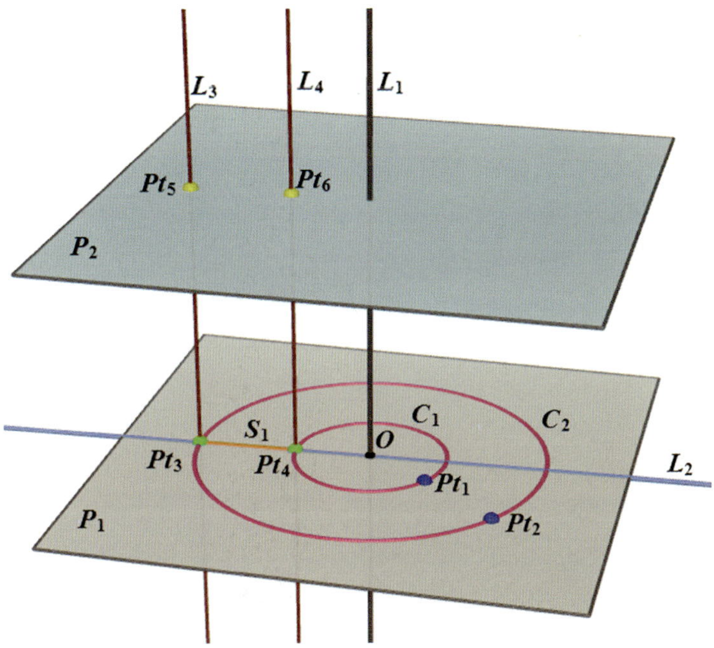

⑫ [면] **다각형** 도구를 사용하여 점 Pt_3, Pt_4, Pt_6, Pt_5로 정의된 다각형(사각형)을 작도한다.

⑬ [작도] **자취** 도구를 사용하여 ⑫에서 작도한 다각형(사각형)의 자취를 작도한다.(도구 클릭 → ⑫에서 작도한 다각형(사각형) 클릭)

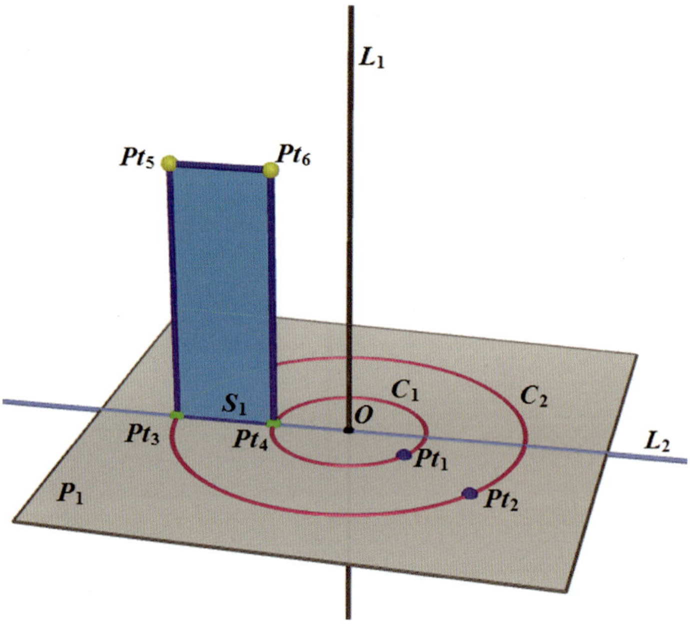

L1
Pt5
Pt6
C1
C2
S1
O
Pt3
Pt4
Pt1
L2
P1
Pt2

2) 활용 방법

<table>
<tr><td>학 년</td><td>중1</td><td>주 제</td><td>회전축에서 떨어진 사각형 회전하기</td></tr>
<tr><td>단 원</td><td colspan="3">도형 / 입체도형의 성질 / 회전체</td></tr>
<tr><td>학습목표</td><td colspan="3">평면도형과 회전축을 보고 얻어지는 회전체를 알 수 있다.</td></tr>
<tr><td>파 일 명</td><td colspan="3">1.6 회전축에서 떨어진 사각형 회전하기</td></tr>
<tr><td colspan="4">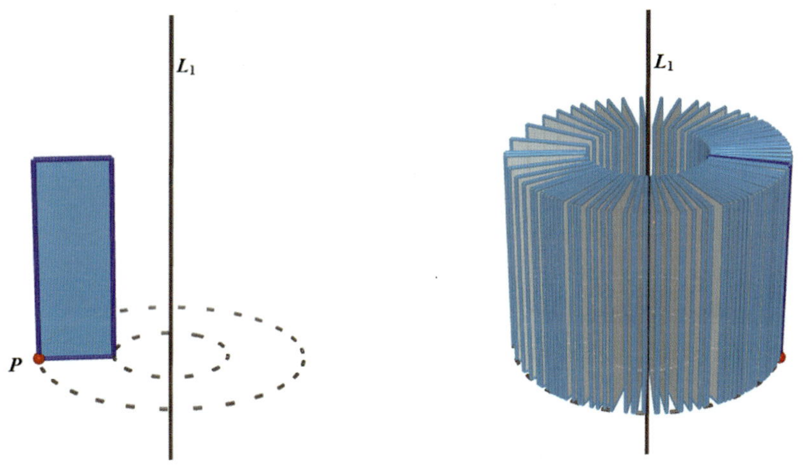</td></tr>
<tr><td>활용방법</td><td colspan="3">• 직선 L_1을 축으로 하여 회전축에서 떨어진 사각형을 회전시켰을 때 얻어지는 회전체를 생각해 보도록 한다.
• 점 P를 움직이면서 나타나는 자취를 확인하면 회전축에서 떨어진 사각형의 회전체는 구멍뚫린 원기둥이 되는 것을 볼 수 있다.</td></tr>
</table>

1.7 원기둥의 단면

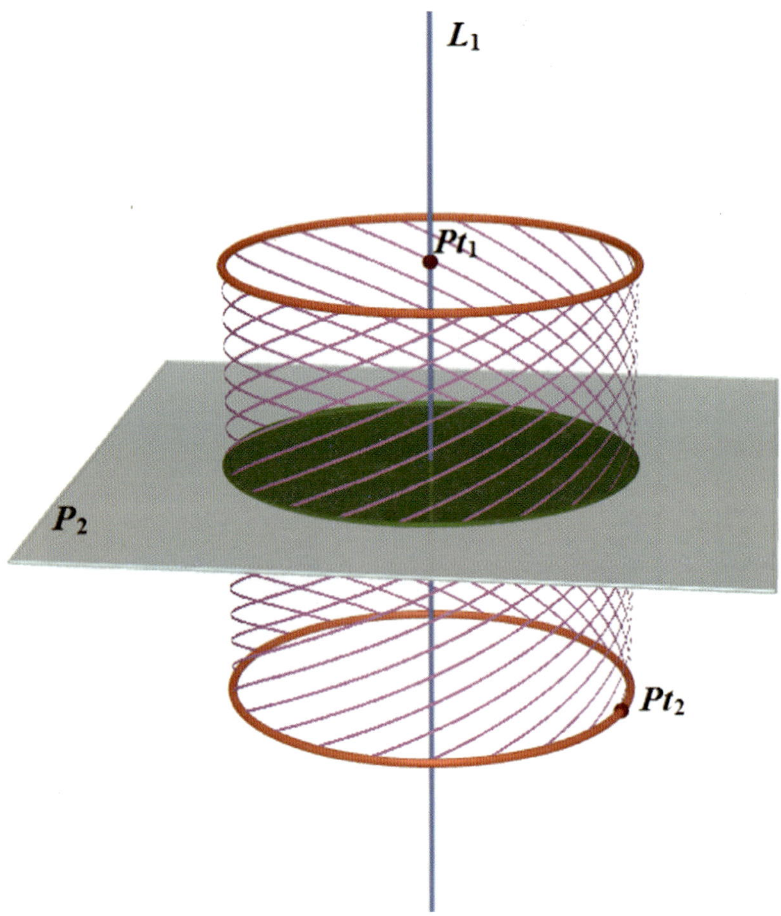

1) 제작 방법

① [작도] **수직** 도구를 사용하여 점 O를 지나고 평면 P_1에 수직인 직선 L_1을 작도한다.

② [점] **점** 도구를 사용하여 직선 L_1과 평면 P_1에 각각 점 Pt_1, 점 Pt_2를 작도한다.

③ [선] **선분** 도구를 사용하여 점 O와 점 Pt_1에 의한 선분 S_1을 작도한다.

④ [면] **원기둥** 도구를 사용하여 선분 S_1 주위와 점 Pt_2를 지나는 원기둥을 작도한다.

⑤ [점] **점** 도구를 사용하여 직선 L_1 위에 점 Pt_3를 작도한다.

⑥ [작도] **평행** 도구를 사용하여 점 Pt_3를 지나고 평면 P_1에 평행한 평면 P_2를 작도한다.

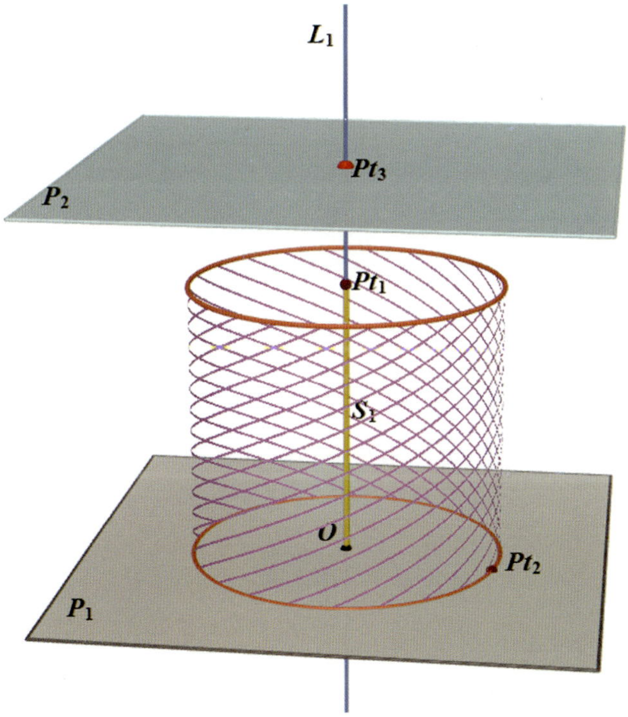

⑦ **숨기기/보이기**(Ctrl+M) 기능을 사용하여 점 Pt_3를 숨기고, 평면 P_2를 드래그하여 원기둥과 겹치도록 이동시킨다.

⑧ [선] **교선** 도구를 사용하여 원기둥과 평면 P_2와의 교선 K_1을 작도한다.

⑨ **숨기기/보이기**(Ctrl+M) 기능을 사용하여 직선 L_1, 선분 S_1, 점 O를 숨긴다.

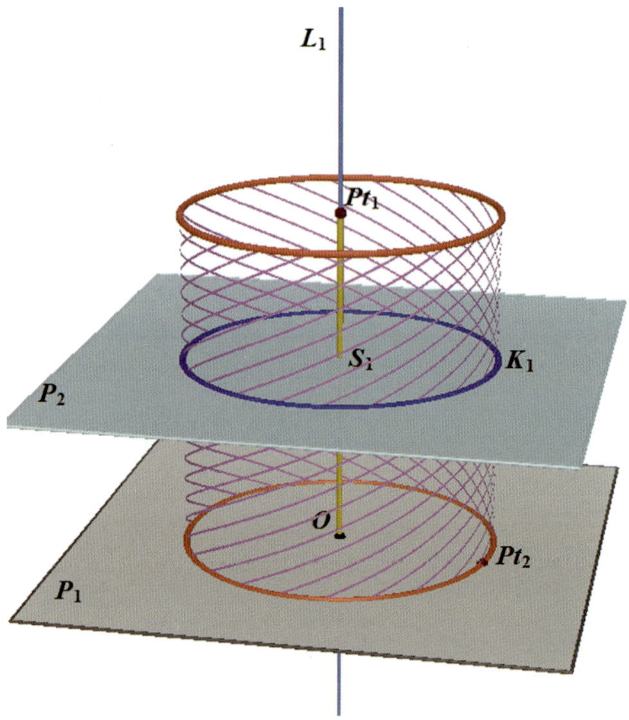

2) 활용 방법

학 년	중1	주 제	원기둥의 단면
단 원	도형 / 입체도형의 성질 / 회전체		
학습목표	회전축에 수직인 평면으로 자른 원기둥의 단면을 학습할 수 있다.		
파 일 명	1.7 원기둥의 단면		
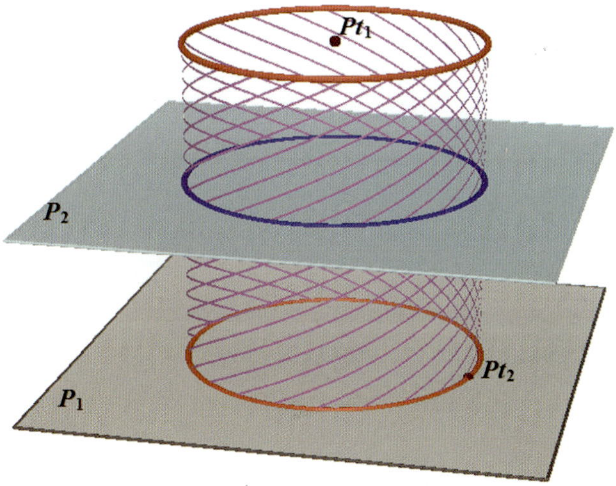 			
활용방법	• 회전축에 수직인 평면으로 원기둥을 자를 때, 원기둥의 단면은 원이 되는 것을 학습할 수 있다. • 점 Pt_1을 움직이면 원기둥의 높이를 바꿀 수 있다. • 점 Pt_2를 움직이면 원기둥의 밑면의 크기를 바꿀 수 있다. • 평면 P_2를 위 아래로 드래그하면서 원기둥의 단면을 확인할 수 있다.		

1.8 삼각기둥의 부피

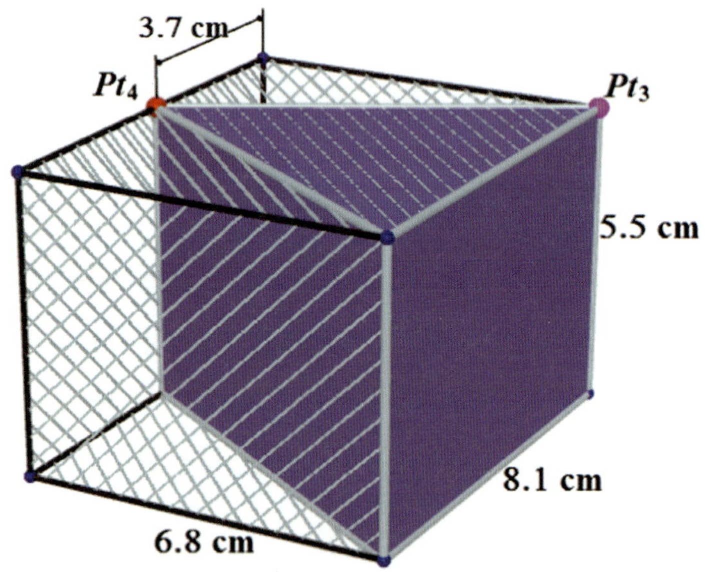

직육면체의 부피 : 303.6 cm^3

삼각기둥의 부피 : 151.8 cm^3

1) 제작 방법

① [점] **점** 도구를 사용하여 평면 P_1 위에 각각 점 Pt_1, 점 Pt_2를 작도한다.

② [작도] **수직** 도구를 사용하여 점 Pt_2를 지나고 평면 P_1에 수직인 직선 L_1을 작도한다.

③ [점] **점** 도구를 사용하여 직선 L_1 위에 점 Pt_3를 작도한다.

④ [다면체] **XYZ 상자** 도구를 사용하여 점 Pt_1과 점 Pt_3에 의한 XYZ 상자(직육면체)를 작도한다.(도구 클릭 → 점 Pt_1 클릭 → 점 Pt_3 클릭)

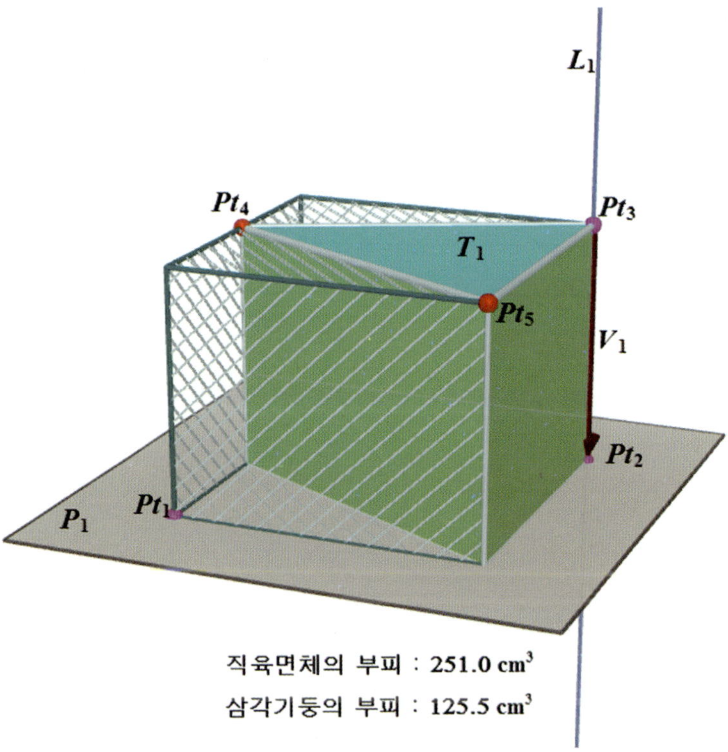

직육면체의 부피 : 251.0 cm³

삼각기둥의 부피 : 125.5 cm³

⑤ [점] **점** 도구를 사용하여 직육면체의 모서리에 점 Pt_4, 꼭짓점 위에 점 Pt_5를 작도한 후, [면] **삼각형** 도구를 사용하여 점 Pt_3, 점 Pt_4, 점 Pt_5가 꼭짓점인 삼각형 T_1을 작도한다.

⑥ [선] **벡터** 도구를 사용하여 점 Pt_3과 점 Pt_2에 의한 벡터 V_1를 작도한다.

⑦ [다면체] **각기둥** 도구를 사용하여 삼각형 T_1과 벡터 V_1에 의한 삼각기둥을 작도한다.(도구 클릭 → 삼각형 T_1 클릭 → 벡터 V_1 클릭)

⑧ [측정] **부피** 도구를 사용하여 직육면체의 부피와 삼각기둥의 부피를 측정한다.

⑨ **숨기기/보이기(Ctrl+M) 기능**을 사용하여 평면 P_1, 삼각형 T_1, 직선 L_1, 벡터 V_1, 점 Pt_1, Pt_2, Pt_5를 숨긴다.

2) 활용 방법

학 년	중1	주 제	삼각기둥의 부피
단 원	도형 / 입체도형의 성질 / 입체도형의 겉넓이와 부피		
학습목표	삼각기둥의 부피를 직육면체의 부피를 통하여 이해할 수 있다.		
파 일 명	1.8 삼각기둥의 부피		
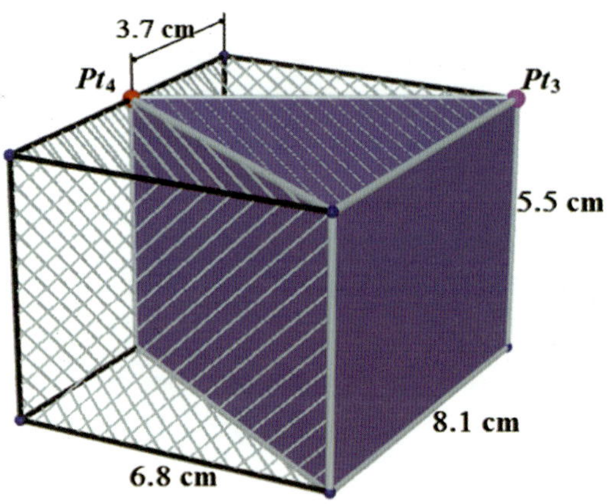 직육면체의 부피 : 303.6 cm^3 삼각기둥의 부피 : 151.8 cm^3			
활용방법	• 점 Pt_4를 움직이면서 삼각기둥의 부피를 확인한다. • 직육면체의 부피와 삼각기둥의 부피가 어떤 관계에 있는지 알아보고, 각기둥의 부피를 구하는 방법을 학습한다. • 직육면체의 꼭짓점을 움직이면 모양이 변한다.		

1.9 오각뿔의 부피

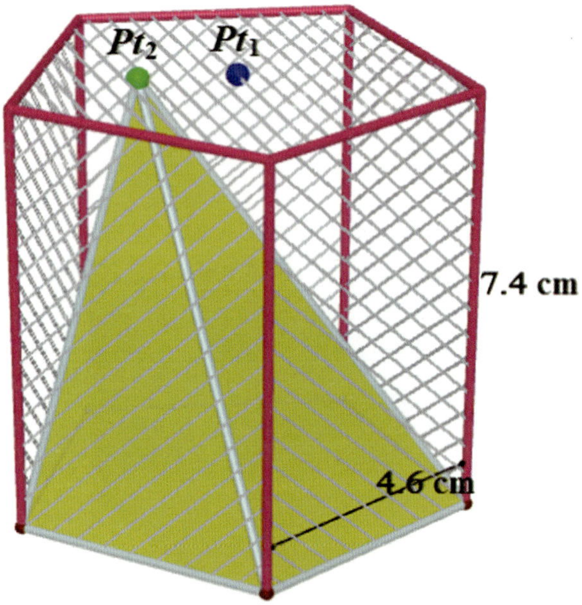

오각기둥의 부피 : 271.3 cm³

오각뿔의 부피 : 90.4 cm³

1) 제작 방법

① [정다각형] **정오각형** 도구를 사용하여 평면 P_1위에 점 O를 중심으로 하는 정오각형을 작도한다.(도구 클릭 → 평면 P_1 클릭 → 점 O 클릭 → 평면 P_1 위의 새 점 클릭)

② [작도] **수직** 도구를 사용하여 점 O를 지나고 평면 P_1에 수직인 직선 L_1을 작도한다.(도구 클릭 → 점 O 클릭 → 평면 P_1 클릭)

③ [점] **점** 도구를 사용하여 직선 L_1 위에 점 Pt_1을 작도한다.

④ [선] **벡터** 도구를 사용하여 점 O와 점 Pt_1에 의한 벡터 V_1을 작도한다.

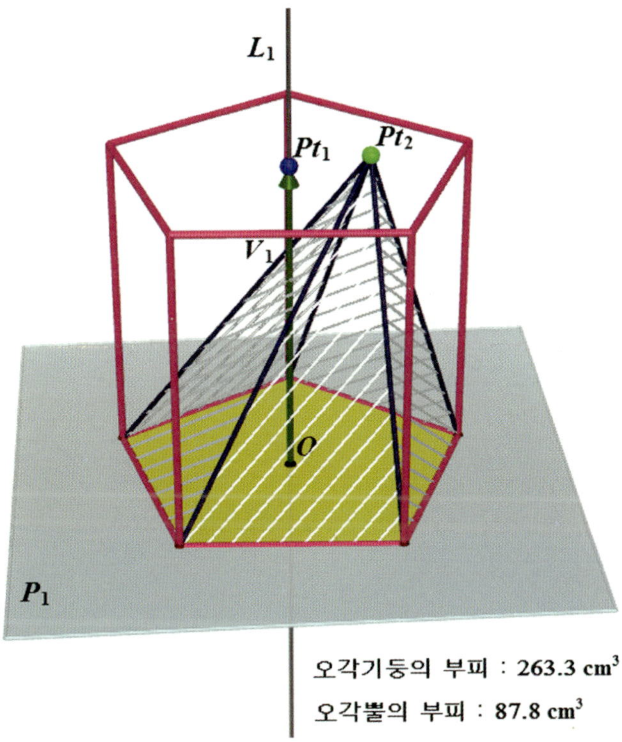

⑤ [다면체] **각기둥** 도구를 사용하여 정오각형과 벡터 V_1에 의한 오각기둥을 작도한다.(도구 클릭 → ①에서 작도한 정오각형 클릭 → 벡터 V_1 클릭)

⑥ [점] **점** 도구를 사용하여 오각기둥의 밑면 위에 점 Pt_2를 작도한다.(오각기둥 면의 형태가 '없음'이 아닐 때만 점을 작도할 수 있다.)

⑦ [다면체] **각뿔** 도구를 사용하여 정오각형을 밑면으로 하고 점 Pt_2를 꼭짓점으로 하는 각뿔을 작도한다.(클릭 → ①에서 작도한 정오각형 클릭 → 점 Pt_2 클릭)

⑧ [측정] **부피** 도구를 사용하여 오각기둥과 오각뿔의 부피를 측정한다.

2) 활용 방법

학 년	중1	주 제	오각뿔의 부피
단 원	도형 / 입체도형의 성질 / 입체도형의 겉넓이와 부피		
학습목표	오각뿔의 부피를 오각기둥의 부피를 통하여 이해할 수 있다.		
파 일 명	1.9 오각뿔의 부피		

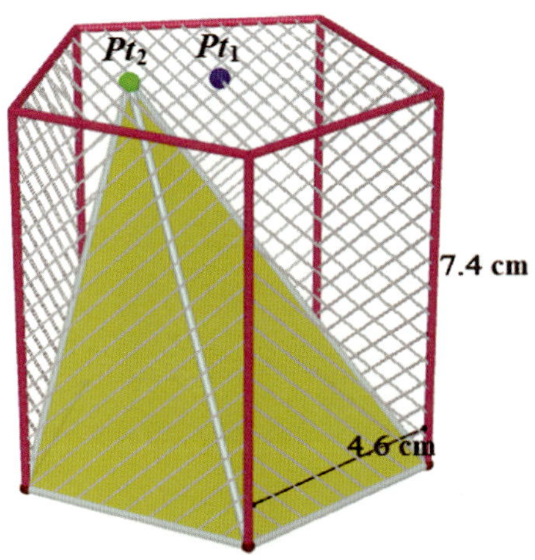

오각기둥의 부피 : 271.3 cm^3

오각뿔의 부피 : 90.4 cm^3

활용방법	
	• 오각기둥의 부피와 오각뿔의 부피가 어떤 관계에 있는지 알아보고, 각뿔의 부피를 구하는 방법을 학습한다. • 점 Pt_2를 움직이면서 오각뿔의 부피를 확인한다. 움직여보면 오각뿔의 부피는 변하지 않는 것을 볼 수 있다. • 점 Pt_1을 움직이면 오각기둥의 높이가 변하고, 밑면의 꼭짓점을 움직이면 오각기둥의 밑면의 크기가 변한다. • 각뿔의 부피는 각기둥의 부피의 $\frac{1}{3}$ 임을 학습할 수 있다.

1.10 원기둥, 원뿔, 구의 부피 비교

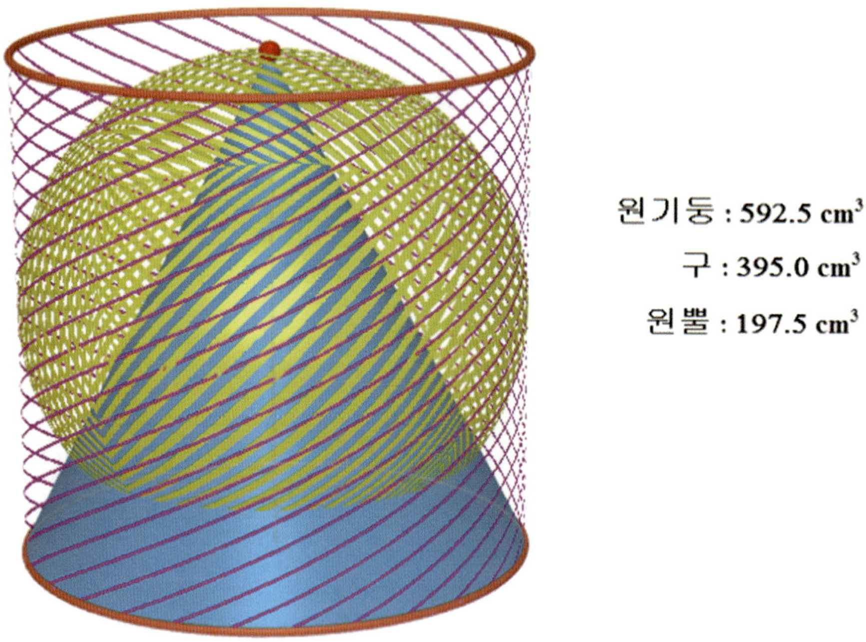

1) 제작 방법

① [작도] **수직** 도구를 사용하여 점 O를 지나고 평면 P_1에 수직인 직선 L_1을 작도한다.

② [점] **점** 도구를 사용하여 직선 L_1 위에 점 Pt_1을 작도한다.

③ [선] **선분** 도구를 사용하여 점 O와 점 Pt_1에 의한 선분 S_1을 작도한다.

④ [작도] **중점** 도구를 사용하여 선분 S_1의 중점 Pt_2를 작도한다.

⑤ [작도] **수직** 도구를 사용하여 점 Pt_2를 지나고 선분 S_1에 수직인 평면 P_2를 작도한다.(도구 클릭 → 점 Pt_2 클릭 → 선분 S_1 클릭)

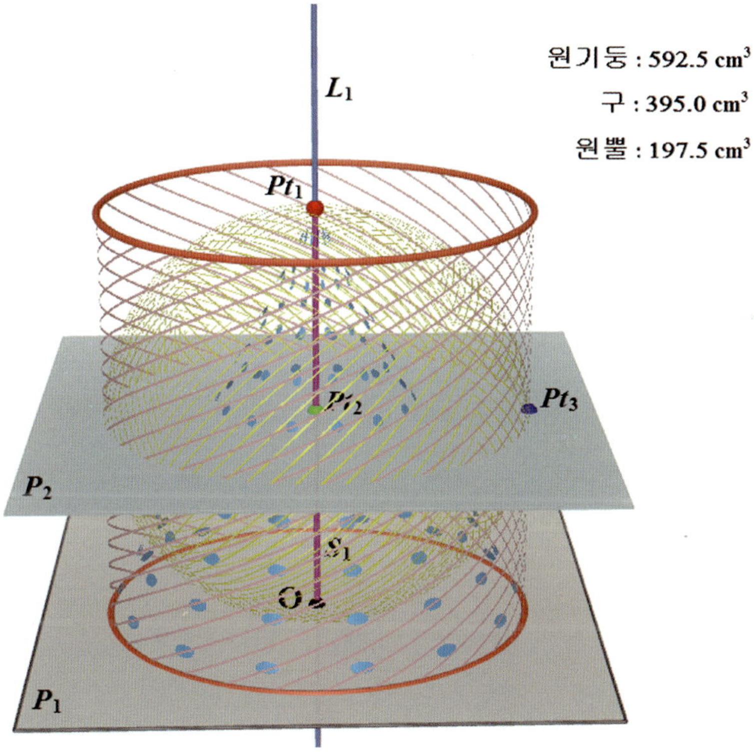

⑥ [면] **구** 도구를 사용하여 점 Pt_2가 중심이고 점 Pt_1을 지나는 구를 작도한다. (도구 클릭 → 점 Pt_2 클릭 → 점 Pt_1 클릭) 그리고 구의 면의 형태를 '가는 평행선'으로 바꾼다.

⑦ [점] **점** 도구를 사용하여 구와 평면 P_2의 교선 위에 점 Pt_3를 작도한다. (도구 클릭 → 마우스를 구와 평면 P_2가 만나는 곳으로 이동 → '새 점(원 위에)'가 나타나면 클릭)

⑧ [면] **원기둥** 도구를 사용하여 선분 S_1 주위에 점 Pt_3를 지나는 원기둥을 작도한다.(도구 클릭 → 선분 S_1 클릭 → 점 Pt_3 클릭) 그리고 원기둥의 면의 형태를 '가는 평행선'으로 바꾼다.

⑨ [면] **원뿔** 도구를 사용하여 원기둥과 평면 P_1의 교선을 밑면으로 하고 점 Pt_1을 꼭짓점으로 갖는 원뿔을 작도한다.(도구 클릭 → 원기둥과 평면 P_1이 만나는 곳으로 마우스를 이동 → '새 둥근 타원(평면/원기둥이 만나는 곳)을 기반으로 하는 원뿔'이 나타나면 클릭 → 점 Pt_1 클릭)

⑩ [측정] **부피** 도구를 사용하여 도형(구, 원기둥, 원뿔)의 부피를 측정한다.

⑪ **숨기기/보이기(Ctrl+M)** 기능을 사용하여 평면 P_2, 직선 L_1, 선분 S_1, 점 O, Pt_2, Pt_3를 숨긴다.

2) 활용 방법

<table>
<tr><td>학 년</td><td>중1</td><td>주 제</td><td>원기둥, 원뿔, 구의 부피 비교</td></tr>
<tr><td>단 원</td><td colspan="3">도형 / 입체도형의 성질 / 입체도형의 겉넓이와 부피</td></tr>
<tr><td>학습목표</td><td colspan="3">원기둥, 원뿔, 구의 부피를 비교하며 이해할 수 있다.</td></tr>
<tr><td>파 일 명</td><td colspan="3">1.10 원기둥, 원뿔, 구의 부피 비교</td></tr>
<tr><td colspan="4">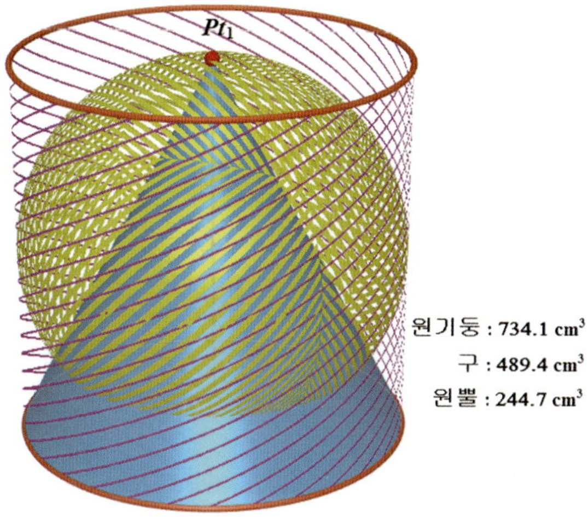
</td></tr>
<tr><td>활용방법</td><td colspan="3">• 원기둥, 원뿔, 구의 부피를 동시에 비교하며 볼 수 있는 자료이다.
• 점 Pt_1을 움직이면 크기가 변한다.
• 내접하는 원뿔, 구, 원기둥 사이에 어떤 조화가 있는지 알아보자. 원기둥의 밑면의 반지름의 길이를 r이라 하면 높이는 $2r$이 되고, 원뿔의 밑면의 반지름은 r, 높이는 $2r$, 구의 반지름의 길이는 r이 되므로 원뿔, 구, 원기둥 각각의 부피는 $\frac{2}{3}\pi r^3$, $\frac{4}{3}\pi r^3$, $2\pi r^3$과 같다. 따라서 세 입체도형의 부피 사이에는 (원뿔의 부피) : (구의 부피) : (원기둥의 부피) 1:2:3이 성립한다. 아르키메데스는 1:2:3으로 된 이 비를 발견하고는 매우 아름답다고 생각하였다.
</td></tr>
</table>

1.11 구의 닮음

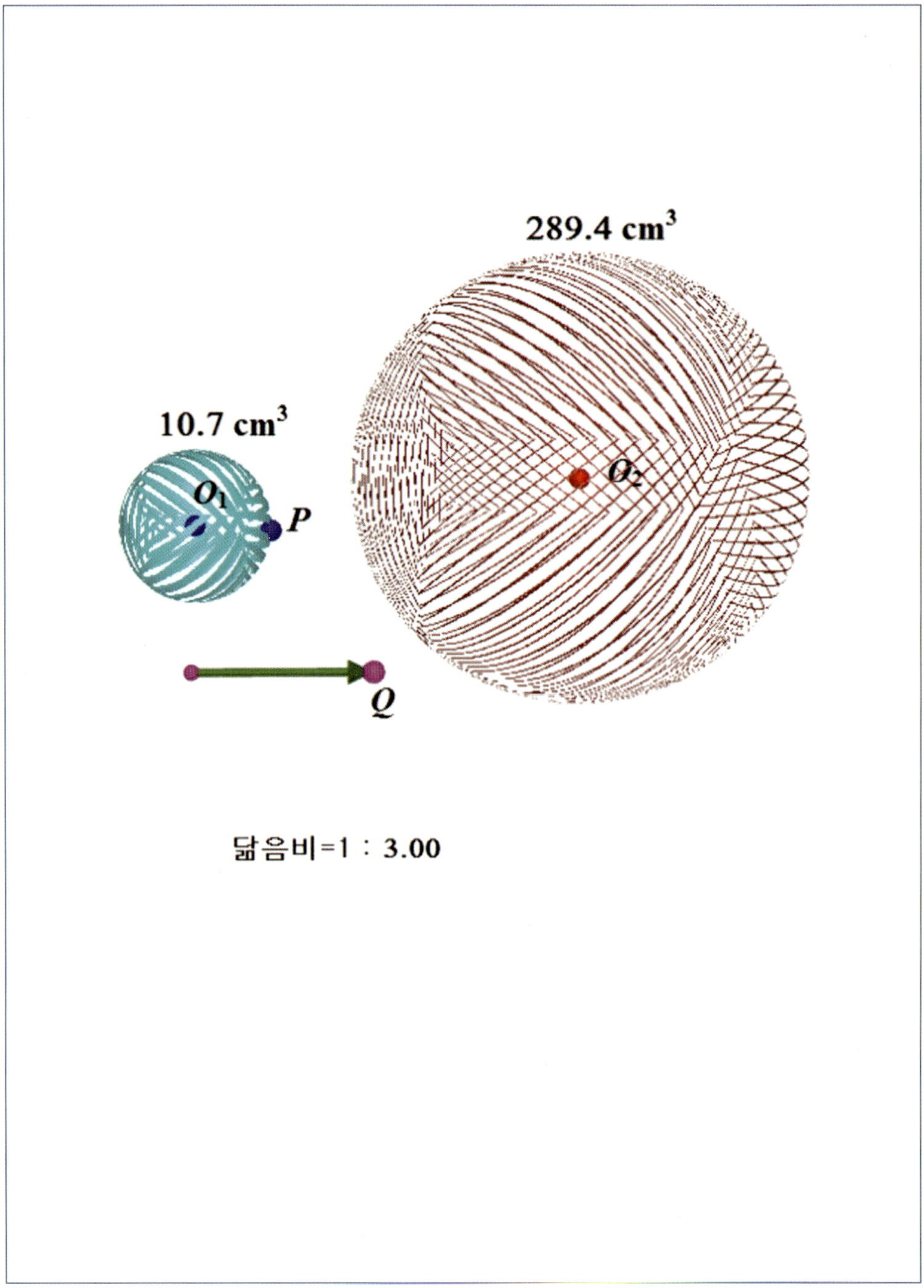

1) 제작 방법

① [점] **점** 도구를 사용하여 평면 P_1 위에 점 Pt_1, 점 Pt_2를 작도한다.

② [선] **직선** 도구를 사용하여 점 Pt_1과 점 Pt_2를 지나는 직선 L_1을 작도한다.

③ [점] **점** 도구를 사용하여 직선 L_1 위에 점 Pt_3, 점 Pt_4를 작도한다.

④ [선] **벡터** 도구를 사용하여 점 Pt_3와 점 Pt_4에 의한 벡터 V_1을 작도한다.

⑤ [측정] **길이** 도구를 사용하여 벡터 V_1과 벡터 j의 길이를 측정한다.

⑥ [측정] **계산기** 도구를 사용하여 '(벡터 V_1의 길이)÷(벡터 j의 길이)'의 값을 계산한다. (도구 클릭 → 벡터 V_1의 길이 클릭 → '/' 입력 → 벡터 j의 길이 클릭 → '삽입' 클릭 → 계산 결과를 작도 영역에 클릭) 단위를 없애고 닮음비를 나타내기 위한 과정이다. 계산한 값이 나온 글상자에 '닮음비=1:'를 입력한다. (계산값 안의 글을 수정할 수 있다.)

⑦ [점] **점** 도구를 사용하여 평면 P_1 위에 점 Pt_5, 점 Pt_6를 작도한다.

⑧ [면] **구** 도구를 사용하여 점 Pt_5를 중심으로 하고 점 Pt_6를 지나는 구 Sp_1를 작도한다. (**숨기기/보이기(Ctrl+M)** 기능을 사용하여 직선 L_1, 점 Pt_1, Pt_2는 숨긴다.)

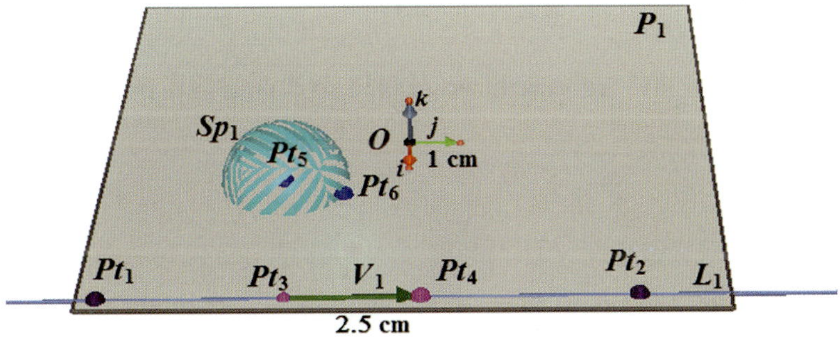

⑨ [선] **반직선** 도구를 사용하여 점 O를 시점으로 하고 점 Pt_5를 지나는 반직선 R_1을 작도한다.

⑩ [측정] **거리** 도구를 사용하여 점 O와 점 Pt_5 사이의 거리를 측정한다.

⑪ [측정] **계산기** 도구를 사용하여 '(⑩에서 측정한 값)×(⑥에서 계산한 값)'을 계산한다. (도구 클릭 → ⑩에서 측정한 값 클릭 → '*' 입력 → ⑥에서 계산한 값 클릭 → '삽입' 클릭 → 계산 결과를 작도 영역에 클릭)

⑫ [작도] **측정값으로 평행이동** 도구를 사용하여 ⑪에서 측정한 값으로 반직선 R_1 위에 평행이동한 점 Pt_7을 작도한다.(도구 클릭 → ⑪에서 측정한 값 클릭 → 반직선 R_1 클릭)

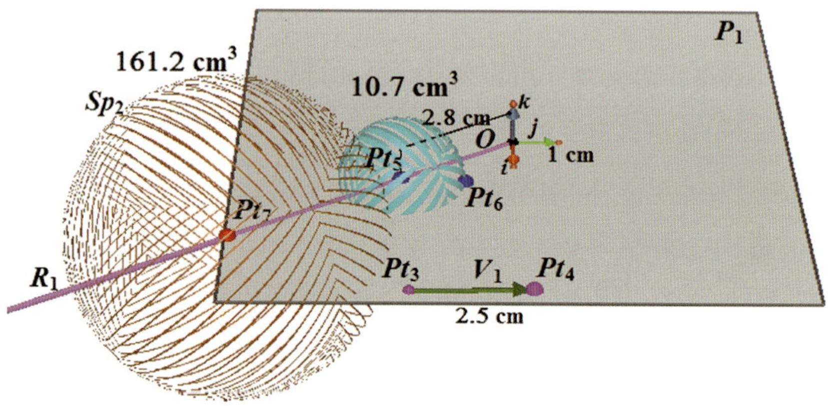

닮음비=1 : 2.47

(점O와 점 Pt_5 사이의 거리)×(닮음비) = 7.01 cm

⑬ [변환] **닮음변환** 도구를 사용하여 점 O를 중심으로 하고 ⑥에서 계산한 값에 의한 구 Sp_1의 닮은 도형 Sp_2를 작도한다. (도구 클릭 → 점 O 클릭 → ⑥에서 계산한 값 클릭 → 구 Sp_1 클릭)

⑭ [측정] **부피** 도구를 사용하여 구 Sp_1와 구 Sp_3의 부피를 측정한다.

⑮ **숨기기/보이기**(Ctrl+M) 기능을 사용하여 필요없는 도형을 숨긴다.

2) 활용 방법

<table>
<tr><td>학 년</td><td>중2</td><td>주 제</td><td>구의 닮음</td></tr>
<tr><td>단 원</td><td colspan="3">도형의 닮음 / 도형의 닮음 / 닮은 도형</td></tr>
<tr><td>학습목표</td><td colspan="3">구의 닮음</td></tr>
<tr><td>파 일 명</td><td colspan="3">1.11 구의 닮음</td></tr>
<tr><td colspan="4">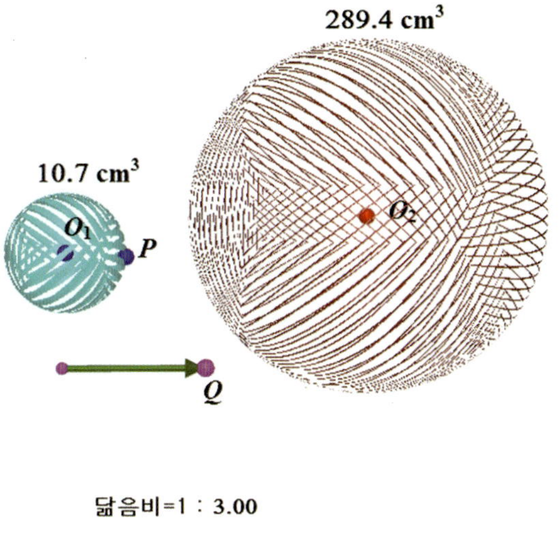
</td></tr>
<tr><td>활용방법</td><td colspan="3">• 구의 닮음을 학습할 수 있는 자료이다.
• 점 O_1과 점 P를 움직여 구의 크기를 변형시킬 수 있고, 점 Q를 움직여 닮음비의 값을 정한다.
• 구의 닮음비와 부피를 비교해 볼 수 있다.</td></tr>
</table>

1.12 직육면체의 대각선의 길이

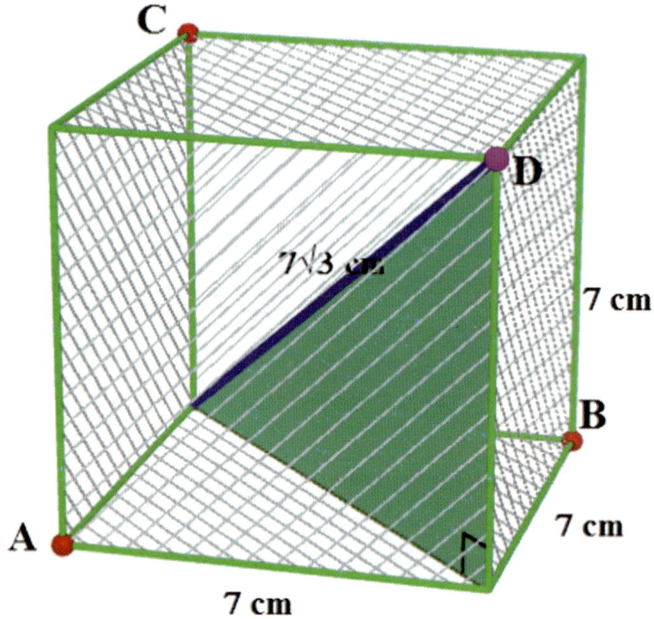

1) 제작 방법

① [선] 직선 도구를 사용하여 벡터 i, j, k를 지나는 3개의 직선을 작도한다. 이 직선은 x, y, z 축이 될 것이다.

② [창] **좌표** 메뉴를 열어 x축 위에 새 점 A를 작도한다.((5, 0, 0) 입력 → '새 점' 클릭)

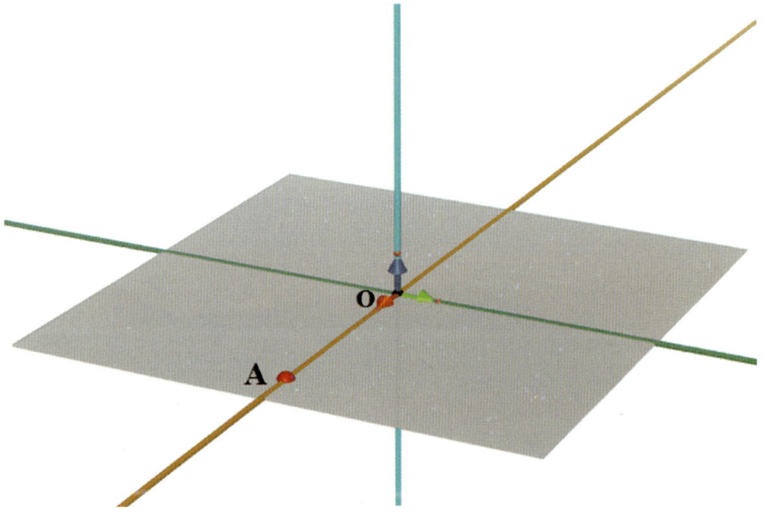

③ [창] **좌표** 메뉴를 사용하여 ②와 같은 방법으로 y축과 z축에 각각 새 점 $B(0, 5, 0)$, $C(0, 0, 5)$를 작도한다. (②에서 작도한 점 A가 선택되어 있으면 마우스로 다른 곳을 클릭한 후, 점을 작도한다.)

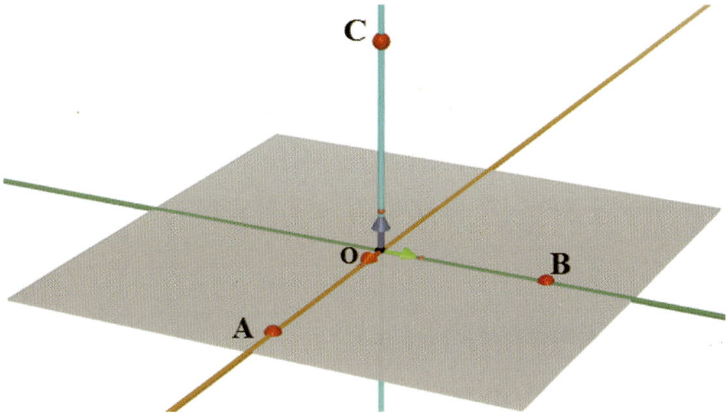

④ [작도] 수직 도구를 사용하여 x, y, z 축에 수직이고 각각 점 A, 점 B, 점 C를 지나는 평면을 작도한다.

⑤ [점] 점 도구를 사용하여 세 평면의 교점 D를 작도한다. (도구 클릭 → 마우스를 세 평면이 만나는 곳으로 이동 → '새 점(교점)'이 나타나면 클릭)

⑥ 숨기기/보이기(Ctrl+M) 기능을 사용하여 세 평면을 숨긴다.

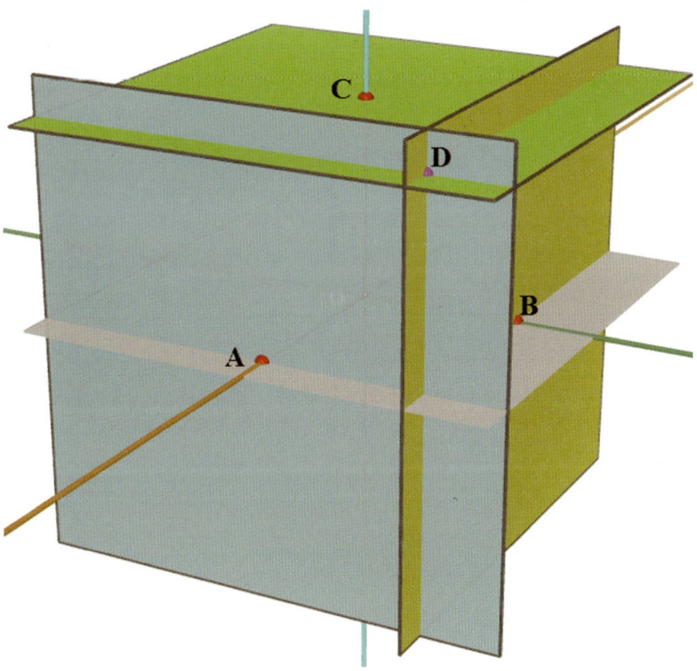

⑦ [다면체] **XYZ상자** 도구를 사용하여 점 O와 점 D를 꼭짓점으로 하는 직육면체를 작도한다.(도구 클릭 → 점 O 클릭 → 점 D 클릭) 직육면체의 면의 형태를 바꾼다.

⑧ [선] **선분** 도구를 사용하여 점 O와 점 D를 연결한 선분을 작도한다.

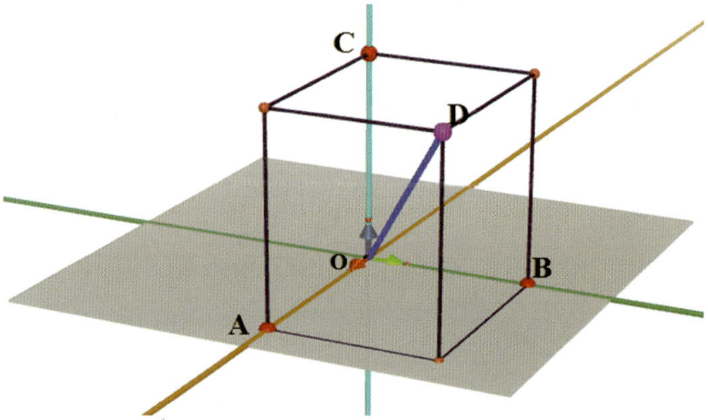

⑨ [면] **삼각형** 도구를 이용하여 선분 OD를 빗변으로 하는 직각삼각형을 작도한다.

⑩ [측정] **길이** 도구를 이용하여 직육면체의 가로, 세로, 높이, 대각선의 길이를 측정한다.

⑪ **숨기기/보이기**(Ctrl+M) 기능을 사용하여 필요하지 않은 도형을 숨긴다.

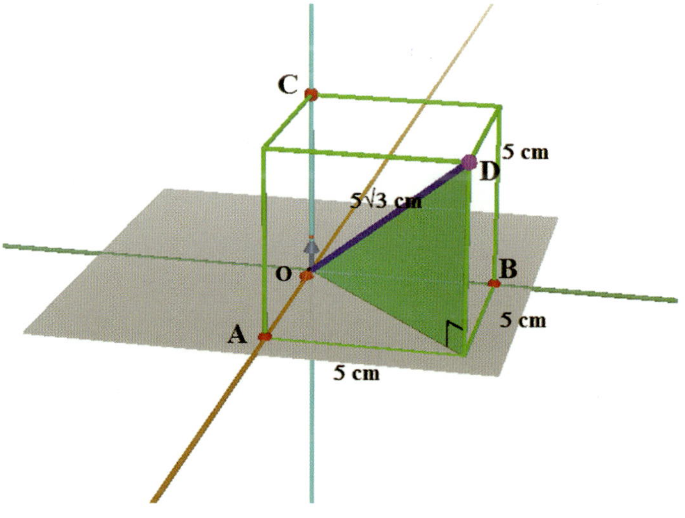

2) 활용 방법

<table>
<tr><td>학 년</td><td>중3</td><td>주 제</td><td>직육면체에서의 대각선의 길이</td></tr>
<tr><td>단 원</td><td colspan="3">피타고라스의 정리 / 피타고라스의 정리의 활용 / 입체도형에서의 활용</td></tr>
<tr><td>학습목표</td><td colspan="3">피타고라스의 정리를 이용하여 직육면체에서의 대각선의 길이를 구할 수 있다.</td></tr>
<tr><td>파 일 명</td><td colspan="3">1.12 직육면체에서의 대각선의 길이</td></tr>
<tr><td colspan="4">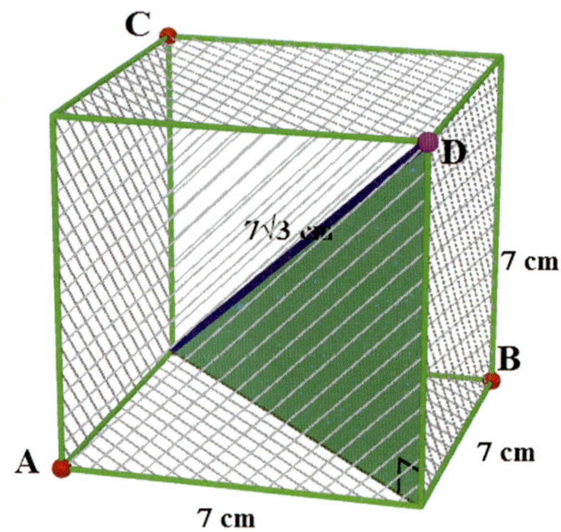
</td></tr>
<tr><td>활용방법</td><td colspan="3">• 피타고라스의 정리를 이용하여 직육면체에서의 대각선의 길이를 학습할 수 있는 자료이다.
• 점 A, B, C를 각각 클릭하여 좌표 창에 x, y, z의 좌표를 입력한 뒤, “좌표구성” 버튼을 클릭하면 입력한 좌표로 점이 이동한다.</td></tr>
</table>

1.13 구의 단면의 반지름

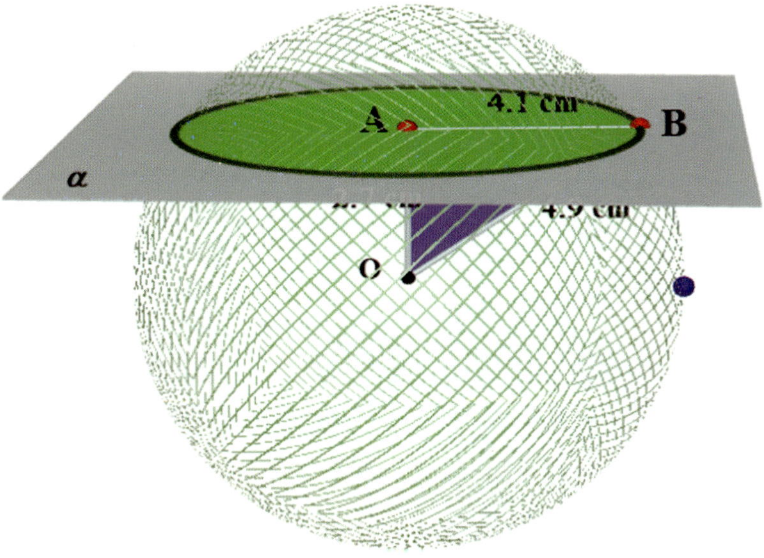

1) 제작 방법

① [작도] **수직** 도구를 사용하여 평면 P_1에 수직이고 점 O를 지나는 직선 L_1을 작도한다.

② [면] **구** 도구를 사용하여 점 O를 중심으로 하고 적당한 반지름을 갖는 구를 작도한다. (도구 클릭 → 점 O 클릭 → 구의 반지름을 결정할 평면 P_1 위의 임의의 점 클릭)

③ [점] **점** 도구를 이용하여 직선 L_1 위에 점 A를 작도한다.

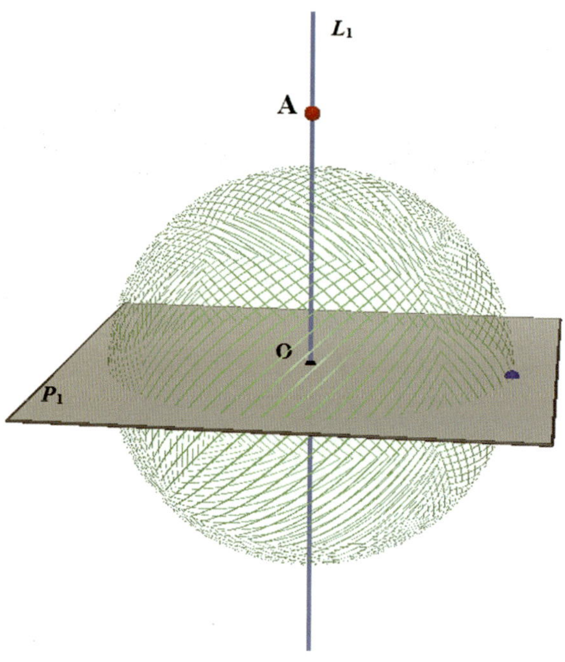

④ [작도] **평행** 도구를 사용하여 점 A를 지나고, 평면 P_1에 평행한 평면 P_2를 작도한다.

⑤ [조작] **조작** 도구를 사용하여 평면 P_2를 구와 겹치도록 이동한다.

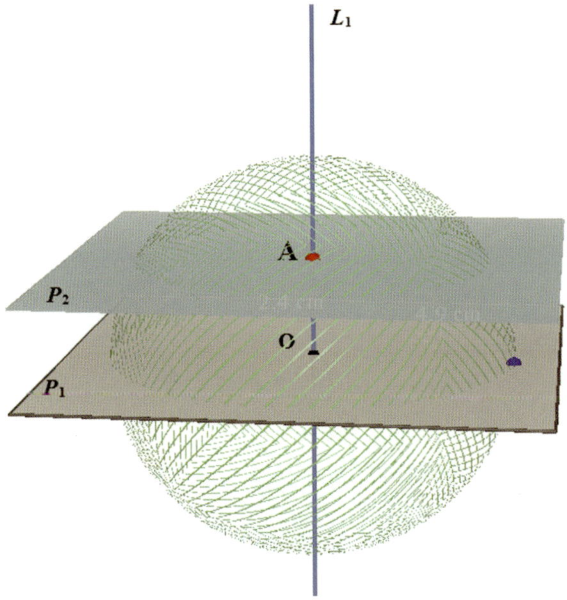

⑥ [선] **교선** 도구를 사용하여 구와 평면 P_2와의 교선을 작도한다.

⑦ [점] **점** 도구를 사용하여 ⑥에서 작도한 교선 위에 점 B를 작도한다.

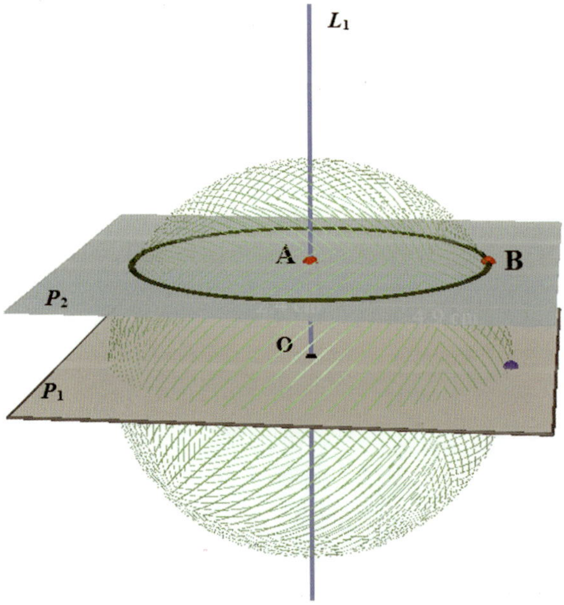

⑧ [면] **삼각형** 도구를 사용하여 점 A, O, B를 꼭짓점으로 하는 삼각형을 작도한다.

⑨ [측정] **길이** 도구를 사용하여 구의 반지름, 구의 중심에서 평행한 평면까지의 거리를 측정한다.

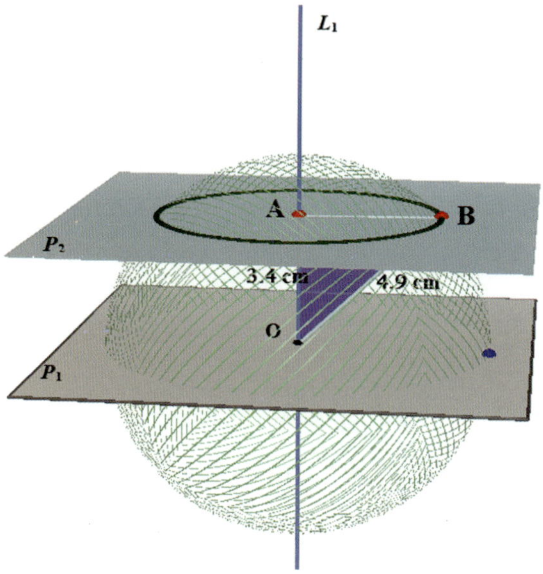

⑩ [면] **원뿔** 도구를 사용하여 ⑥에서 작도한 교선을 기반으로 하고, 점 A를 꼭짓점으로 하는 원뿔을 작도한다. 실제 원뿔을 작도하는 것이 아니라, 구의 단면을 강조하기 위한 작도과정이다. (도구 클릭 → ⑥에서 작도한 교선 클릭 → 점 A 클릭)

⑪ **숨기기/보이기**(Ctrl+M) 기능을 사용하여 필요하지 않은 도형을 숨긴다.

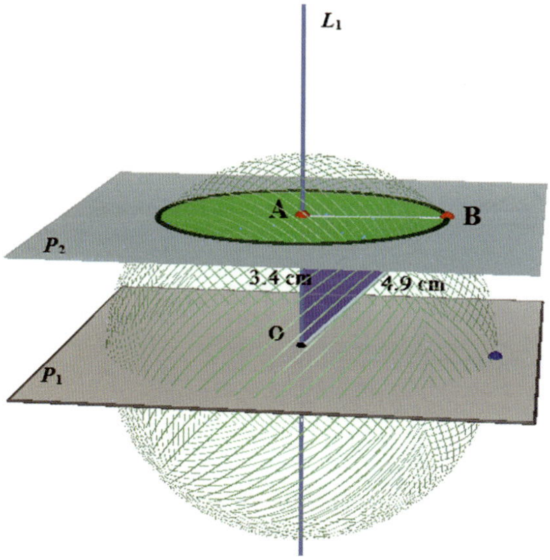

2) 활용 방법

<table>
<tr><td>학 년</td><td>중3</td><td>주 제</td><td>구의 단면의 반지름</td></tr>
<tr><td>단 원</td><td colspan="3">피타고라스의 정리 / 피타고라스의 정리의 활용 / 입체도형에서의 활용</td></tr>
<tr><td>학습목표</td><td colspan="3">피타고라스의 정리를 이용하여 구의 단면의 반지름의 길이를 구할 수 있다.</td></tr>
<tr><td>파 일 명</td><td colspan="3">1.13 구의 단면의 반지름</td></tr>
<tr><td colspan="4">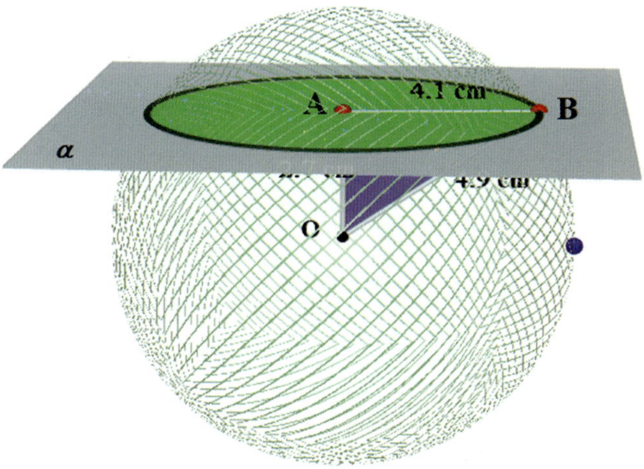
</td></tr>
<tr><td>활용방법</td><td colspan="3">• 피타고라스의 정리를 이용하여 구의 단면의 반지름의 길이를 학습할 수 있는 자료이다.
• 평면 α를 위 아래로 드래그하면서 구의 단면을 확인할 수 있다.</td></tr>
</table>

1.14 정육면체의 회전체

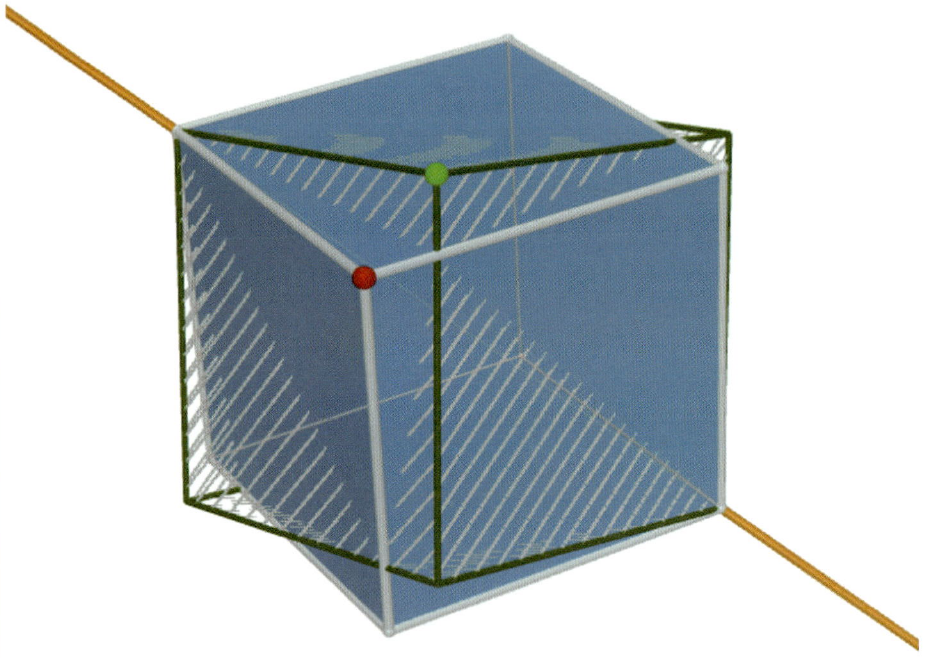

1) 제작 방법

① [정다면체] **정육면체** 도구를 사용하여 평면 P_1에 정육면체를 작도한다.
(도구 클릭 → 평면 P_1 클릭 → 점 O 클릭 → 평면 P_1 위의 점 B 클릭)

② [선] **직선** 도구를 사용하여 꼭짓점 A와 B를 지나는 직선 L_1을 작도한다.

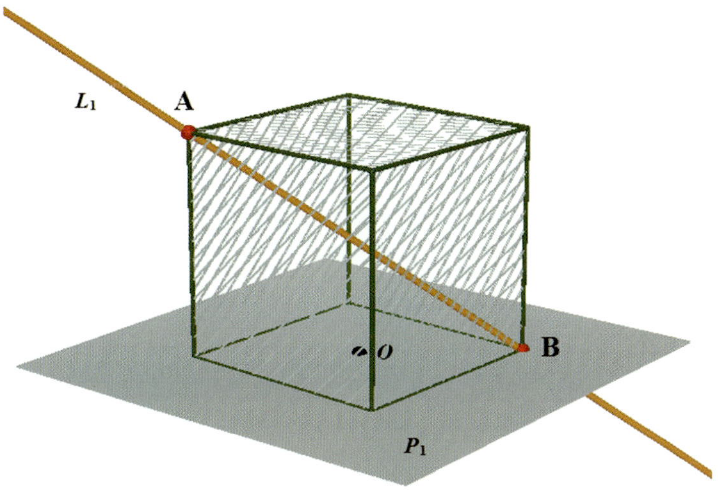

③ [작도] **수직** 도구를 사용하여 꼭짓점 C를 지나고 직선 L_1에 수직인 평면 P_2를 작도한다.

④ [점] **교점** 도구를 사용하여 직선 L_1과 평면 P_2와의 교점 D를 작도한다.

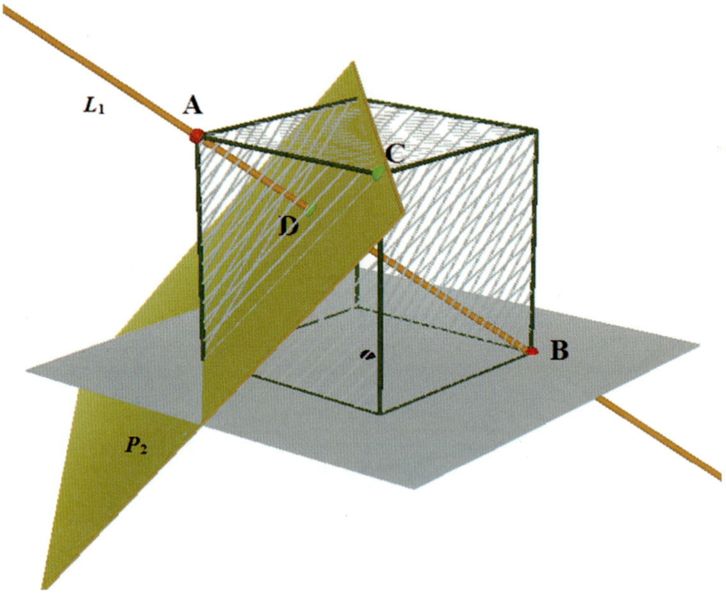

⑤ [선] 원 도구를 사용하여 평면 P_2에 중심이 점 D이고, 점 C를 지나는 원 C_1을 작도한다.(도구 클릭 → 평면 P_2 클릭 → 점 D 클릭 → 점 C 클릭) 그리고 [점] **점** 도구를 사용하여 원 C_1 위에 점 E를 작도한다.

⑥ [변환] **회전이동** 도구를 사용하여 직선 L_1을 축으로 점 C가 원 위의 점 E로 회전이동하는 정육면체의 회전체를 작도한다.(도구 클릭 → 직선 L_1 클릭 → ①에서 작도한 정육면체 클릭 → 점 C 클릭 → 점 E 클릭)

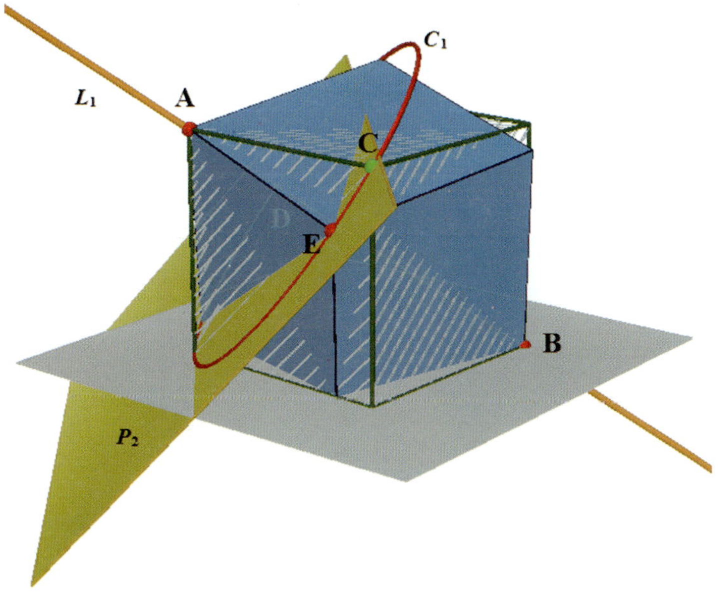

⑦ **숨기기/보이기**(Ctrl+M) 기능을 사용하여 필요하지 않은 도형을 숨긴다.

⑧ [선] **선분** 도구를 사용하여 ⑥에서 작도한 정육면체의 모서리 12개를 작도한다.

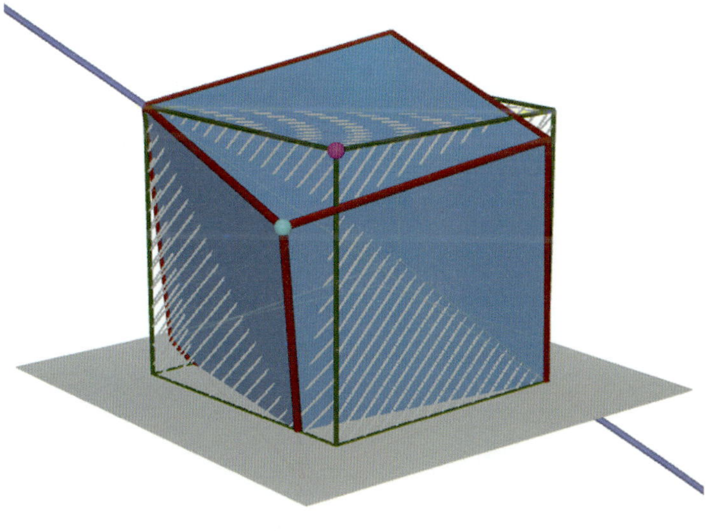

⑨ [작도] 자취 도구를 사용하여 모서리의 자취를 작도한다.

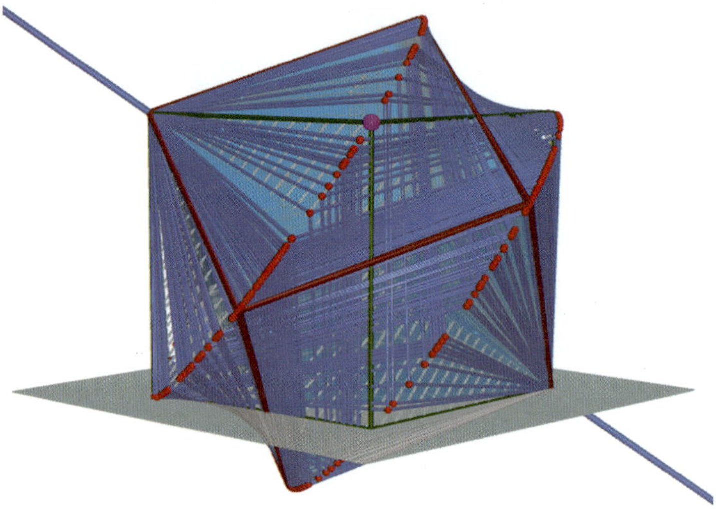

2) 활용 방법

학 년	적분과 통계	주 제	정육면체의 회전체
단 원	적분법 / 정적분의 활용 / 부피		
학습목표	정육면체의 회전체를 살펴보면서 적분을 통한 부피를 이해할 수 있다.		
파 일 명	1.14(1) 정육면체의 회전체, 1.14(2) 정육면체의 회전체		
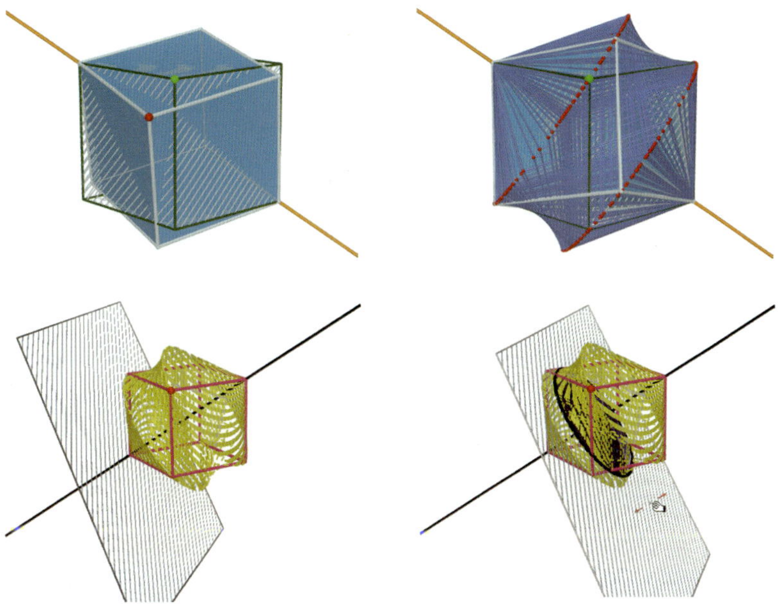			
활용방법	• "1.14(1) 정육면체의 회전체" 파일은 정육면체의 대각선을 축으로 하여 정육면체를 회전시키면 어떤 회전체가 만들어지는지 학습할 수 있는 자료이다. • 빨간 점을 움직이면서 회전체의 모양을 확인할 수 있다. • "1.14(2) 정육면체의 회전체" 파일은 정육면체의 대각선을 축으로 하여 회전시켜 만들어진 회전체의 단면을 학습할 수 있는 자료이다. • 평면을 드래그하면서 단면을 확인할 수 있다.		

1.15 원뿔곡선

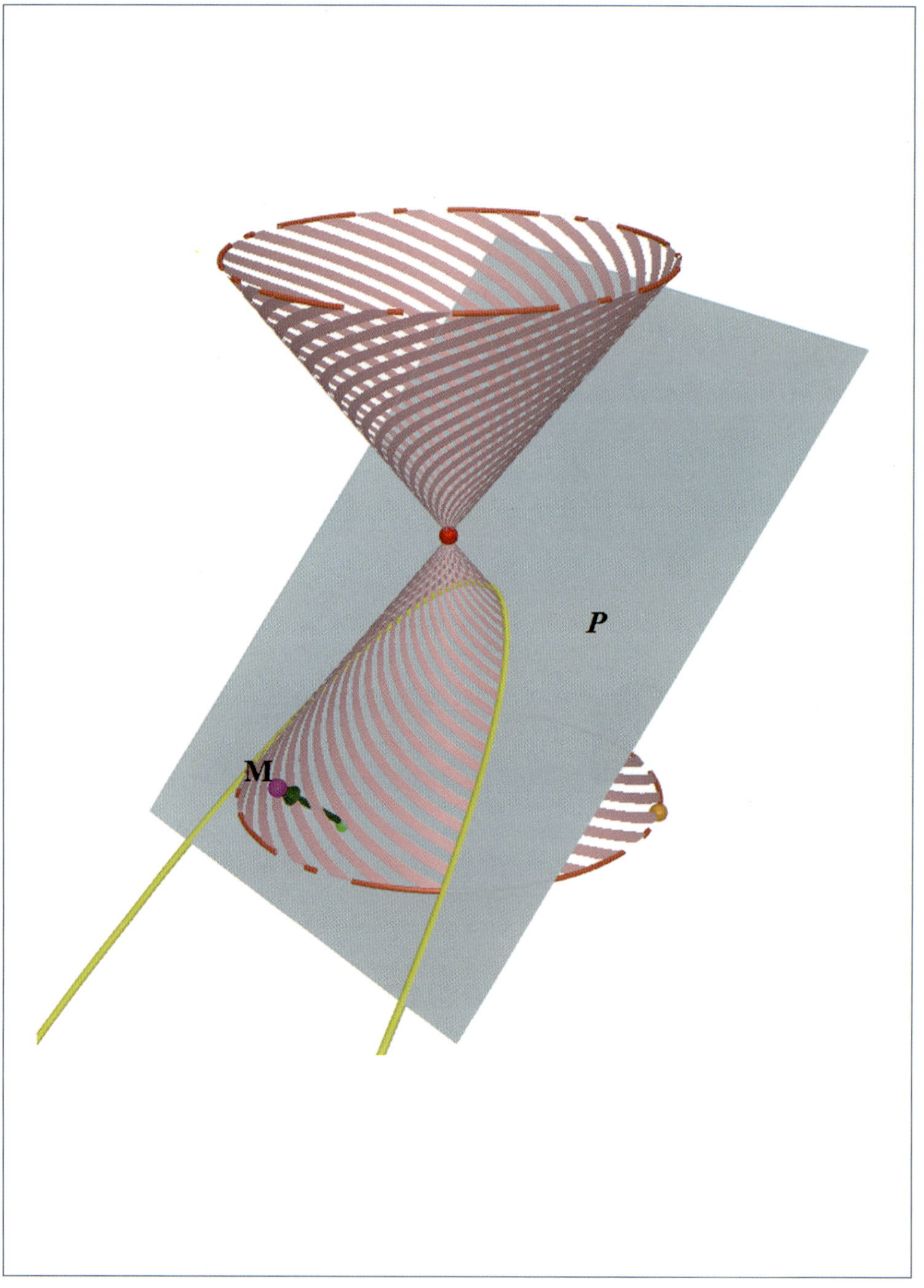

1) 제작 방법

① [작도] **수직** 도구를 사용하여 평면 P_1에 수직인 직선 L_1을 작도한다.

② [점] **점** 도구를 사용하여 직선 L_1 위에 점 Pt_1을 작도한다.

③ [작도] **평행** 도구를 사용하여 점 Pt_1을 지나고 평면 P_1에 평행한 평면 P_2를 작도한다.

④ [점] **점** 도구를 사용하여 평면 P_2 위에 점 Pt_2를 작도한다.

⑤ [선] **원** 도구를 사용하여 직선 L_1 주위에 점 Pt_2를 지나는 원 C_1을 작도한다.

⑥ [점] **점** 도구를 사용하여 직선 L_1 위에 점 Pt_3를 작도한다.

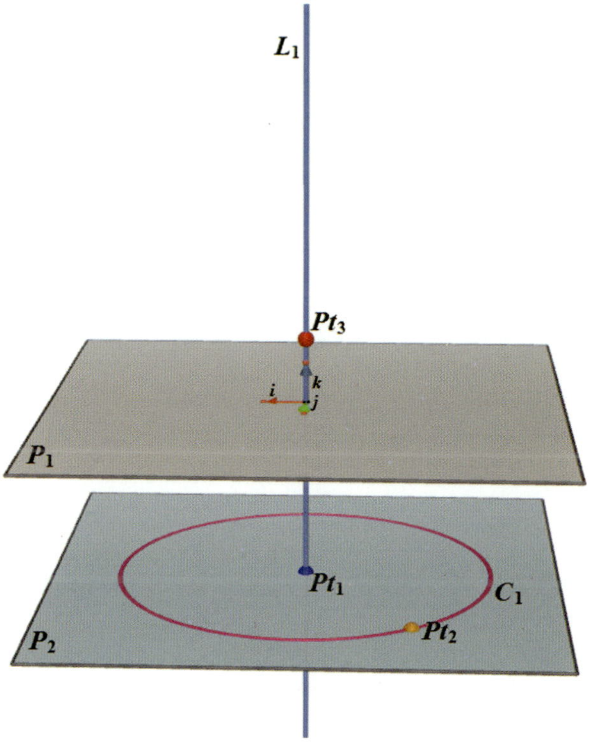

⑦ [면] **원뿔** 도구를 사용하여 점 Pt_3를 꼭짓점으로 하고, 원 C_1을 밑면으로 하는 원뿔 Co_1을 작도한다.(도구 클릭 → 점 Pt_3 클릭 → 원 C_1 클릭)

⑧ [변환] 점대칭 도구를 사용하여 점 Pt_3에 대하여 원뿔 Co_1을 대칭이동시킨 원뿔 Co_2를 작도한다. (도구 클릭 → 점 Pt_3 클릭 → 원뿔 Co_1 클릭)

⑨ [작도] 평행 도구를 사용하여 점 Pt_1을 지나고 벡터 i에 평행한 직선 L_2를 작도한다.(도구 클릭 → 점 Pt_1 클릭 → 벡터 i 클릭)

⑩ [점] 점 도구를 사용하여 직선 L_2 위에 점 Pt_4를 작도한다.

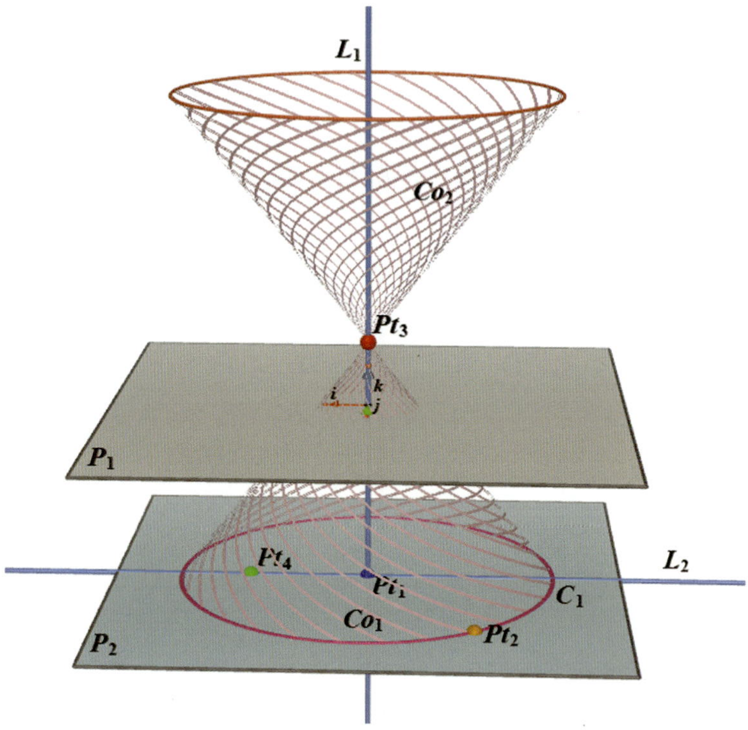

⑪ [작도] 평행 도구를 사용하여 점 Pt_4를 지나고 벡터 j에 평행한 직선 L_3를 작도한다.

⑫ [변환] 평행이동 도구를 사용하여 벡터 i에 의한 점 Pt_4의 평행이동한 점 Pt_5를 작도한다. (도구 클릭 → 벡터 i 클릭 → 점 Pt_4 클릭)

⑬ [변환] 점대칭 도구를 사용하여 점 Pt_5에 대하여 점 Pt_4를 대칭이동시킨 점 Pt_6를 작도한다. (도구 클릭 → 점 Pt_5 클릭 → 점 Pt_4 클릭)

⑭ [선] 원 도구를 사용하여 직선 L_3 주위에 점 Pt_6를 지나는 원 C_2를 작도한다.

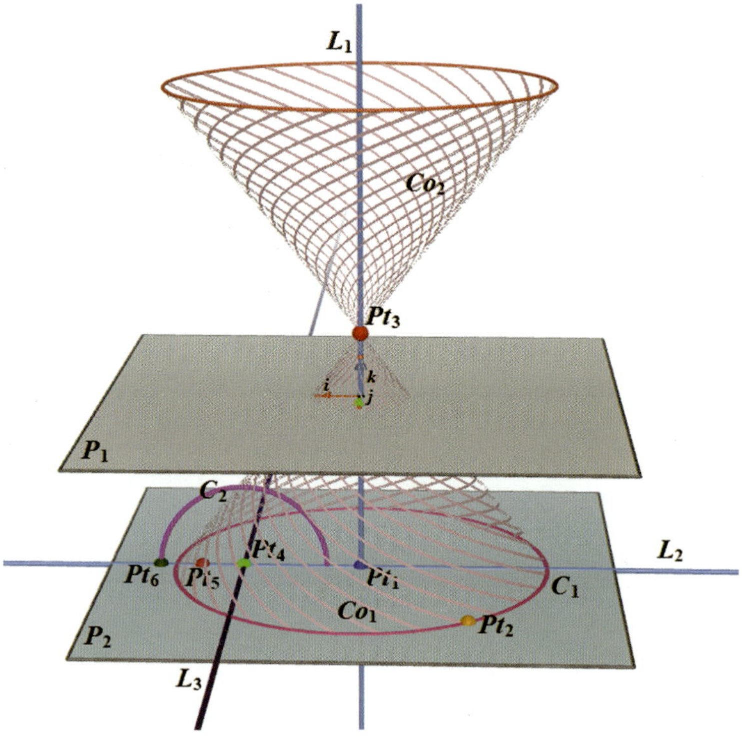

⑮ [점] 점 도구를 사용하여 원 C_2 위에 점 M을 작도한다.

⑯ [선] 벡터 도구를 사용하여 점 Pt_4와 점 M에 의한 벡터 V_1을 작도한다.

⑰ [작도] 수직 도구를 사용하여 점 Pt_4를 지나고 벡터 V_1에 수직인 평면 P_3를 작도한다.

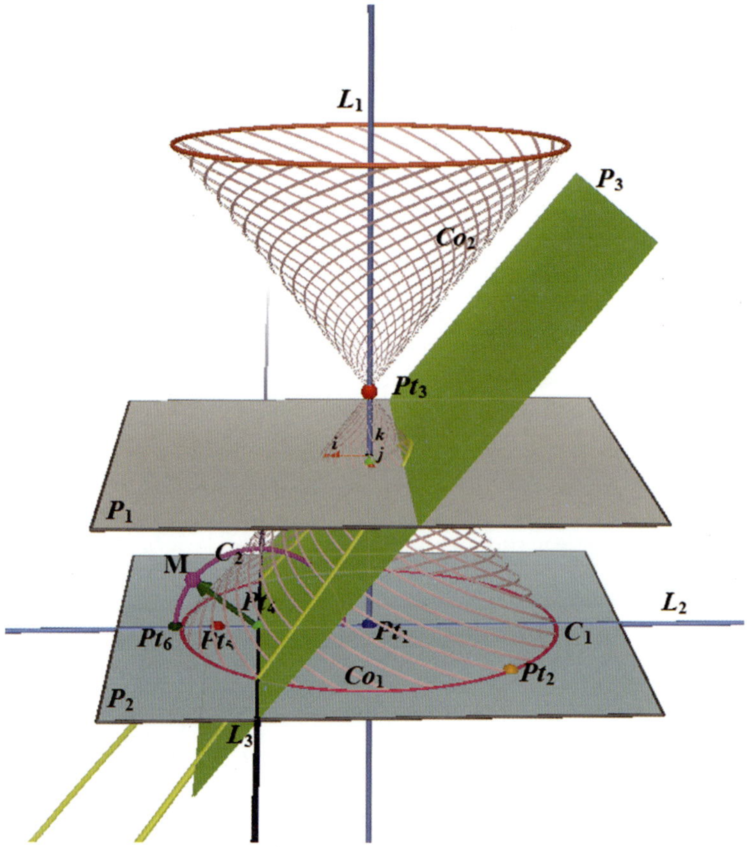

⑱ [교선] **교선** 도구를 사용하여 원뿔 Co_1 (또는 Co_2)과 평면 P_3의 교선을 작도한다. (도구 클릭 → 원뿔 Co_1 (또는 Co_2) 클릭 → 평면 P_3 클릭)

2) 활용 방법

학 년	기하와 벡터	주 제	원뿔곡선
단 · 원	이차곡선 / 포물선, 타원, 쌍곡선		
학습목표	원뿔곡선을 이해할 수 있다.		
파 일 명	1.15 원뿔곡선		

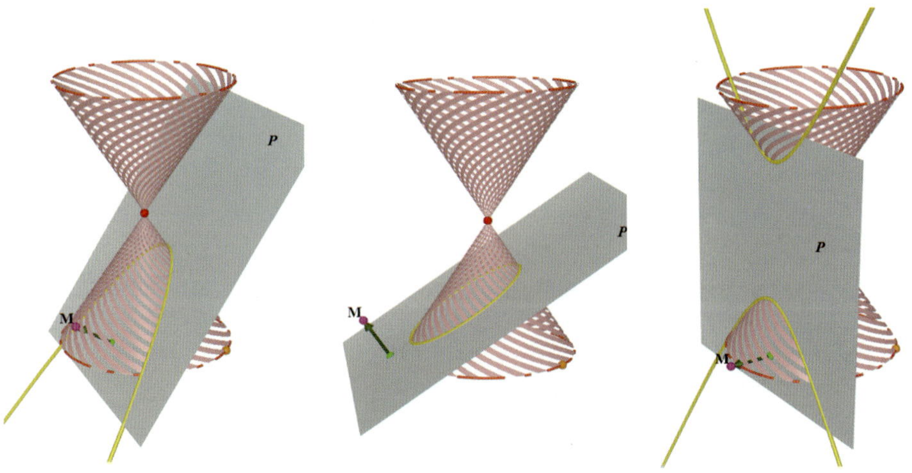

활용방법	• 원뿔의 절단면은 이차 곡선(포물선, 타원, 쌍곡선)이다. • 점 M을 움직이면 평면이 움직이면서 이차 곡선을 보여 준다.

1.16 두 직선의 평행 관계

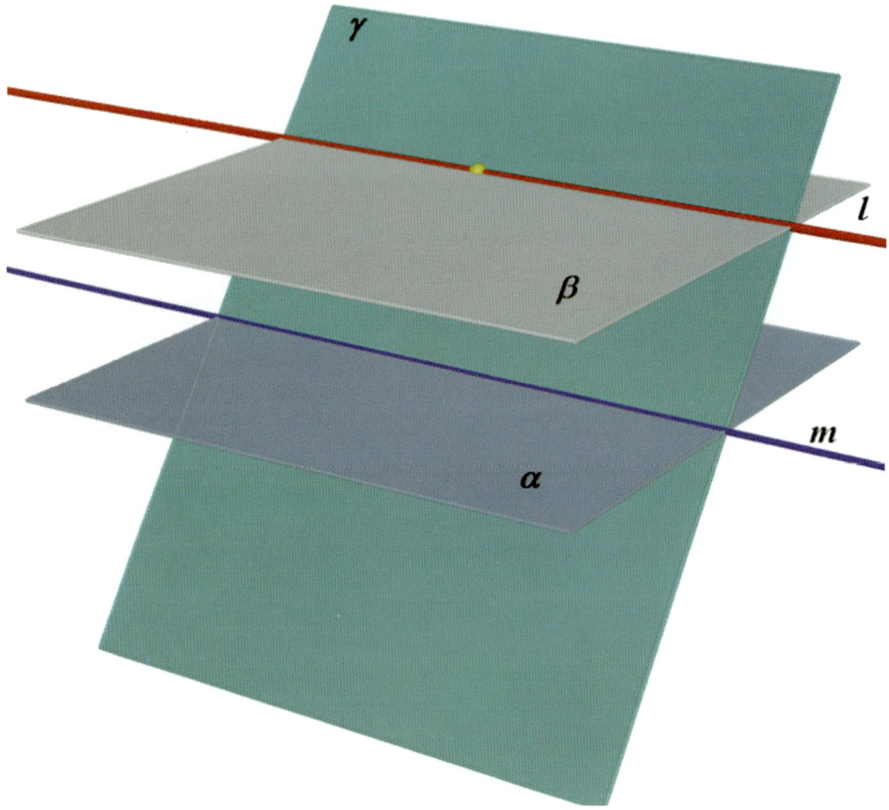

1) 제작 방법

① [선] 직선 도구를 사용하여 평면 α에 직선 m을 작도한다.

② [작도] 평행 도구를 사용하여 직선 m에 평행한 직선 l을 작도한다.(도구 클릭 → 직선 m 클릭 → shift키를 누른 상태로 마우스를 상하로 움직여 공간 상에 점 클릭)

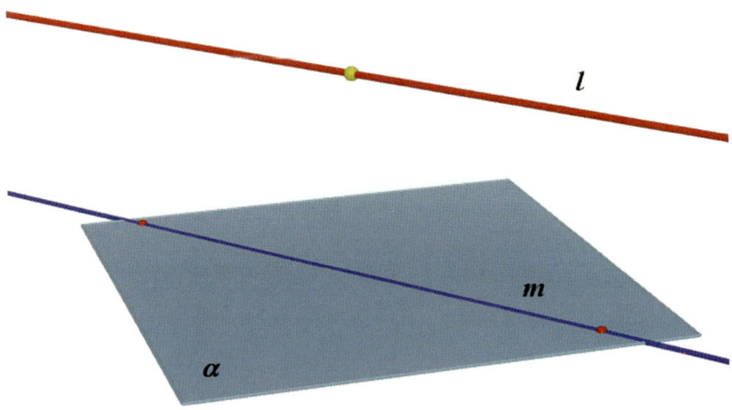

③ [작도] 평행 도구를 사용하여 평면 α와 평행이고, 직선 l 위의 점 P를 지나는 평면 β을 작도한다.(도구 클릭 → 평면 α 클릭 → 점 P 클릭)

④ [면] 평면 도구를 사용하여 직선 m과 점 P를 포함하는 평면 γ을 작도한다.
(도구 클릭 → 직선 m 클릭 → 점 P 클릭)

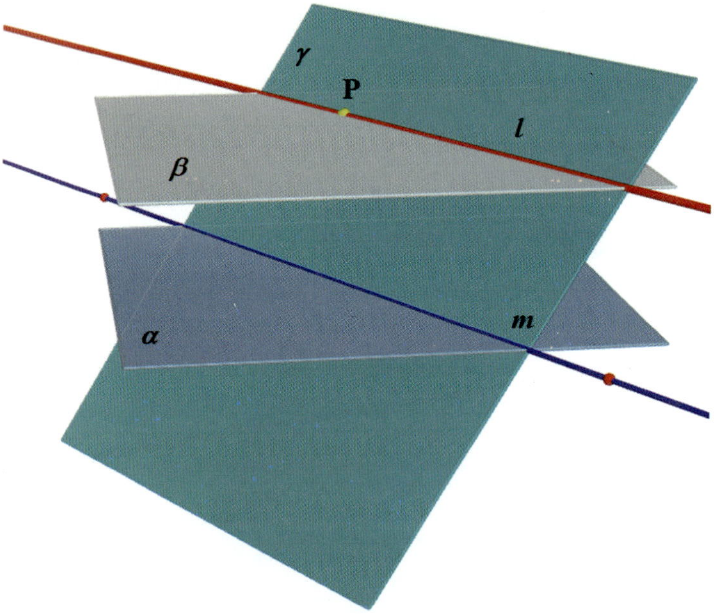
γ
P
l
β
m
α

2) 활용 방법

학 년	기하와 벡터	주 제	두 직선의 평행 관계
단 원	공간도형과 공간좌표 / 공간도형 / 직선과 평면의 평행과 수직		
학습목표	공간에서 두 직선의 평행 관계를 이해할 수 있다.		
파 일 명	1.16 두 직선의 평행 관계		

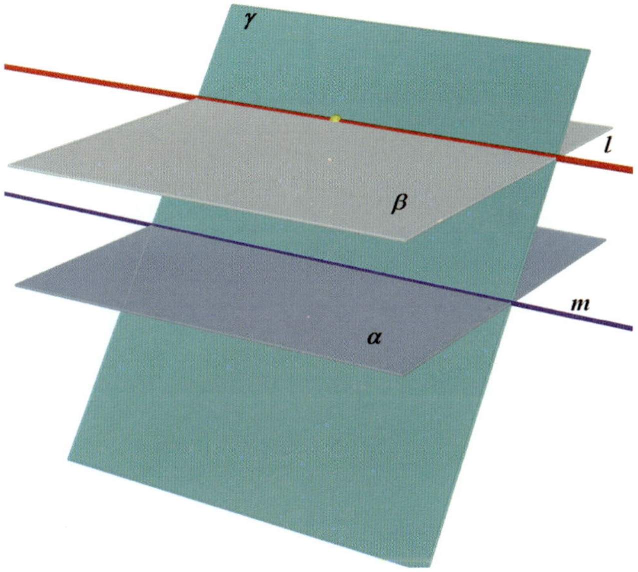

활용방법	
활용방법	• 공간에서 두 직선 l, m이 평행함을 보이려면 다음 두 가지를 보이면 된다. - 두 직선 l, m이 한 평면 위에 있다. - 두 직선 l, m이 만나지 않는다. • 위의 자료에서 α, β일 때, 두 직선 l, m은 평면 위에 있고, 또 l, m은 각각 α와 β에 포함되는 직선이므로 만나지 않는다. 따라서 두 직선 l, m은 평행하다. • 직선 m은 드래그하여 평면 α에서 움직일 수 있고, 직선 l과 평면 β는 Shift키를 누르고 위 아래로 드래그하여 움직일 수 있다.

1.17 직선과 평면의 수직 관계

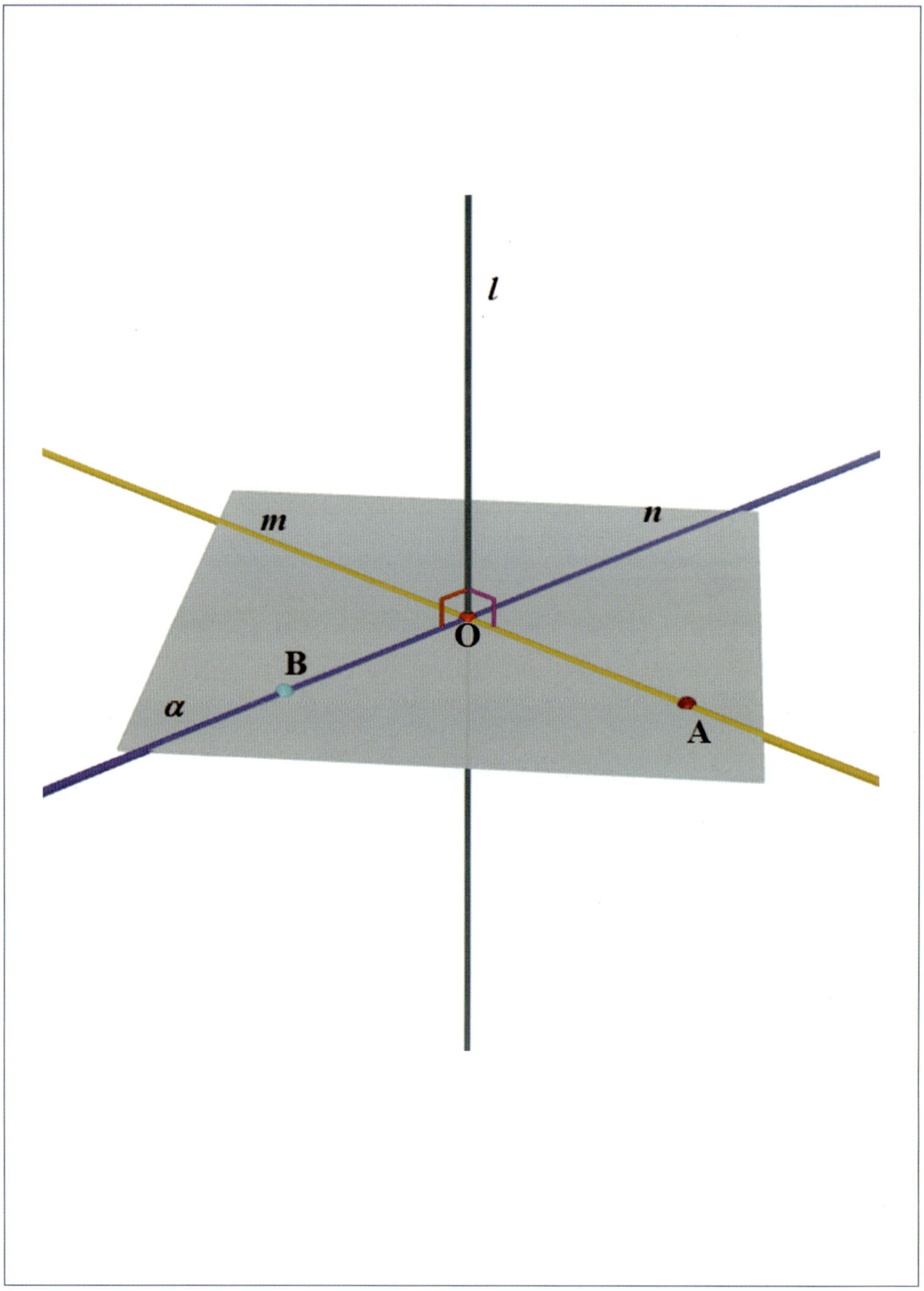

1) 제작 방법

① [작도] **수직** 도구를 사용하여 점 O를 지나고, 평면 α에 수직인 직선 l을 작도한다.

② [선] **직선** 도구를 사용하여 점 O와 점 A, B 를 지나는 직선 m, n을 작도한다.

③ [측정] **각** 도구를 사용하여 직선 l과 직선 m이 만나는 각을 측정한다. 각을 측정하기 전에 직선 l 위에 점 C를 작도한다. (도구 클릭 → 점 A 클릭 → 점 O 클릭 → 점 C 클릭)

④ ③과 같은 방법으로 직선 l과 직선 n이 만나는 각을 측정한다.

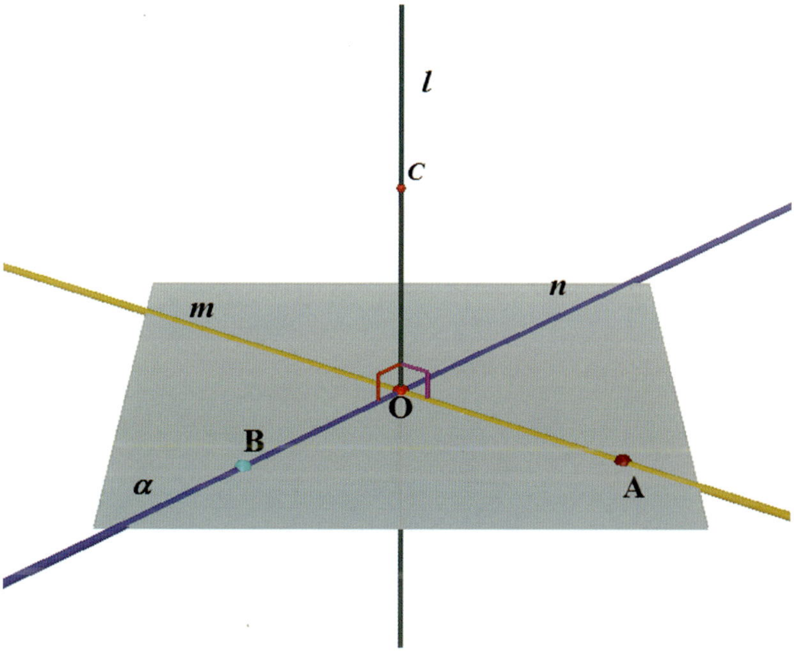

2) 활용 방법

학 년	기하와 벡터	주 제	직선과 평면의 수직 관계
단 원	공간도형과 공간좌표 / 공간도형 / 직선과 평면의 평행과 수직		
학습목표	공간에서 직선과 평면의 수직 관계를 이해할 수 있다.		
파 일 명	1.17 직선과 평면의 수직 관계		

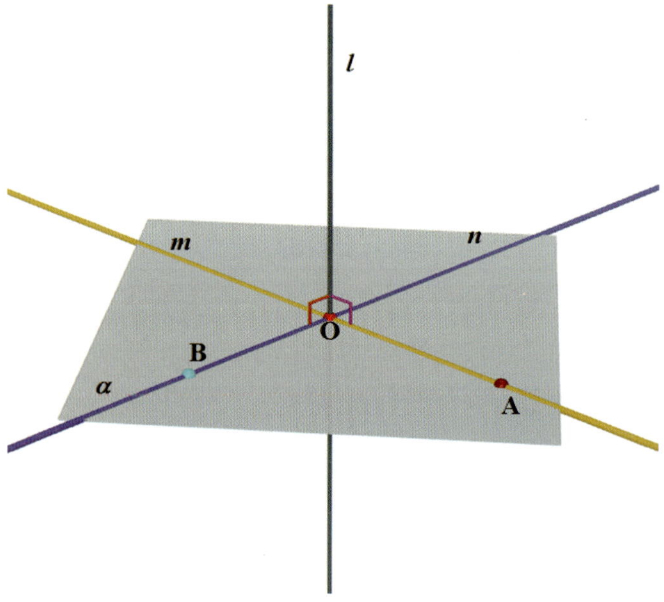

활용방법	• 직선 l이 평면 α 위의 모든 직선과 수직일 때, 직선 l은 평면 α와 수직이라고 한다. 점 A, B를 평면 α에서 움직이면서 직선 l과 이루는 각을 확인할 수 있다. • 직선 l이 평면 α와 한 점에서 만나고 평면 α위의 평행하지 않은 두 직선 m, n에 대하여 $l \perp m$, $l \perp n$이면 $l \perp \alpha$이다. 이 성질에 의하여 직선 l이 평면 α와 수직임을 보이기 위해서는 직선 l이 평면 α위의 평행하지 않은 두 직선과 수직임을 보이면 충분한 것을 알 수 있다.

1.18 삼수선의 정리

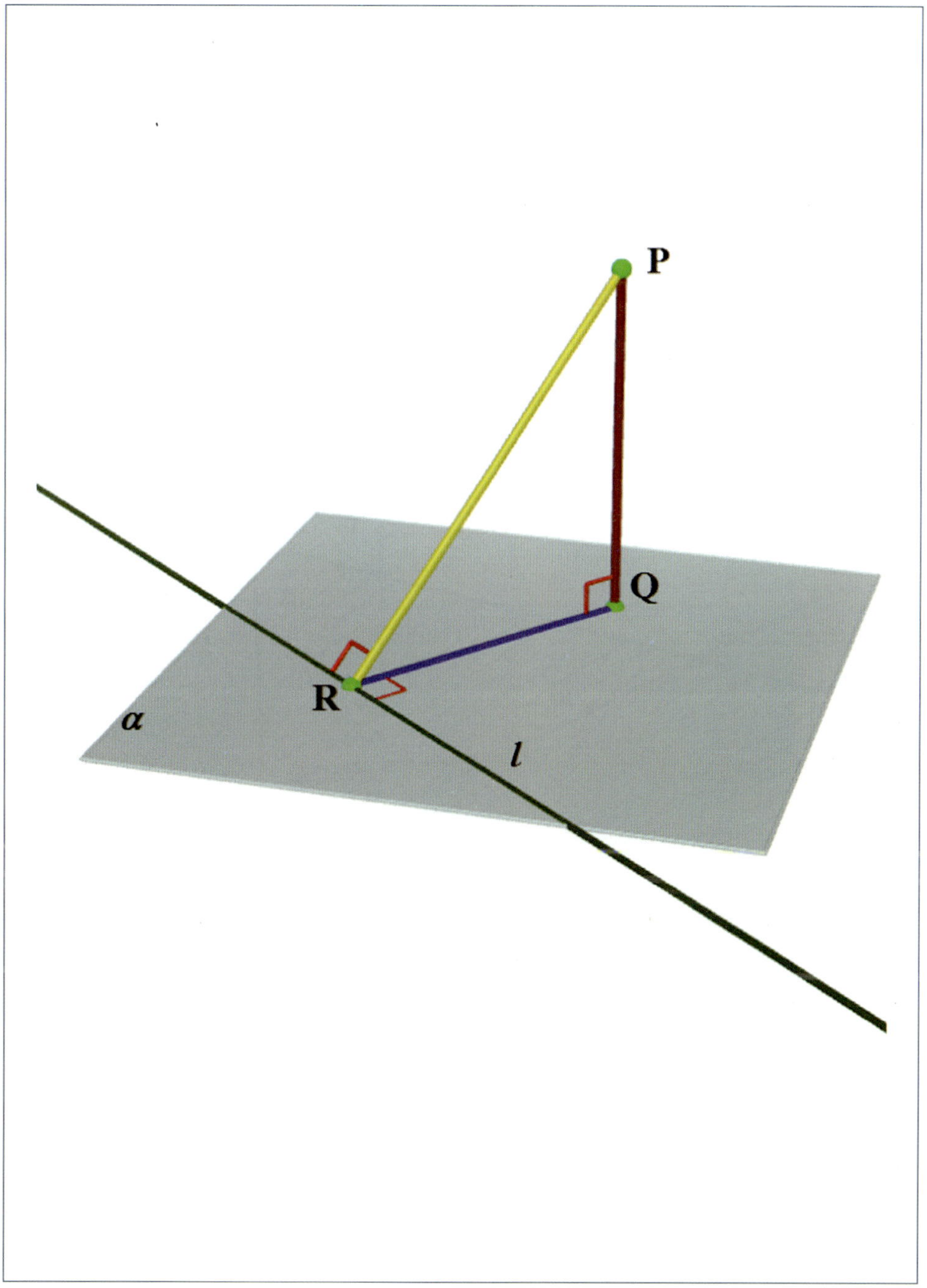

1) 제작 방법

① [선] 직선 도구를 사용하여 평면 α 위에 직선 m을 작도한다. (도구 클릭 → 평면 α 위에 임의의 두 점 클릭) 그리고 [점] 점 도구를 사용하여 직선 m 위에 점 Q을 작도한다.

② [작도] 수직 도구를 사용하여 평면 α에 수직이고 점 Q를 지나는 직선 n을 작도한 후, [점] 점 도구를 사용하여 직선 n 위에 점 P를 작도한다.

③ [작도] 수직 도구를 사용하여 직선 m에 수직이고 점 Q를 지나는 평면 β를 작도한다. 그리고 [점] 점 도구를 사용하여 평면 α와 평면 β와의 교선 위에 점 R을 작도한다.

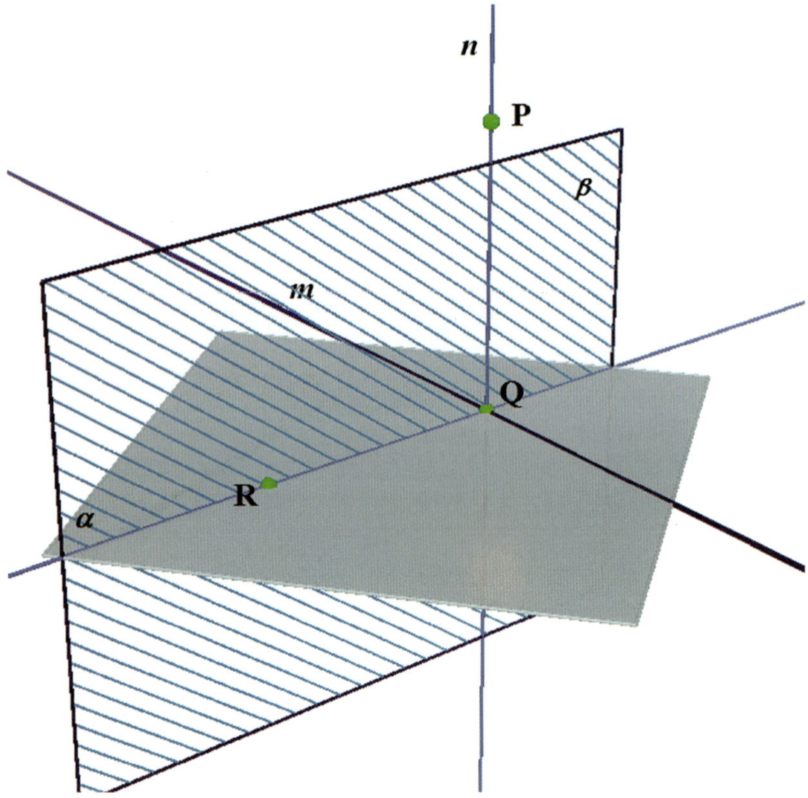

④ [작도] **평행** 도구를 사용하여 점 R을 지나고 직선 m에 평행한 직선 l을 작도한다.

⑤ [선] **선분** 도구를 사용하여 $\overline{PQ}$, $\overline{RQ}$, $\overline{PR}$을 작도한다.

⑥ [측정] **각** 도구를 사용하여 삼수선의 정리에 필요한 각을 표시한다.(예 : 도구 클릭 → 점 P 클릭 → 점 Q 클릭 → 점 R 클릭)

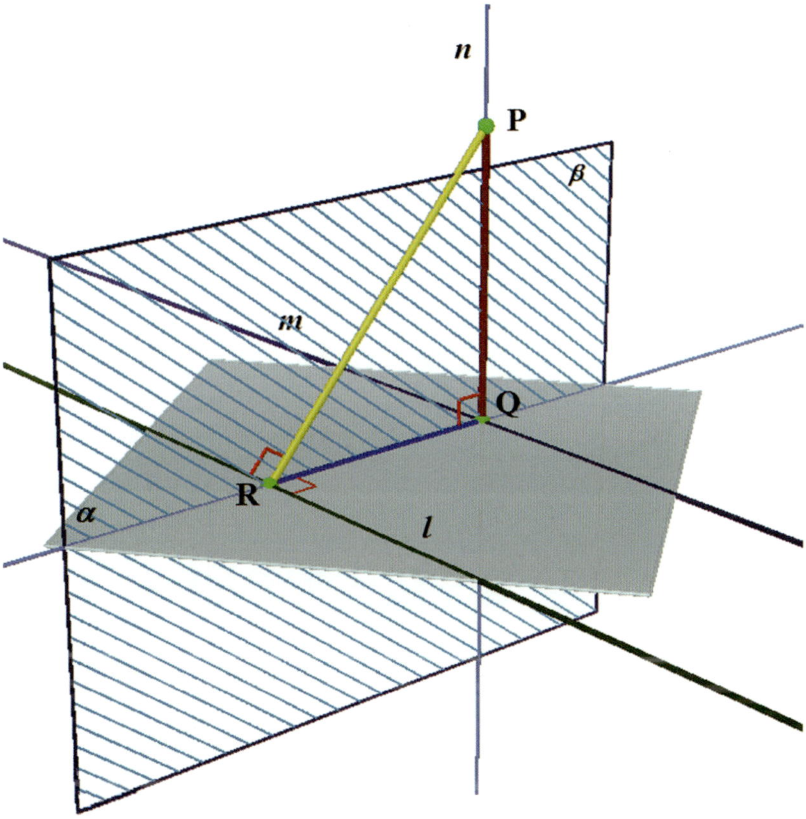

2) 활용 방법

학 년	기하와 벡터	주 제	삼수선의 정리
단 원	공간도형과 공간좌표 / 공간도형 / 직선과 평면의 평행과 수직		
학습목표	공간에서 삼수선의 정리를 이해할 수 있다.		
파 일 명	1.18 삼수선의 정리		

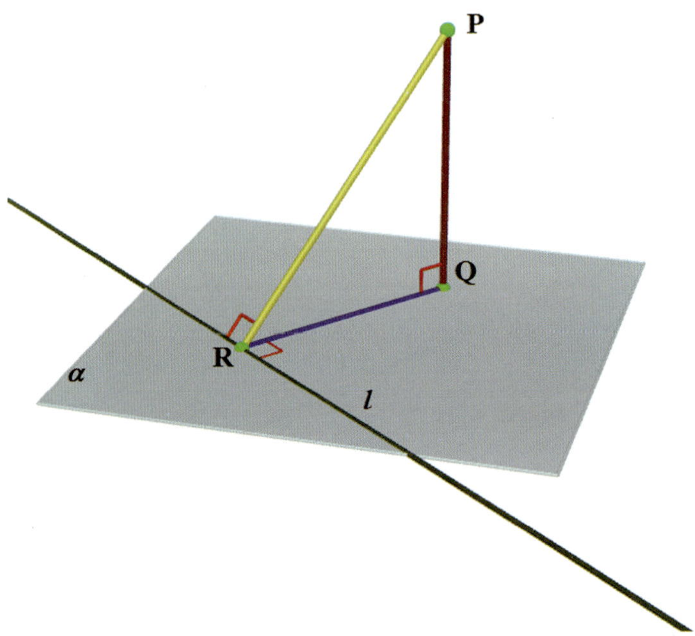

활용방법	• 평면 α 위에 있지 않은 점 P와 평면 α 위에서 점 Q를 지나지 않는 직선 l에 대하여 삼수선의 정리가 성립하는 것을 학습할 수 있는 자료이다. • 점 P, Q, R을 움직이면서 확인할 수 있다.

1.19 이면각

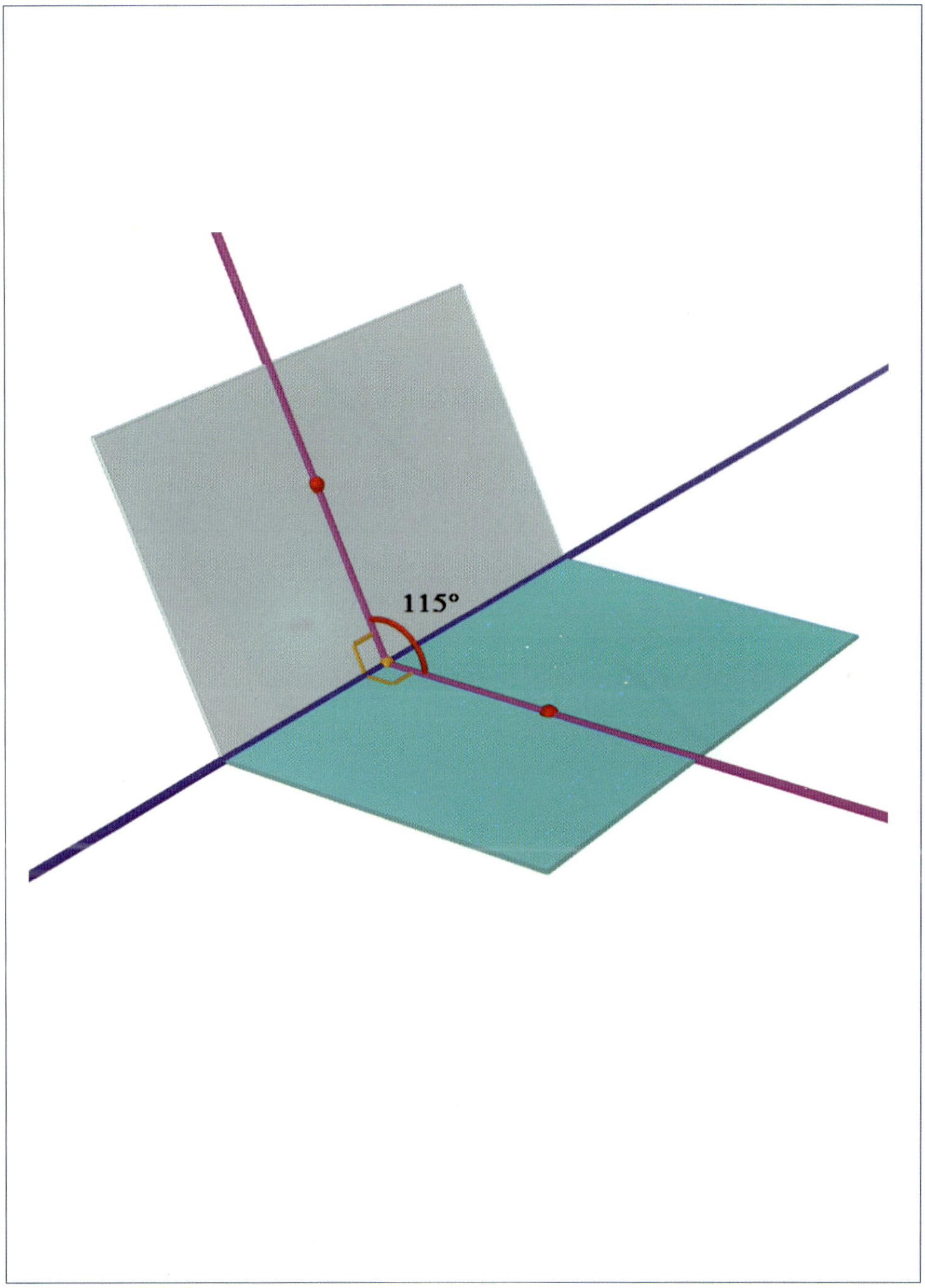

1) 제작 방법

①[선] **직선** 도구를 사용하여 평면 P_1 위에 직선 l을 작도한다.

②[면] **반평면** 도구를 사용하여 직선 l과 평면 P_1 위의 점 A에 의한 반평면 α를 작도한다. (도구 클릭 → 직선 l 클릭 → 평면 P_1 위의 점 A 클릭)

③[점] **점** 도구를 사용하여 직선 l 위에 점 B를 작도한다.

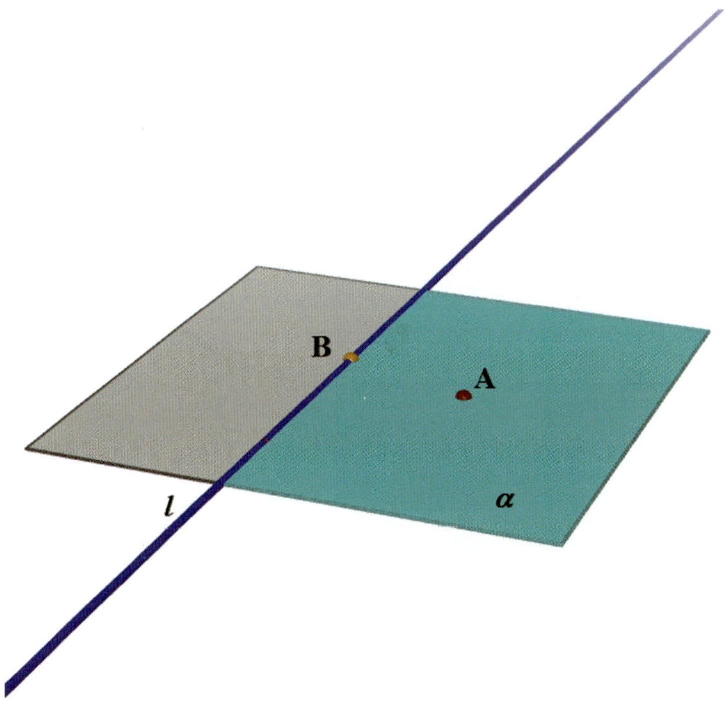

④[작도] **수직** 도구를 사용하여 직선 l에 수직이고, 점 B를 포함하는 평면 P_2를 작도한다. (도구 클릭 → 직선 l 클릭 → 점 B 클릭)

⑤[선] **교선** 도구를 사용하여 평면 P_2와 반평면 α와의 교선 m을 작도한다.

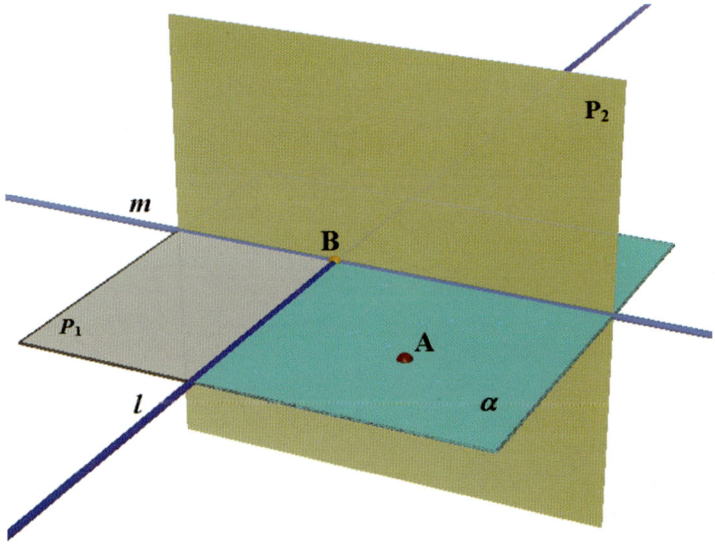

⑥ [선] 반직선 도구를 사용하여 점 B와 직선 m 위의 점 C에 의한 반직선 R_1을 작도한다. (도구 클릭 → 점 B 클릭 → 직선 m 위의 점 C 클릭)

⑦ [선] 원 도구를 사용하여 직선 l 주위에 점 C를 지나는 원 C_1을 작도한다.

⑧ [변환] 회전이동 도구를 사용하여 반평면 α를 직선 l을 축으로 하여 회전이동한 평면 γ를 작도한다.(도구 클릭 → 반평면 α 클릭 → 직선 l 클릭 → 점 C 클릭 → 원 C_1 위의 점 D 클릭)

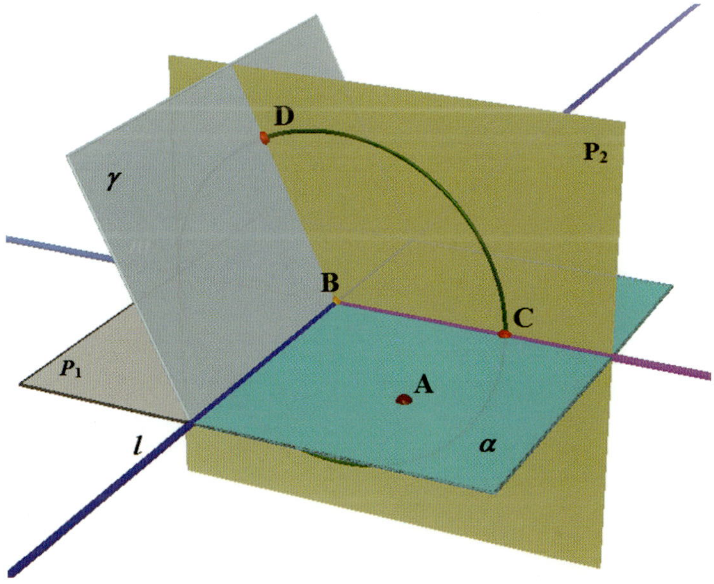

⑨ [선] 반직선 도구를 사용하여 점 B와 점 D에 의한 반직선 R_2를 작도한다.

⑩ [측정] 각 도구를 사용하여 $\angle CBD$의 크기와 직선 l과 $\overrightarrow{BC}$, $\overrightarrow{BD}$가 이루는 각의 크기를 측정한다. (예 : 도구 클릭 → 점 C 클릭 → 직선 l 위의 임의의 점 클릭)

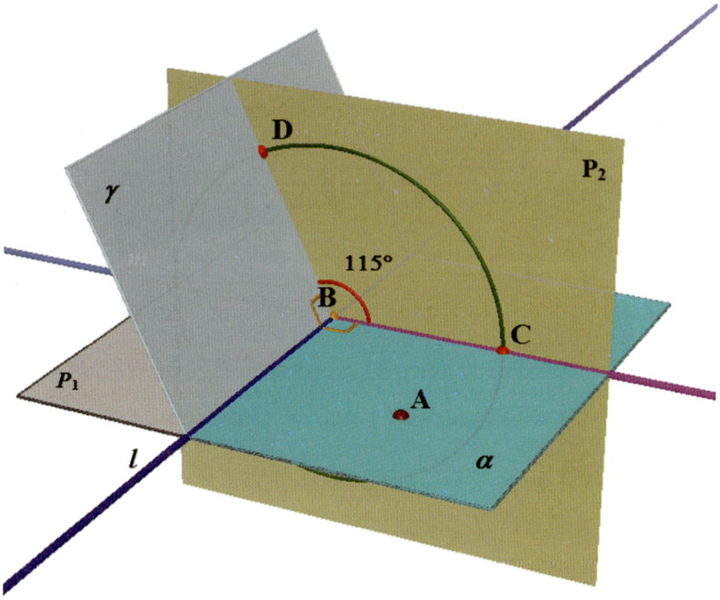

2) 활용 방법

학 년	기하와 벡터	주 제	이면각
단 원	공간도형과 공간좌표 / 공간도형 / 직선과 평면의 평행과 수직		
학습목표	두 평면이 이루는 각의 정의를 이해할 수 있다.		
파 일 명	1.19 이면각		

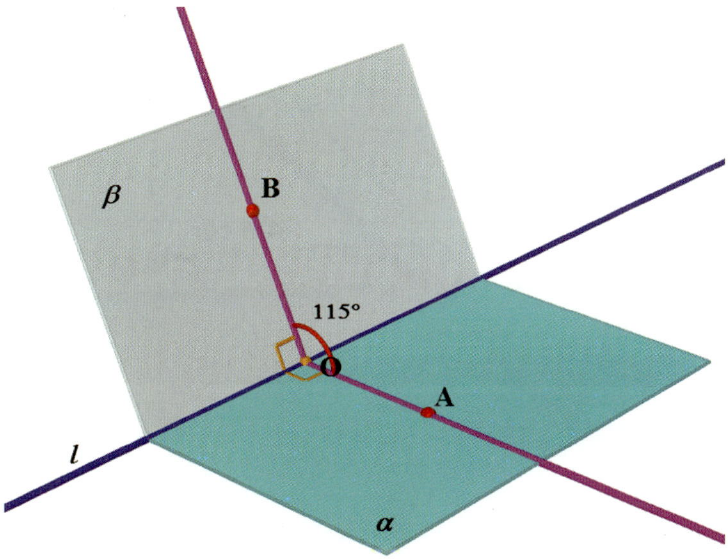

활용방법	• 직선 l을 공유하는 두 반평면 α, β가 이루는 도형을 이면각이라고 함을 학습하는 자료이다. • 직선 l위의 한 점 O를 지나고 l에 수직인 반직선 OA, OB를 각각 α, β 위에 그으면 점 O의 위치에 관계없이 $\angle AOB$의 크기가 일정한 것을 확인할 수 있다. 이 때, $\angle AOB$는 두 반평면 α, β가 이루는 각이다 • 점 O, B를 움직이면서 확인할 수 있다.

1.20 선분의 정사영

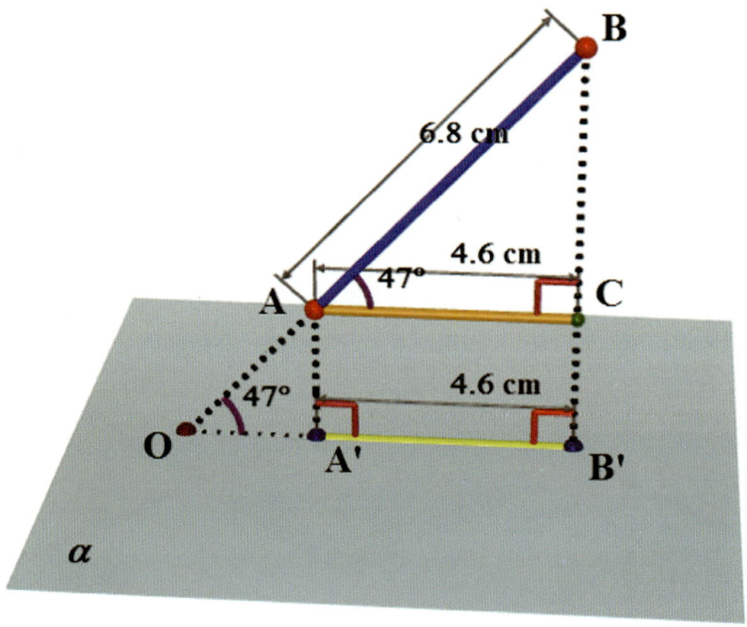

1) 제작 방법

① [선] **직선** 도구를 사용하여 직선 l을 작도한다.

② [작도] **수직** 도구를 사용하여 평면 α에 수직이고 직선 l 위의 점 B'을 지나는 직선 m을 작도한다.

③ [점] **점** 도구를 사용하여 직선 m 위에 점 B를 작도한다.

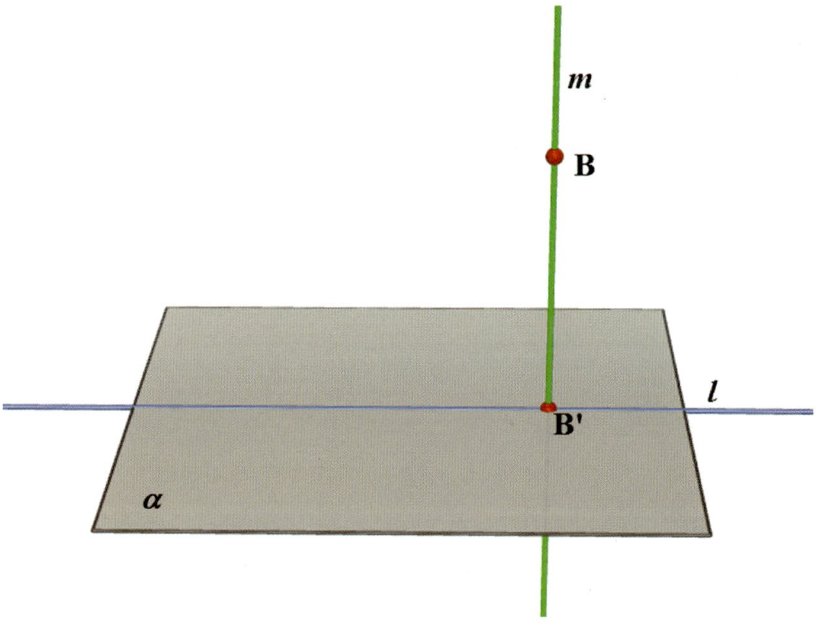

④ [선] **선분** 도구를 사용하여 점 B와 직선 l 위의 점 O를 양끝으로하는 $\overline{OB}$를 작도한다.

⑤ [선] **선분** 도구를 사용하여 $\overline{BB'}$를 작도한다.

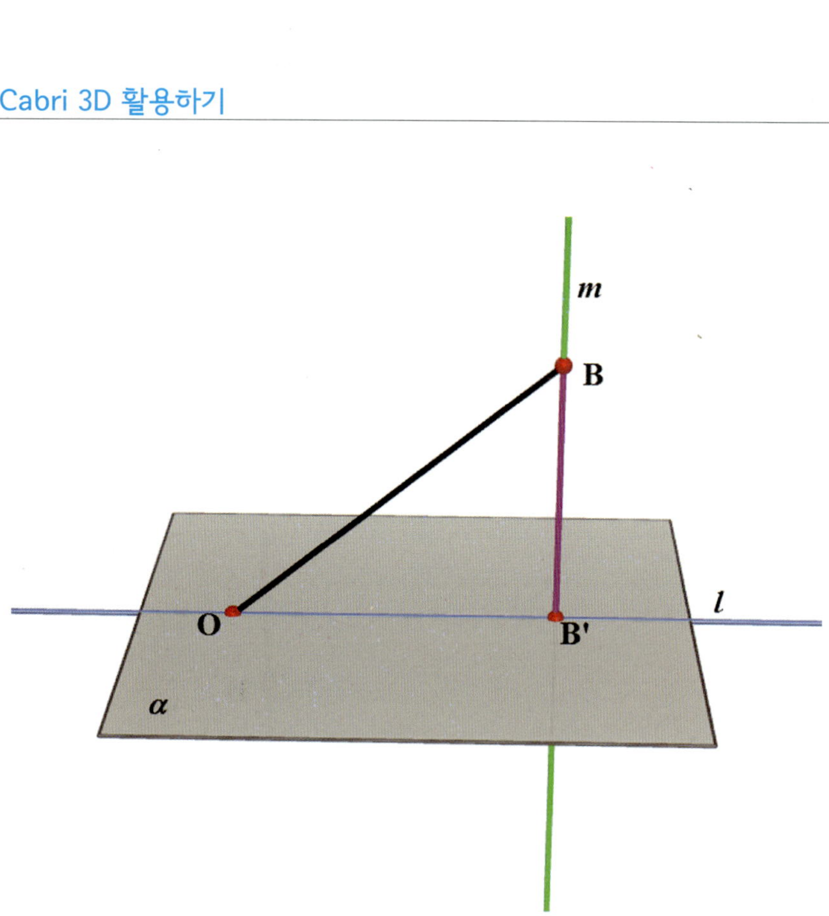

⑥ [측정] **각** 도구를 사용하여 $\angle BB'O$의 크기를 측정한다.

⑦ [점] **점** 도구를 사용하여 $\overline{OB}$ 위에 점 A를 작도한다.

⑧ [작도] **평행** 도구를 사용하여 평면 α에 평행이고 점 A를 포함하는 평면 β를 작도한다.

⑨ [점] **교점** 도구를 사용하여 평면 β와 $\overline{BB'}$와의 교점 C를 작도한다.

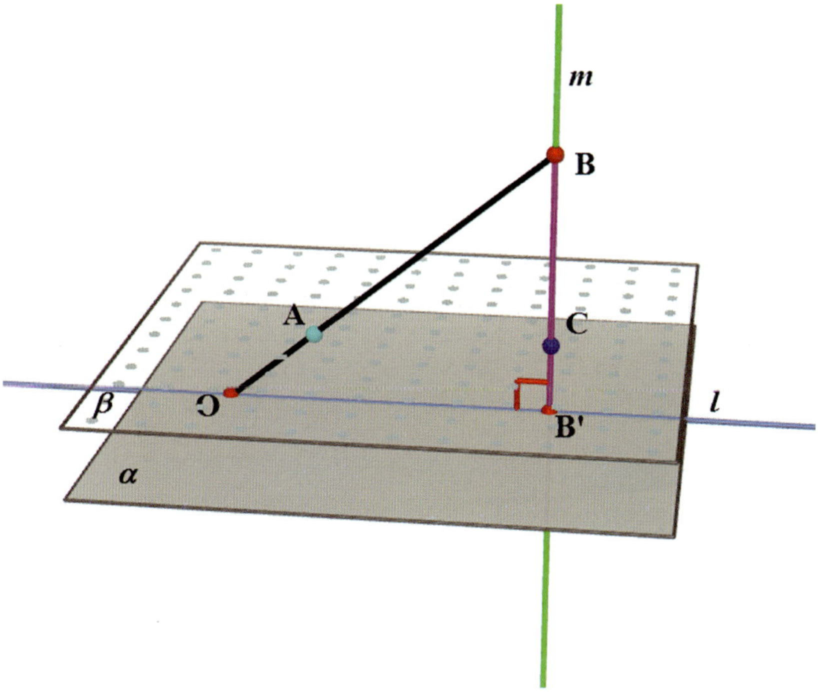

⑩ [선] 선분 도구를 사용하여 $\overline{OB'}$를 작도한다.

⑪ [작도] 수직 도구를 사용하여 평면 α에 수직이고 점 A를 지나는 직선 n을 작도한다.

⑫ [점] 교점 도구를 사용하여 평면 α와 직선 n과의 교점 A'을 작도한다.

⑬ [선] 선분 도구를 사용하여 $\overline{AC}$, $\overline{A'B'}$, $\overline{AB}$, $\overline{AA'}$, $\overline{OA'}$를 작도한다.

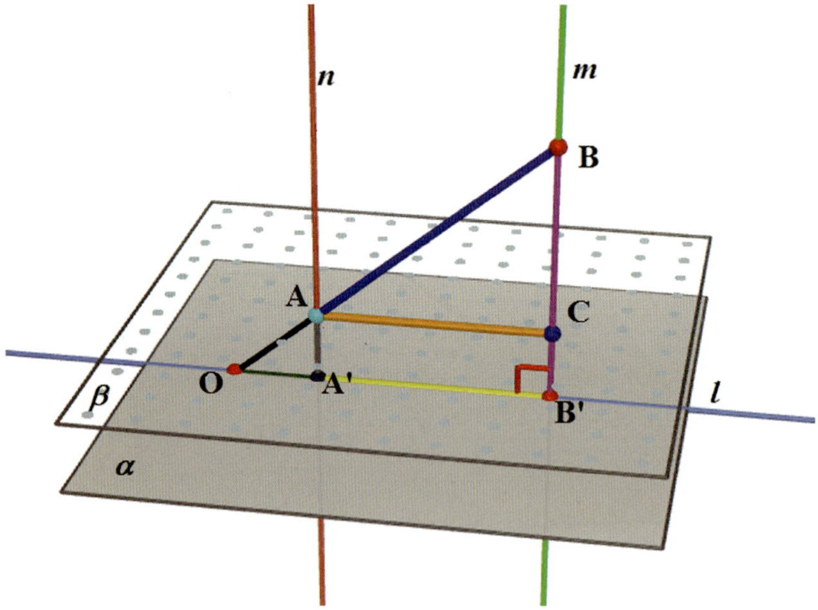

⑭ [측정] 각 도구를 사용하여 $\angle BCA$, $\angle AA'B'$, $\angle BAC$, $\angle BOB'$의 크기를 측정한다. 그리고 거리 도구를 사용하여 $\overline{AB}$, $\overline{AC}$, $\overline{A'B'}$의 길이를 측정한다.

⑮ **숨기기/보이기**(Ctrl+M)를 선택하여 필요하지 않은 도형을 숨긴다.

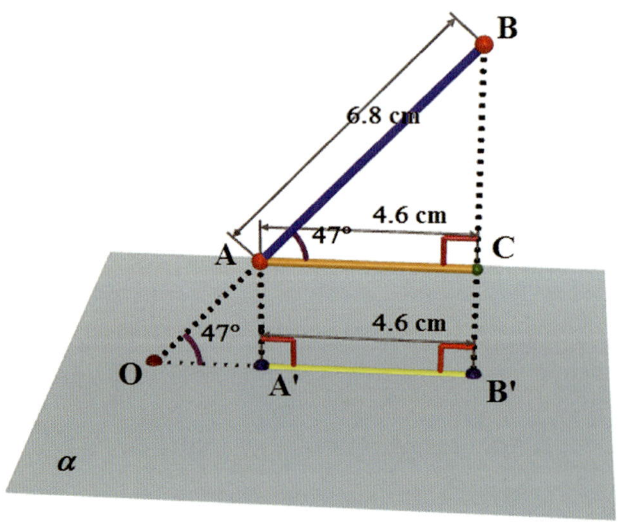

2) 활용 방법

학 년	기하와 벡터	주 제	선분의 정사영
단 원	공간도형과 공간좌표 / 공간도형 / 정사영		
학습목표	정사영의 뜻을 알고, 선분의 정사영의 길이를 이해할 수 있다.		
파 일 명	1.20 선분의 정사영		

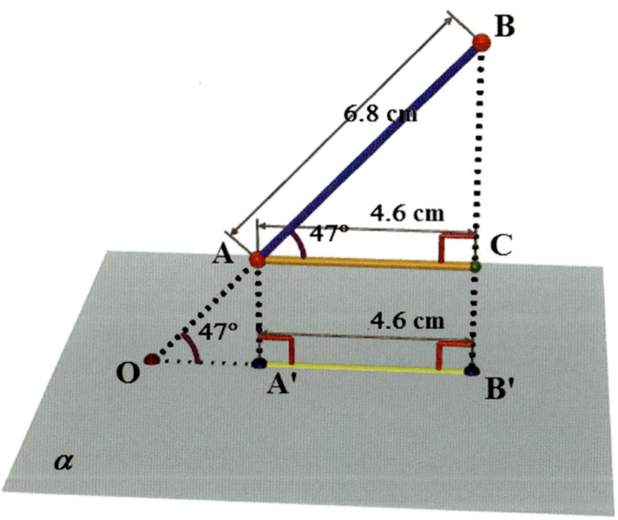

활용방법	• 선분 AB의 평면 α 위로의 정사영을 보여주는 자료이다. • 정사영은 투영면에 수직으로 내린 것임을 확인한다. • 점 O, A, B를 움직이면서 선분 AB의 정사영을 확인할 수 있다.

1.21 삼각형의 정사영

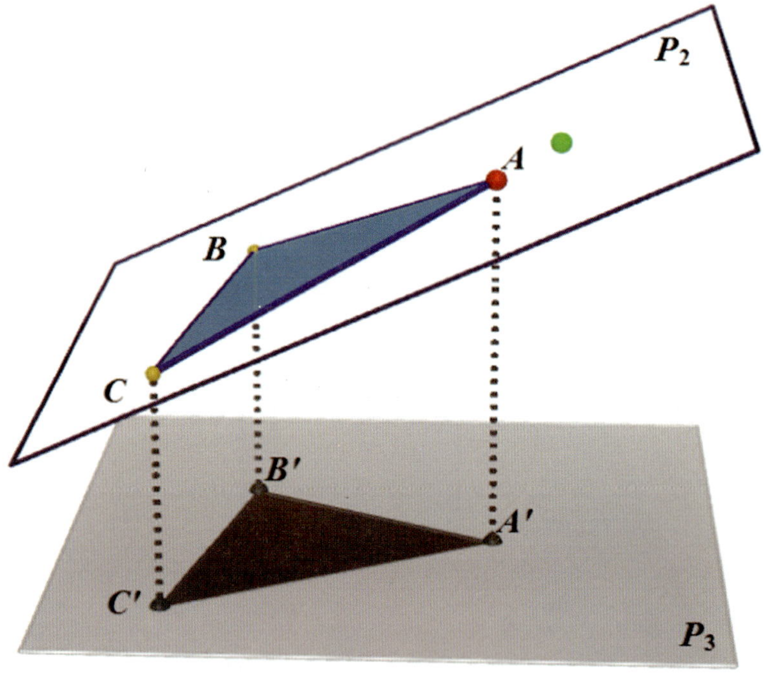

평면 P_2와 평면 P_3가 이루는 각 : 25°

1) 제작 방법

① [선] **직선** 도구를 사용하여 벡터 i, j, k 방향으로 각각 직선 L_1, 직선 L_2, 직선 L_3를 작도한다.

② [점] **점** 도구를 사용하여 직선 L_2 위에 점 Pt_1을 작도한다.

③ [선] **원** 도구를 사용하여 직선 L_1 주위에 점 Pt_1를 지나는 원 C_1을 작도한다.

④ [점] **점** 도구를 사용하여 원 C_1 위에 점 Pt_2를 작도한다.

⑤ [변환] **회전이동** 도구를 사용하여 직선 L_1을 축으로 점 Pt_1에서 점 Pt_2로 평면 P_1을 회전이동시킨 평면 P_2를 작도한다. (도구 클릭 → 직선 L_1 클릭 → 점 Pt_1 클릭 → 점 Pt_2 클릭 → 평면 P_1 클릭)

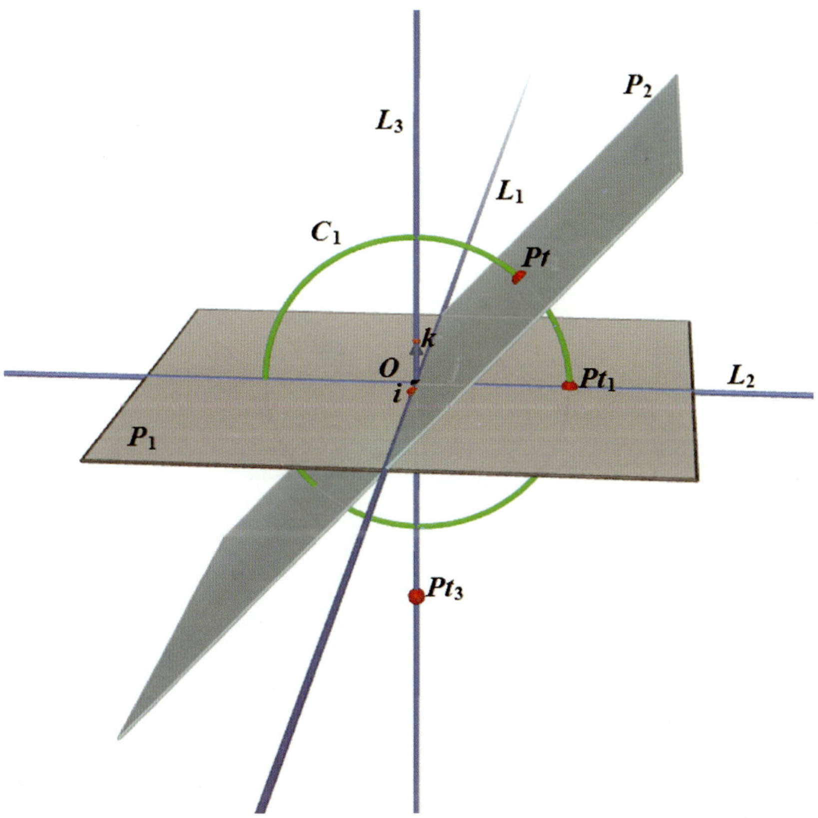

⑥ [점] 점 도구를 사용하여 직선 L_3 위에 점 Pt_3를 작도한다. (**숨기기/보이기**(Ctrl+M) 기능을 사용하여 직선 L_1, L_2, L_3, 원 C_1, 벡터 i, j, k, 점 O, Pt_1을 숨긴다.)

⑦ [작도] **평행** 도구를 사용하여 점 Pt_3를 지나고, 평면 P_1에 평행한 평면 P_3를 작도한다.

⑧ [선] **교선** 도구를 사용하여 평면 P_2와 평면 P_3의 교선 L_4를 작도한다.

⑨ [작도] **수직** 도구를 사용하여 직선 L_4에 수직이고, 점 O를 지나는 평면 P_4을 작도한 후, [점] **교점** 도구를 사용하여 직선 L_4와 평면 P_4의 교점 Pt_4를 작도한다.

⑩ [측정] **각** 도구를 사용하여 점 O, Pt_4, Pt_3에 의해 정의된 각의 크기를 측정한 후, 측정된 각을 드래그하여 이동시킨다. (**숨기기/보이기**(Ctrl+M) 기능을 사용하여 평면 P_1, P_4, 직선 L_4, 점 O, Pt_3, Pt_4, 각표시를 숨긴다.)

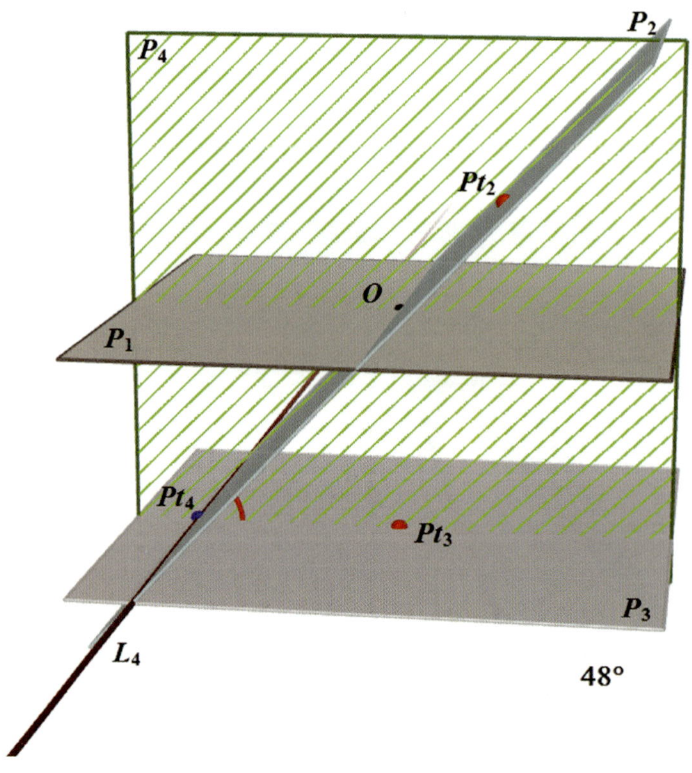

⑪ [면] **삼각형** 도구를 사용하여 평면 P_2 안에 삼각형 ABC를 작도한다.

⑫ [작도] **수직** 도구를 사용하여 $\triangle ABC$의 각 꼭짓점 A, B, C에서 평면 P_3에 수직인 직선 L_5, L_6, L_7을 작도한다.

⑬ [점] **교점** 도구를 사용하여 평면 P_3와 직선 L_5, L_6, L_7과의 교점 A', B', C'을 작도한다.

⑭ [면] **삼각형** 도구를 사용하여 점 A', B', C' 가 꼭짓점인 $\triangle A'B'C'$을 작도한다.

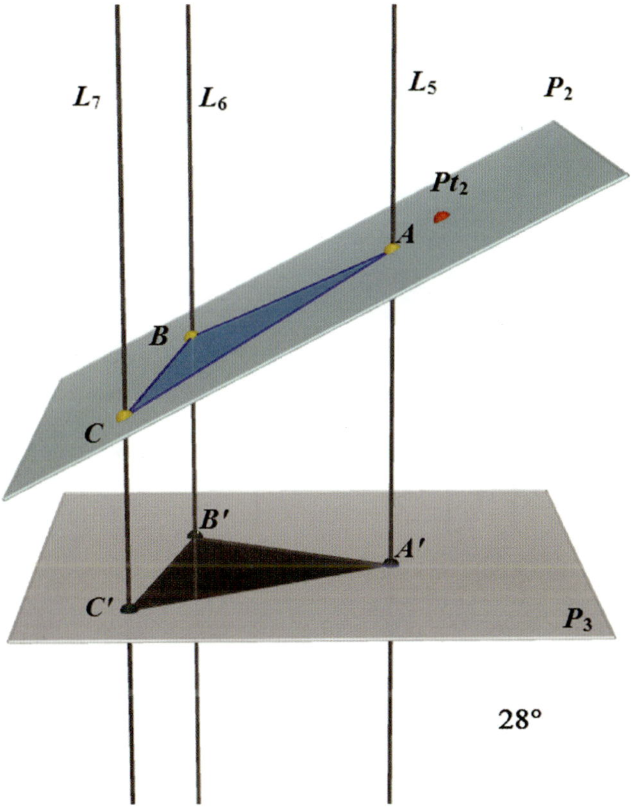

⑮ [점] **점** 도구를 사용하여 직선 L_5 위에 점 D를 작도한다.

⑯ [선] **벡터** 도구를 사용하여 점 A와 점 D에 의한 벡터 V_1을 작도한다.

⑰ [변환] 평행이동 도구를 사용하여 △ABC를 벡터 V_1에 의해 평행이동시킨 삼각형을 작도한다. (도구 클릭 → △ABC 클릭 → 벡터 V_1 클릭)

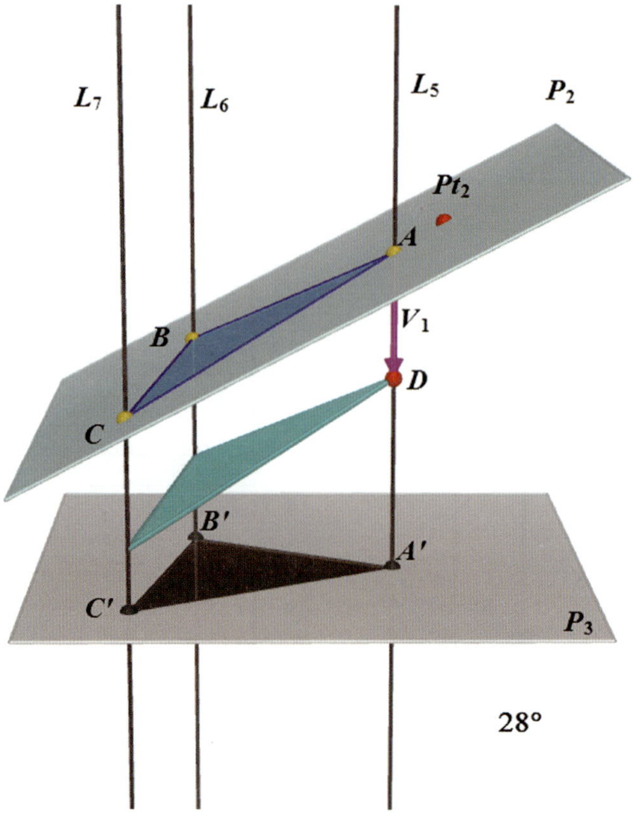

2) 활용 방법

학 년	기하와 벡터	주 제	삼각형의 정사영
단 원	공간도형과 공간좌표 / 공간도형 / 정사영		
학습목표	삼각형의 정사영을 이해할 수 있다.		
파 일 명	1.21 삼각형의 정사영		

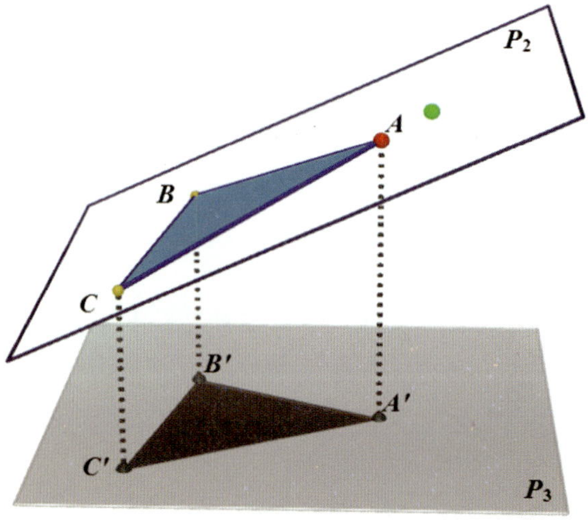

평면 P_2와 평면 P_3가 이루는 각 : 25°

활용방법	• 삼각형 ABC의 각 꼭짓점을 움직일 수 있다. • 녹색 점을 움직이면 평면 P_2와 평면 P_3가 이루는 각이 바뀐다. • 빨간 점을 아래 방향으로 움직이면 삼각형 ABC를 평행이동한 삼각형을 볼 수 있다.

1.22 직육면체에서의 정사영

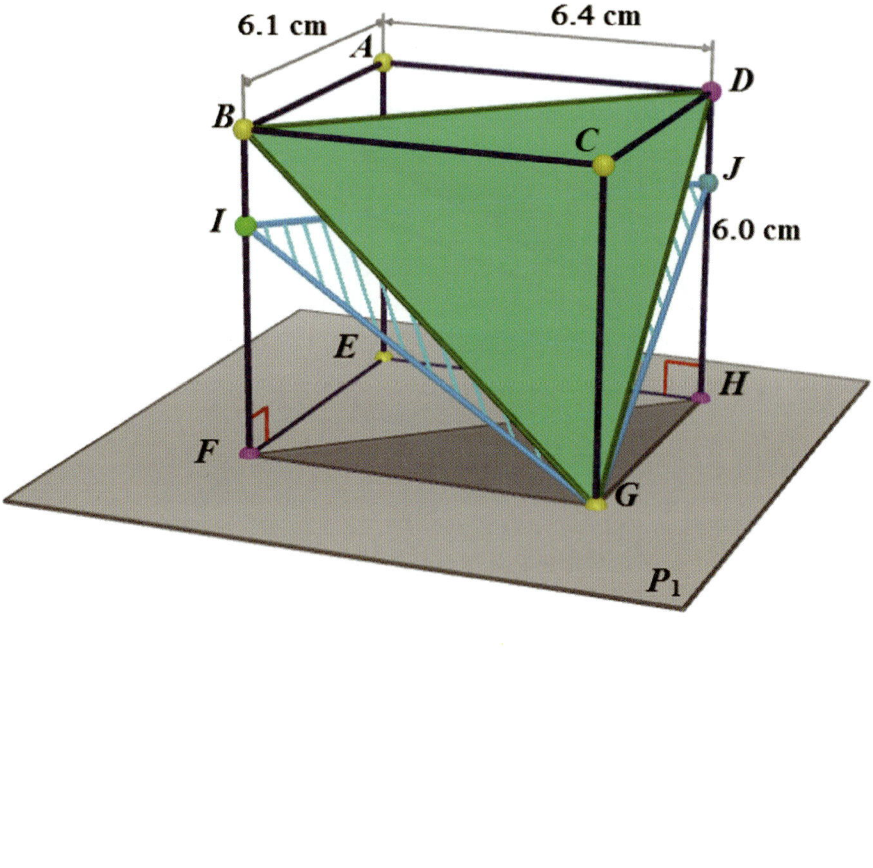

1) 제작 방법

① [점] **점** 도구를 사용하여 평면 P_1에 두 점 F, H를 작도한다.

② [작도] **수직** 도구를 사용하여 점 H를 지나고 평면 P_1에 수직인 직선 L_1을 작도한다.

③ [점] **점** 도구를 사용하여 직선 L_1 위에 점 D를 작도한다.

④ [다면체] **XYZ 상자** 도구를 사용하여 점 F와 점 D에 의한 XYZ 상자(직육면체)를 작도한다. (XYZ 상자를 마우스 오른쪽 버튼으로 클릭 → 면의 형태 선택 → '없음' 클릭)

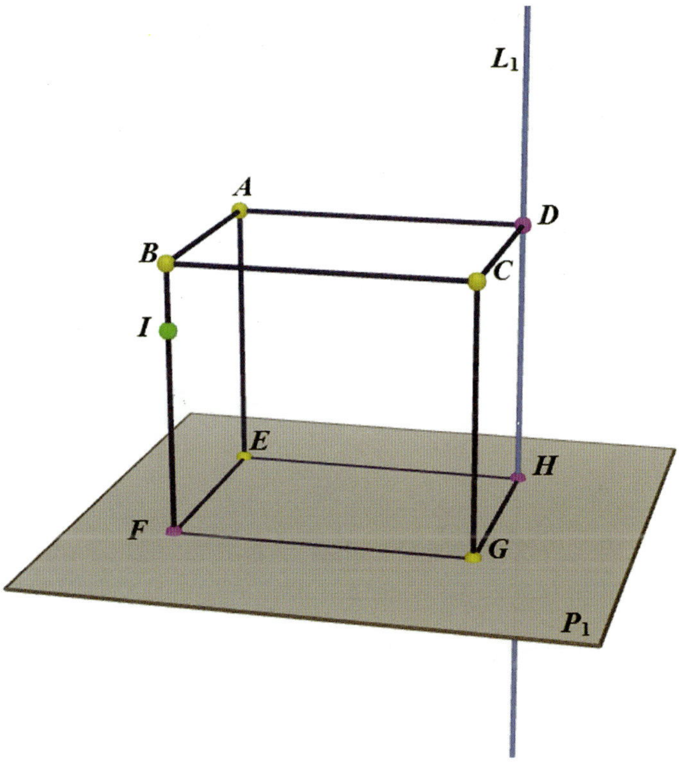

⑤ [점] **점** 도구를 사용하여 직육면체의 꼭짓점 A, B, C, D, E를 작도한다. (제작 방법 설명을 위한 과정이다.)

⑥ [점] **점** 도구를 사용하여 직육면체의 모서리 BF 위에 점 I를 작도한다. (**숨기기/보이기**(Ctrl+M) 기능을 사용하여 직선 L_1을 숨긴다.)

⑦ [작도] **평행** 도구를 사용하여 점 I를 지나고 평면 P_1에 평행한 평면 P_2을 작도한다.

⑧ [점] **교점** 도구를 사용하여 직육면체의 모서리 DH와 평면 P_2의 교점 J를 작도한다.

⑨ [선] **삼각형** 도구를 사용하여 꼭짓점 B, D, G에 의한 삼각형 BDG과 꼭짓점 F, H, G에 의한 삼각형 FHG을 작도한다.

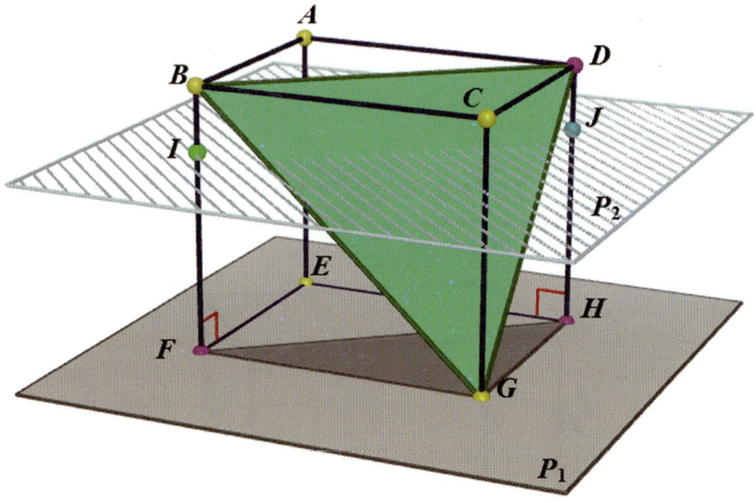

⑩ [측정] **각** 도구를 사용하여 $\angle BFE$, $\angle DHE$의 값을 측정한다. (**숨기기/보이기**(Ctrl+M) 기능을 사용하여 평면 P_2를 숨긴다.)

⑪ [선] **삼각형** 도구를 사용하여 점 I, J, G에 의한 삼각형 IJG을 작도한다.

⑫ [측정] **거리** 도구를 사용하여 직육면체의 가로, 세로, 높이를 측정한다.

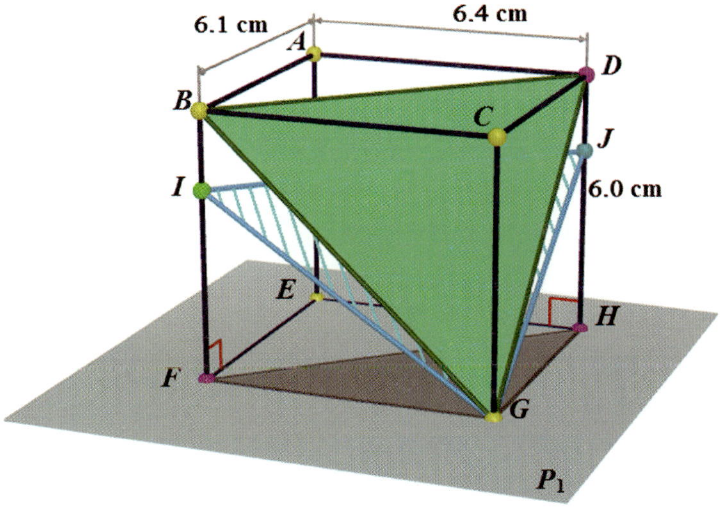
6.1 cm
6.4 cm
A
D
B
C
J
I
6.0 cm
E
H
F
G
P_1

2) 활용 방법

학 년	기하와 벡터	주 제	직육면체에서의 정사영
단 원	공간도형과 공간좌표 / 공간도형 / 정사영		
학습목표	도형의 정사영을 이해할 수 있다.		
파 일 명	1.22 직육면체에서의 정사영		

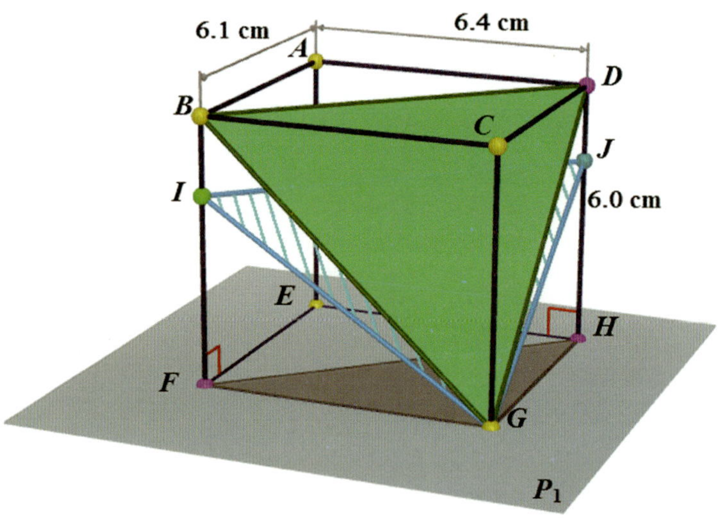

활용방법	• 직육면체에서 삼각형 *BDG*의 평면 *EFGH*위로의 정사영은 어떤 도형인지 확인할 수 있는 자료이다. • 점 *I*를 움직여 삼각형 *BDG*의 정사영을 확인할 수 있다.

1.23 평면에 평행한 원판의 그림자

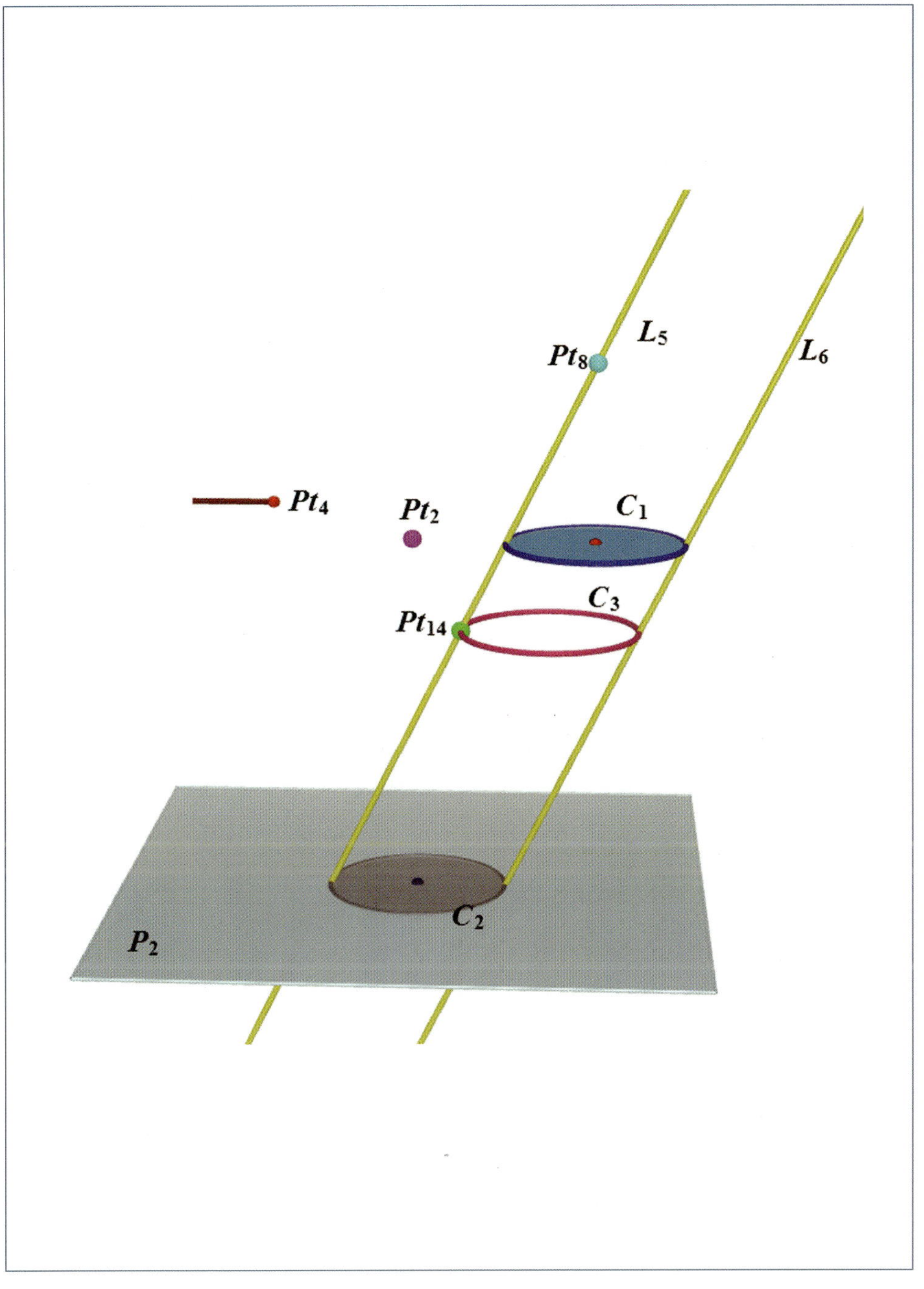

1) 제작 방법

① [작도] **수직** 도구를 사용하여 평면 P_1에 수직인 직선 L_1을 작도한다.

② [점] **점** 도구를 사용하여 직선 L_1 위에 두 점 Pt_1, Pt_2을 작도한다.

③ [작도] **평행** 도구를 사용하여 평면 P_1에 평행하고, 각각 점 Pt_1와 점 Pt_2를 지나는 평면 P_2, P_3를 작도한다.

④ [점] **점** 도구를 사용하여 평면 P_3 안에 점 Pt_3를 작도한다.

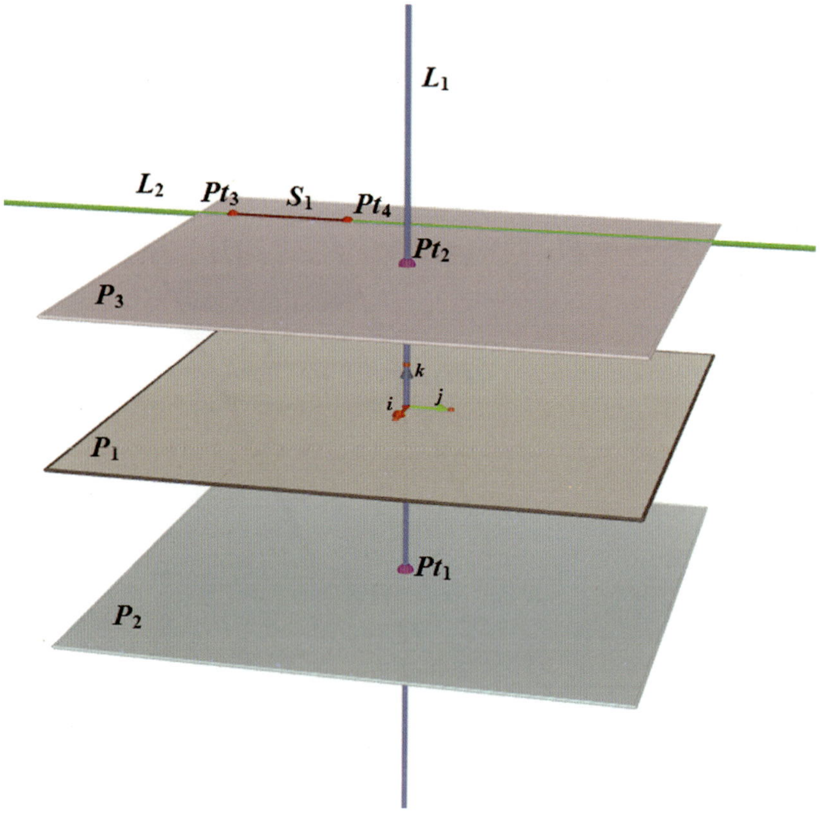

⑤ [작도] **평행** 도구를 사용하여 벡터 j에 평행하고, 점 Pt_3을 지나는 직선 L_2를 작도한다.

⑥ [점] **점** 도구를 사용하여 직선 L_2 위에 점 Pt_4을 작도한 후, [선] **선분** 도구를 사용하여 점 Pt_3와 점 Pt_4에 의한 선분 S_1을 작도한다.

⑦ [점] **점** 도구를 사용하여 평면 P_3 안에 점 Pt_5를 작도한다.

⑧ [선] **원** 도구를 사용하여 평면 P_3 안에 점 Pt_5를 중심으로 하고 선분 S_1의 길이가 반지름인 원 C_1을 작도한다. (도구 클릭 → 평면 P_3 클릭 → 점 Pt_5 클릭 → 선분 S_1 클릭)

⑨ [작도] **수직** 도구를 사용하여 점 Pt_5를 지나고, 평면 P_3에 수직인 직선 L_3를 작도한다.

⑩ [점] **점** 도구를 사용하여 직선 L_3 위에 두 점 Pt_6, Pt_7을 작도한다.

⑪ [신] **선분** 도구를 사용하여 점 Pt_6와 점 Pt_7에 의한 선분 S_2를 작도한다. (**숨기기/보이기**(Ctrl+M) 기능을 사용하여 직선 L_1, L_2, L_3, 점 Pt_1은 숨긴다.)

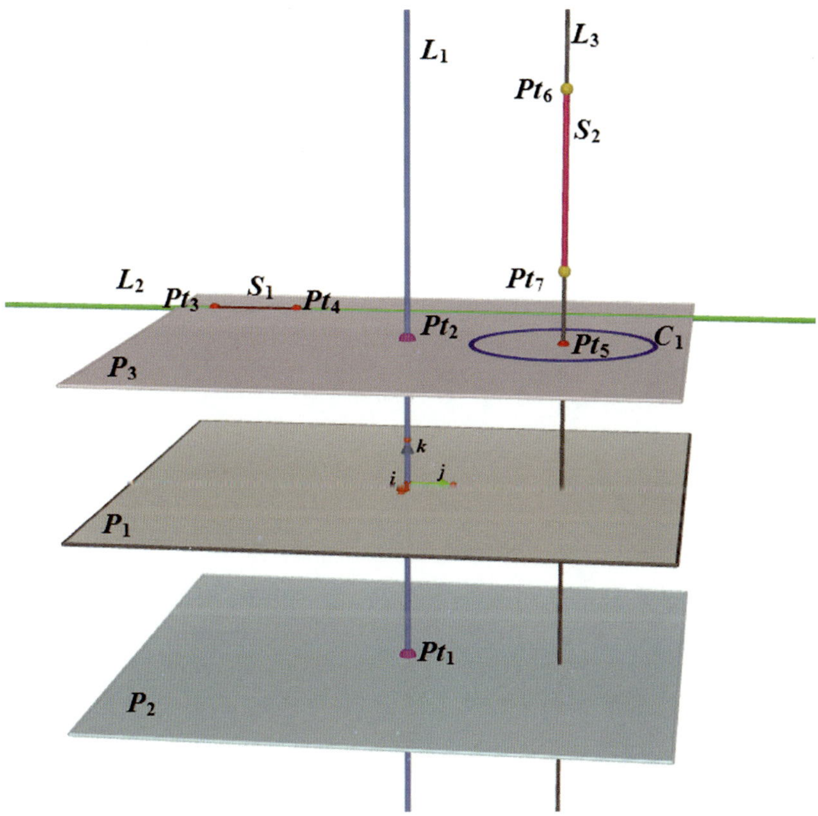

⑫ [점] **점** 도구를 사용하여 선분 S_2 위에 점 Pt_8을 작도한다.

⑬ [작도] 평행 도구를 사용하여 점 Pt_5를 지나고, 벡터 j에 평행한 직선 L_4를 작도한다.

⑭ [점] 교점 도구를 사용하여 원 C_1과 직선 L_4의 교점 Pt_9, Pt_{10}을 작도한다.

⑮ [선] 직선 도구를 사용하여 점 Pt_8와 점 Pt_9을 지나는 직선 L_5을 작도한다.

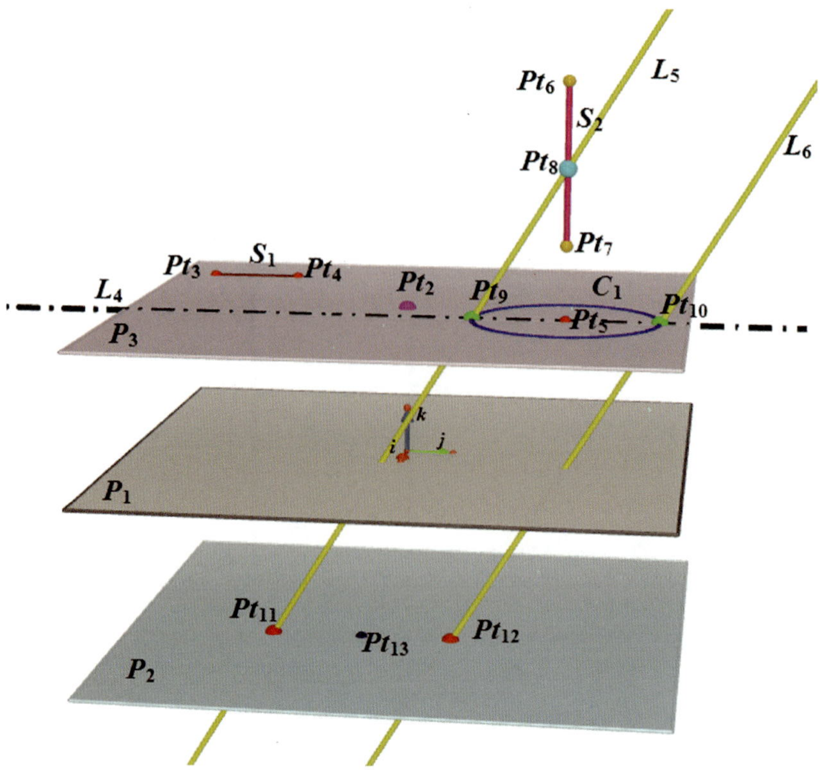

⑯ [작도] 평행 도구를 사용하여 점 Pt_{10}를 지나고, 직선 L_5에 평행한 직선 L_6을 작도한다.

⑰ [점] 교점 도구를 사용하여 평면 P_2와 직선 L_5, L_6의 교점 Pt_{11}, Pt_{12}을 작도한다.

⑱ [작도] 중점 도구를 사용하여 점 Pt_{11}과 점 Pt_{12}의 중점 Pt_{13}을 작도한다.
(도구 클릭 → 점 Pt_{11} 클릭 → 점 Pt_{12} 클릭) (**숨기기/보이기**(Ctrl+M) 기능을 사용하여 직선 L_4, 평면 P_1, P_3, 벡터 i, j, k를 숨긴다.)

⑲ [선] 원 도구를 사용하여 평면 P_2 안에 점 Pt_{13}을 중심으로 하고 점 Pt_{11}을 지나는 원 C_2를 작도한다.

⑳ [점] 점 도구를 사용하여 직선 L_5 위에 점 Pt_{14}을 작도한다.

㉑ [선] 벡터 도구를 사용하여 점 Pt_9와 점 Pt_{14}에 의한 벡터 V_1를 작도한다.

㉒ [변환] 평행이동 도구를 사용하여 원 C_1을 벡터 V_1에 의해 평행이동시킨 원 C_3를 작도한다. (도구 클릭 → 원 C_1 클릭 → 벡터 V_1 클릭)

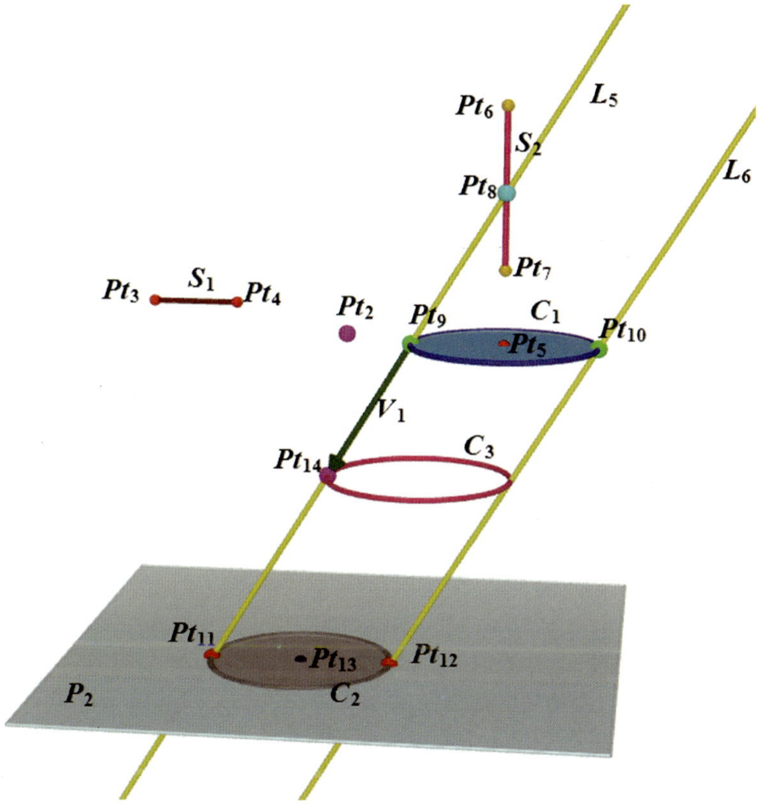

㉓ [면] 원뿔 도구를 사용하여 점 Pt_5를 꼭짓점으로 하고, 원 C_1을 밑면으로 하는 원뿔 Co_1과 점 Pt_{13}을 꼭짓점으로 하고, 원 C_2를 밑면으로 하는 원뿔 Co_2를 작도한다. (실제로 원뿔을 작도하는 것이 아니라, 원판을 표현하고자 작도하는 것이다.) (**숨기기/보이기(Ctrl+M)** 기능을 사용하여 필요없는 도형을 숨긴다.)

2) 활용 방법

학 년	기하와 벡터	주 제	평면에 평행한 원판의 그림자
단 원	공간도형과 공간좌표/공간도형/정사영		
학습목표	비스듬히 비추는 평행 광선에 의한 원판의 그림자를 이해할 수 있다.		
파 일 명	1.23 평면에 평행한 원판의 그림자		

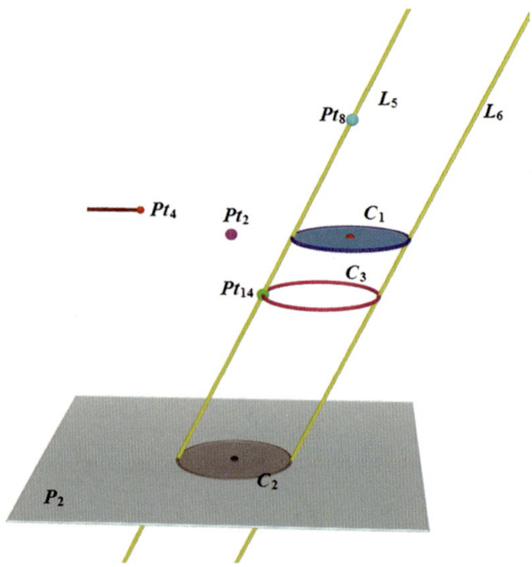

활용방법	
활용방법	• 스크린에 수직이 아닌 비스듬히 비추는 평행 광선에 의한 원판의 그림자는 어떤 모양인지 알아보는 자료 중 스크린(평면 P_2)에 평행한 원판의 그림자에 대한 내용이다. • 평면 P_2에 평행한 원판 C_1이 있으면 C_1을 평행이동하여 그림자인 C_2에 완전히 포개지도록 겹쳐놓을 수 있다. 이 자료에서는 원판 C_1을 평행이동하는 모습을 점 Pt_{14}를 움직이면서 확인할 수 있다. 따라서 C_2는 C_1과 합동인 원이 된다. • 점 Pt_4를 움직이면 원판의 반지름의 길이를 바꿀 수 있고, 점 Pt_8을 움직이면 평면 P_2에 비스듬히 비추는 평행 광선의 방향을 바꿀 수 있다. 점 Pt_2를 움직여 원판 C_1의 높이를 바꿀 수 있다.

1.24 두 원판의 그림자

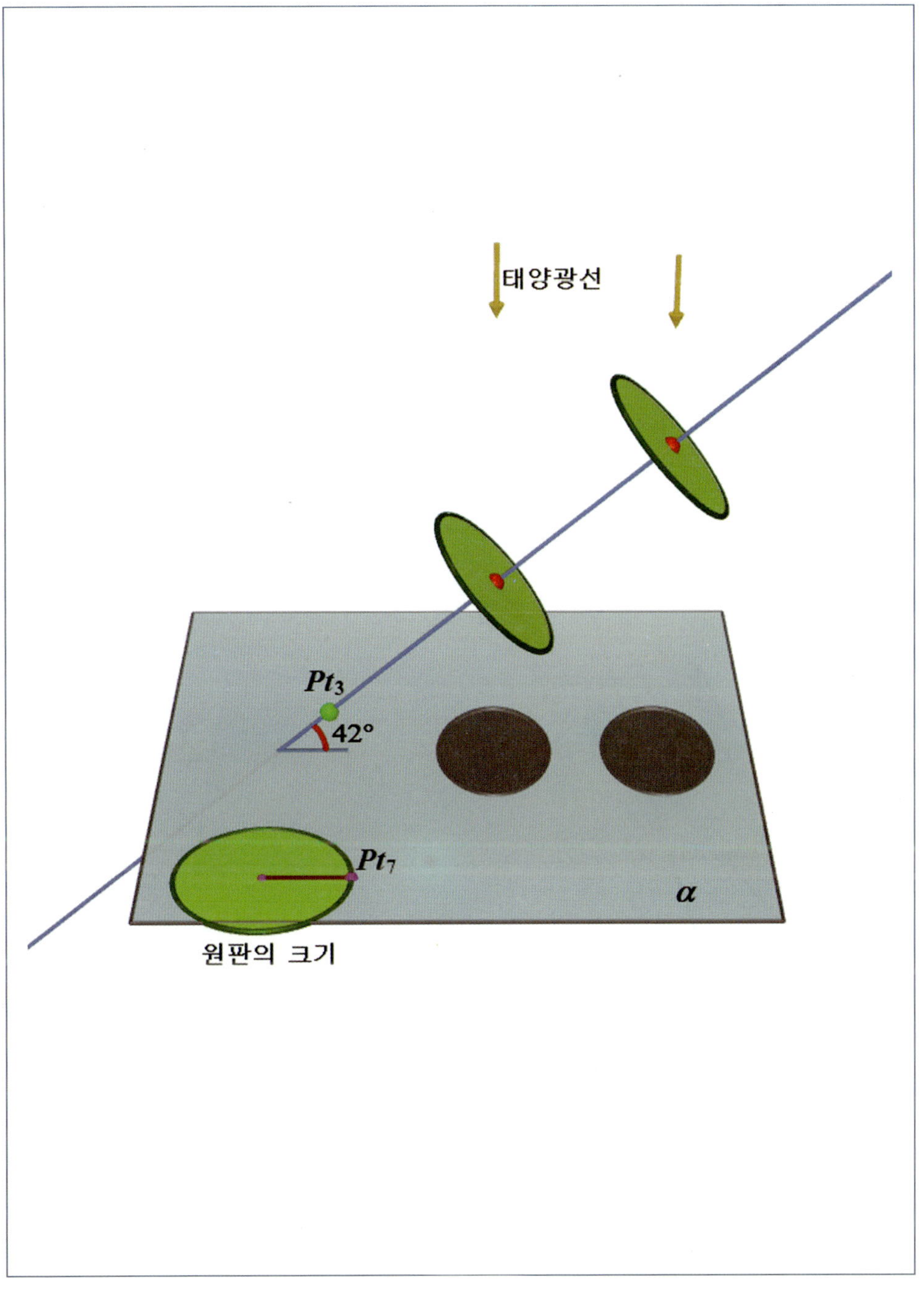

1) 제작 방법

① [선] 직선 도구를 사용하여 벡터 j 방향의 직선 L_1을 작도한다.

② [점] 점 도구를 사용하여 직선 L_1 위에 두 점 Pt_1, Pt_2를 작도한다.

③ [작도] 평행 도구를 사용하여 점 Pt_1을 지나고 벡터 i에 평행한 직선 L_2를 작도한다.

④ [선] 원 도구를 사용하여 직선 L_2 주위에 점 Pt_2를 지나는 원 C_1을 작도한다.

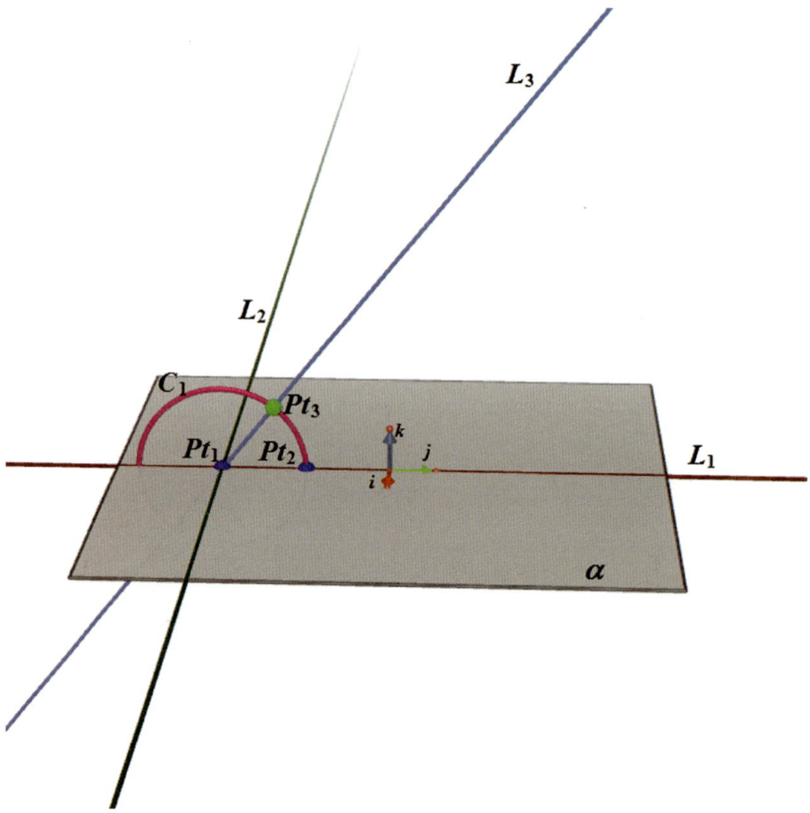

⑤ [점] 점 도구를 사용하여 원 C_1 위에 점 Pt_3를 작도한다.

⑥ [선] 직선 도구를 사용하여 점 Pt_1과 점 Pt_3를 지나는 직선 L_3를 작도한다.
(**숨기기/보이기(Ctrl+M)** 기능을 사용하여 벡터 i, j, k를 숨긴다.)

⑦ [점] **점** 도구를 사용하여 직선 L_3 위에 점 Pt_4, Pt_5를 작도한다.

⑧ [작도] **수직** 도구를 사용하여 점 Pt_4를 지나고 직선 L_3에 수직인 평면 P_1과 점 Pt_1을 지나고 직선 L_2에 수직인 평면 P_2를 작도한다.

⑨ [선] **교선** 도구를 사용하여 평면 P_1과 평면 P_2의 교선 L_4를 작도한다.

⑩ [점] **점** 도구를 사용하여 직선 L_2 위에 점 Pt_6를 작도한다.

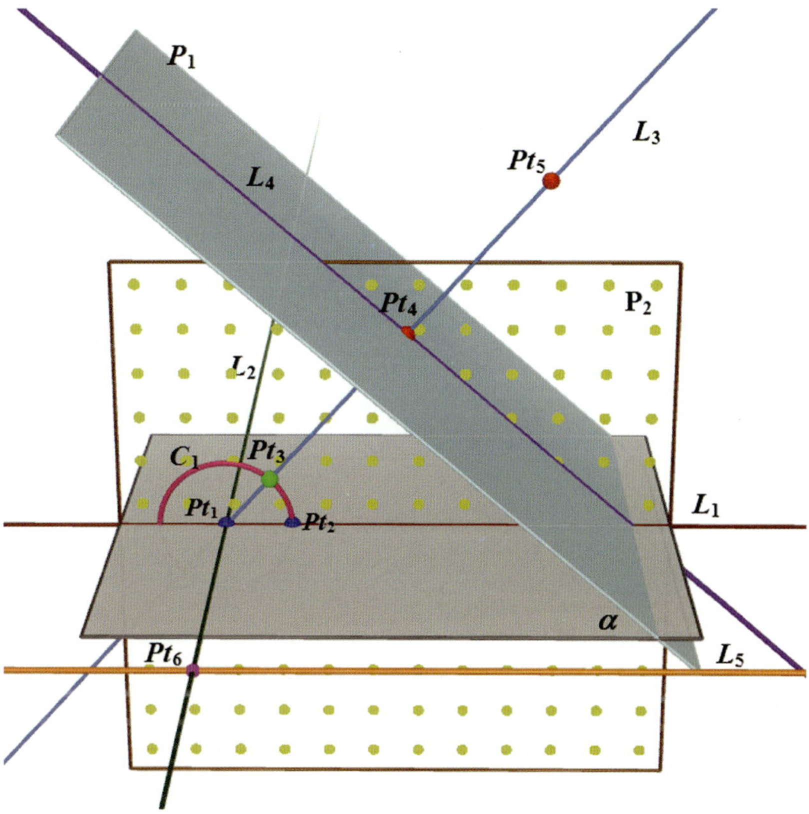

⑪ [작도] **평행** 도구를 사용하여 점 Pt_6를 지나고 직선 L_1에 평행인 직선 L_5를 작도한다. (**숨기기/보이기(Ctrl+M)** 기능을 사용하여 평면 P_2, 직선 L_1, L_2, 원 C_1을 숨긴다.)

⑫ [점] **점** 도구를 사용하여 직선 L_5 위에 점 Pt_7을 작도한다.

⑬ [선] **선분** 도구를 사용하여 점 Pt_6와 점 Pt_7에 의한 선분 S_1을 작도한다.

⑭ [선] 원 도구를 사용하여 평면 P_1 안에 점 Pt_4를 중심으로 하고 선분 S_1의 길이가 반지름인 원 C_2를 작도한다. (도구 클릭 → 평면 P_1 클릭 → 점 Pt_4 클릭 → 선분 S_1 클릭)

⑮ [선] **벡터** 도구를 사용하여 점 Pt_4와 점 Pt_5에 의한 벡터 V_1을 작도한다.

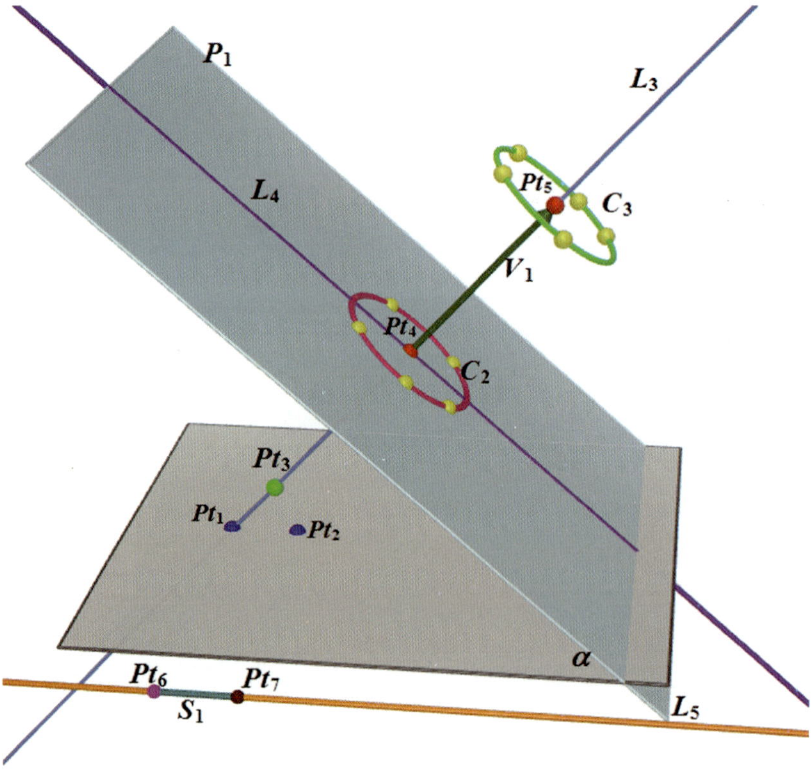

⑯ [변환] **평행이동** 도구를 사용하여 벡터 V_1에 의해 원 C_2를 평행이동시킨 원 C_3을 작도한다. (도구 클릭 → 벡터 V_1 클릭 → 원 C_2 클릭)

⑰ [점] **점** 도구를 사용하여 원 C_2와 원 C_3 위에 각각 5개의 점을 작도한다.

⑱ 평면 P_1, 직선 L_4, L_5, 벡터 V_1은 **숨기기/보이기(Ctrl+M)** 기능을 사용하여 숨긴다.

⑲ [작도] **수직** 도구를 사용하여 원 C_2와 원 C_3 위의 점을 지나고 평면 α에 수

직인 직선을 각각 작도한다. (도구 클릭 → 원 C_2(또는 원 C_3) 위의 한 점 클릭 → 평면 α 클릭)

⑳ [점] **교점** 도구를 사용하여 ⑲에서 작도한 직선과 평면 α와의 교점을 각각 작도한다.

㉑ [선] **이차곡선** 도구를 사용하여 ⑳에서 작도한 교점을 연결한 도형(이차곡선 K_1, K_2)을 각각 작도한다.

㉒ [선] **선분** 도구를 사용하여 점 Pt_1과 점 Pt_2에 의한 선분 S_2를 작도한다.

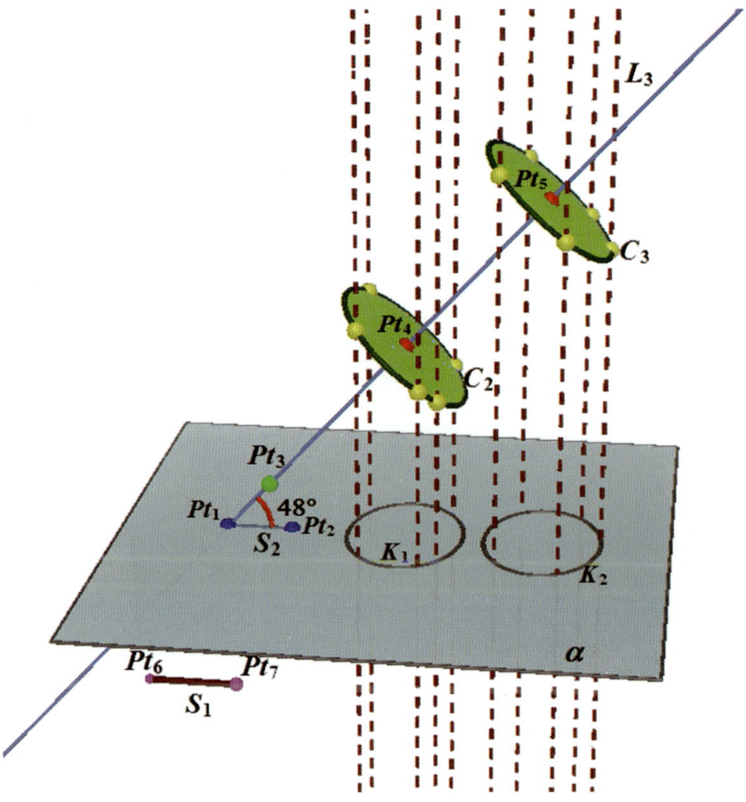

㉓ [측정] **각** 도구를 사용하여 점 Pt_2, Pt_1, Pt_3으로 정의된 각을 측정한다. (**숨기기/보이기(Ctrl+M)** 기능을 사용하여 원 C_1과 C_2 위의 점과 ⑲와 ⑳에서 작도한 직선과 교점, 선분 S_2, 점 Pt_1, Pt_2를 숨긴다.)

㉔ [작도] 수직 도구를 사용하여 점 Pt_4와 점 Pt_5를 각각 지나고 평면 α에 수직인 직선 L_6, L_7을 작도한다.

㉕ [점] 교점 도구를 사용하여 직선 L_6, L_7과 평면 α와의 교점 Pt_8, Pt_9을 각각 작도한다.

㉖ [면] 원뿔 도구를 사용하여 원 C_2를 밑면으로 하고 점 Pt_4를 꼭짓점으로 갖는 원뿔을 작도한다. 같은 방법으로 원 C_3, K_1, K_2에 대해서 각각 꼭짓점을 점 Pt_5, Pt_8, Pt_9으로 하는 원뿔을 작도한다. (원판을 나타내기 위한 작도이다.)

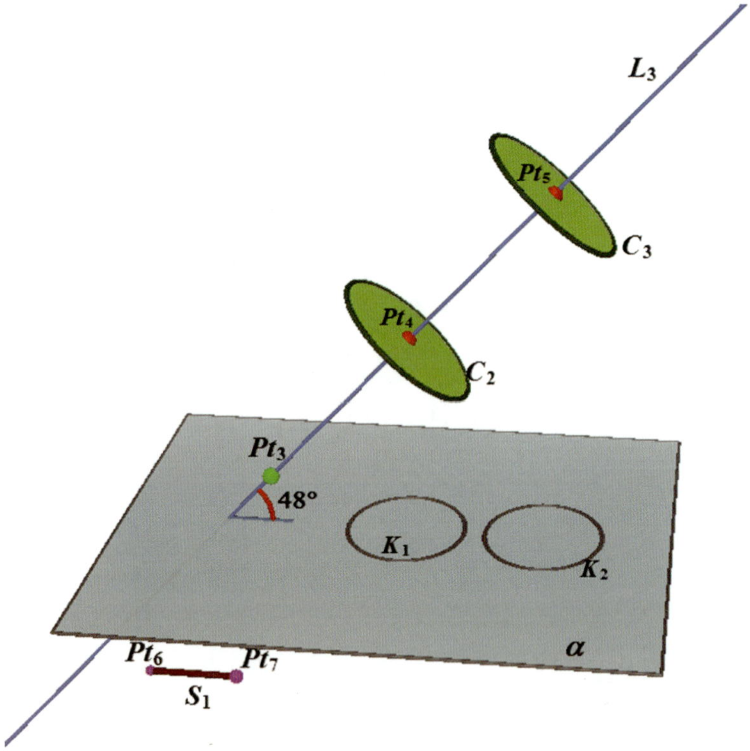

2) 활용 방법

학 년	기하와 벡터	주 제	두 원판의 그림자
단 원	공간도형과 공간좌표 / 공간도형 / 정사영		
학습목표	도형의 정사영을 이해할 수 있다.		
파 일 명	1.24 두 원판의 그림자		

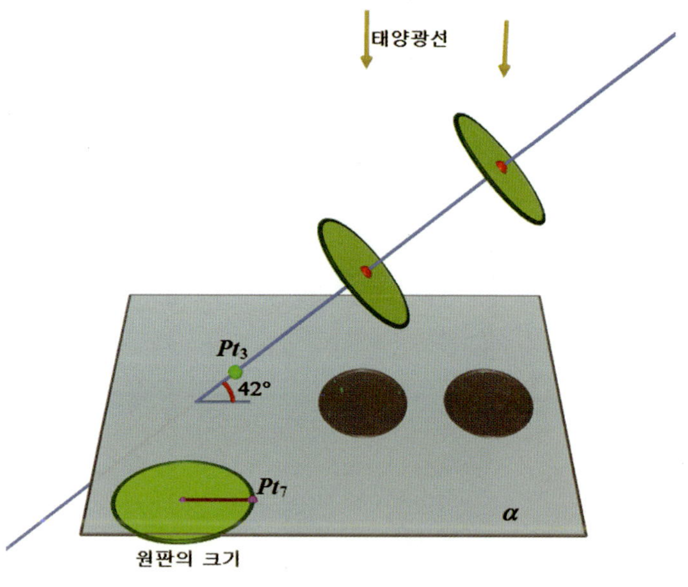

활용방법

- 두 원판의 중심을 지나는 직선은 두 원판의 면과 각각 수직이고, 태양광선이 평면 α에 수직인 방향으로 비출 때, 두 원판에 의해 평면 α에 생기는 그림자의 모양을 학습할 수 있는 자료이다.
- 점 Pt_3을 움직여 직선과 평면 α가 이루는 각의 크기를 바꿀 수 있고, 점 Pt_7을 움직여 원판의 크기를 바꿀 수 있다.

1.25 원기둥 절단면

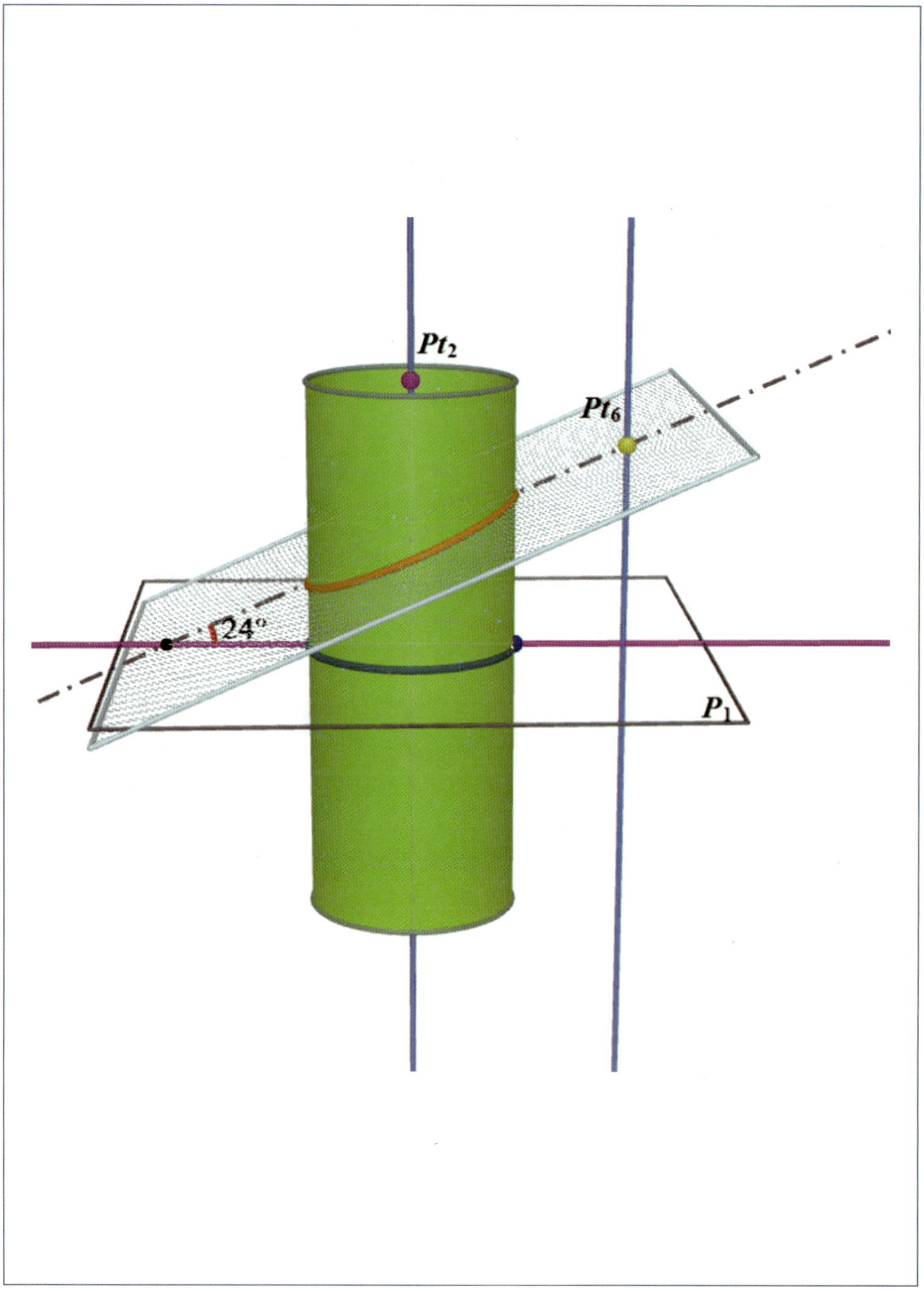

1) 제작 방법

① [작도] **수직** 도구를 사용하여 점 Pt_1을 지나고 평면 P_1에 수직인 직선 L_1을 작도한다.

② [점] **점** 도구를 사용하여 직선 L_1 위에 점 Pt_2, Pt_3를 작도한다.

③ [선] **선분** 도구를 사용하여 점 Pt_2와 점 Pt_3에 의한 선분 S_1을 작도한다.

④ [점] **점** 도구를 사용하여 평면 P_1 안에 점 Pt_4를 작도한다.

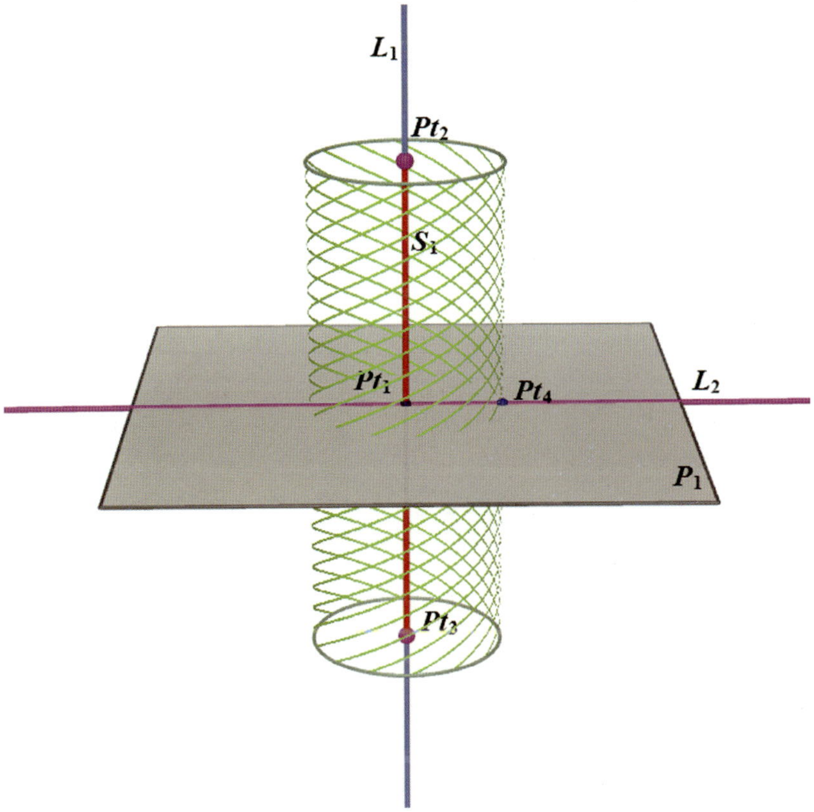

⑤ [면] **원기둥** 도구를 사용하여 선분 S_1 주위에 점 Pt_4를 지나는 원기둥을 작도한다. (도구 클릭 → 선분 S_1 클릭 → 점 Pt_4 클릭)

⑥ [선] **직선** 도구를 사용하여 점 Pt_1과 점 Pt_4를 지나는 직선 L_2를 작도한다.

⑦ [점] **점** 도구를 사용하여 직선 L_2 위에 점 Pt_5를 작도한다.

⑧ [작도] 수직 도구를 사용하여 점 Pt_5를 지나고 평면 P_1에 수직인 직선 L_3를 작도한다.

⑨ [작도] 수직 도구를 사용하여 점 Pt_5를 지나고 직선 L_2에 수직인 평면 P_2를 작도한다.

⑩ [선] 교선 도구를 사용하여 평면 P_1과 평면 P_2의 교선 L_4를 작도한다. (평면 P_2는 숨기기/보이기(Ctrl+M) 기능을 사용하여 숨긴다.)

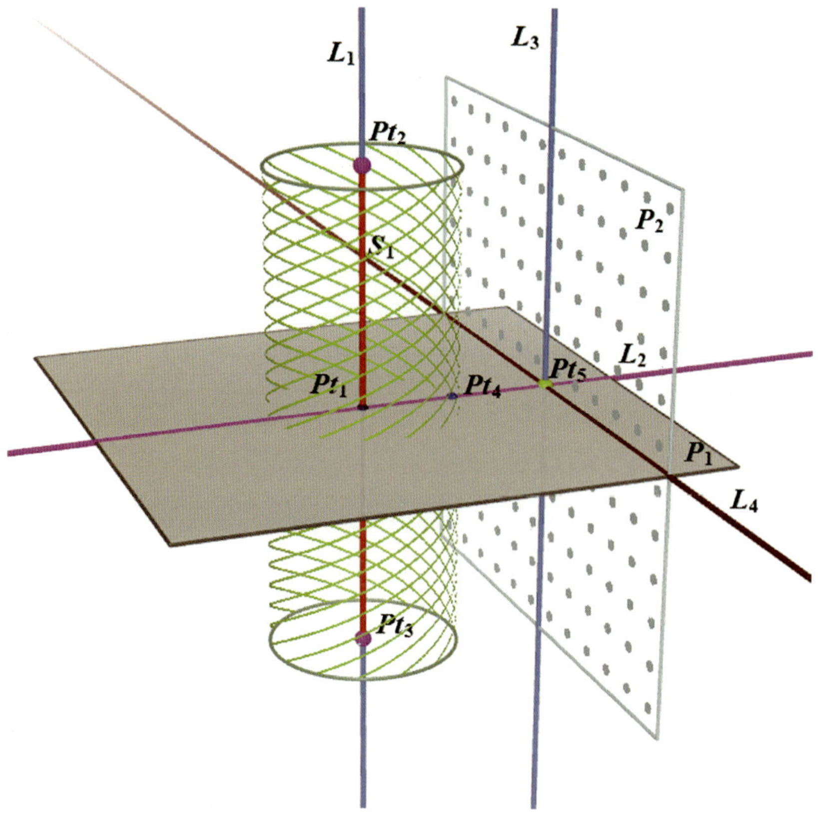

⑪ [점] 점 도구를 사용하여 직선 L_3 위에 점 Pt_6를 작도한다.

⑫ [작도] 평행 도구를 사용하여 점 Pt_6를 지나고 직선 L_4에 평행한 직선 L_5를 작도한다.

⑬ [점] 점 도구를 사용하여 선분 S_1 위에 점 Pt_7을 작도한다.

⑭ [면] **평면** 도구를 사용하여 직선 L_5와 점 Pt_7을 포함하는 평면 P_3를 작도한다.

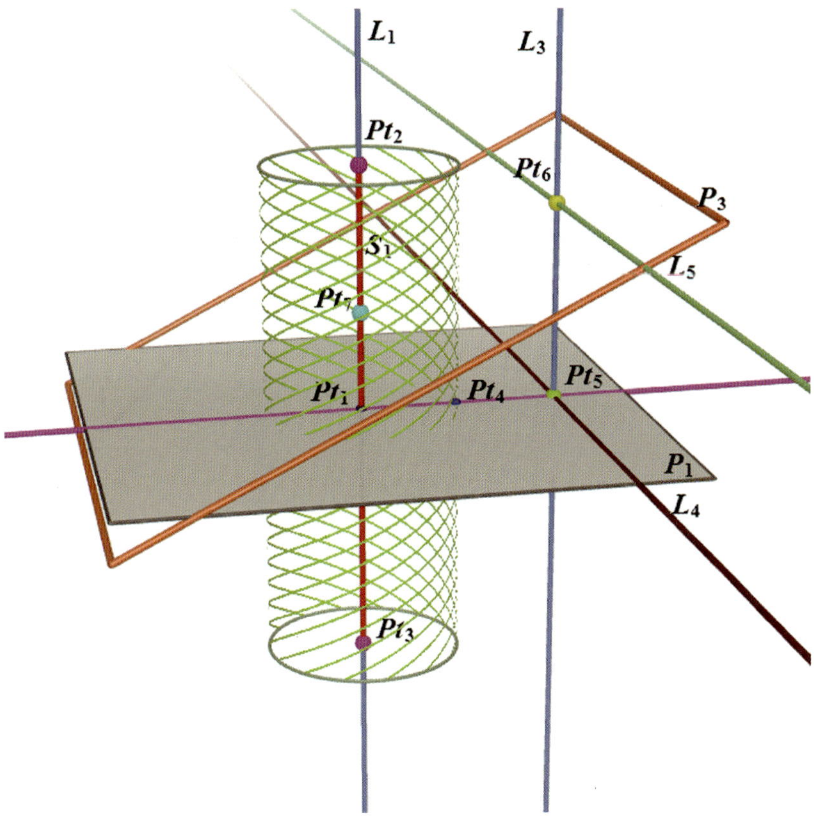

⑮ [선] **교선** 도구를 사용하여 원기둥과 평면 P_3의 교선(타원)과 원기둥과 평면 P_1의 교선(원)을 작도한다.

⑯ [선] **직선** 도구를 사용하여 점 Pt_6과 점 Pt_7을 지나는 직선 L_6를 작도한다.

⑰ [점] **교점** 도구를 사용하여 직선 L_2와 직선 L_6의 교점 Pt_8을 작도한다.

⑱ [측정] **각** 도구를 사용하여 점 Pt_7, Pt_8, Pt_1으로 정의된 각을 측정한다.

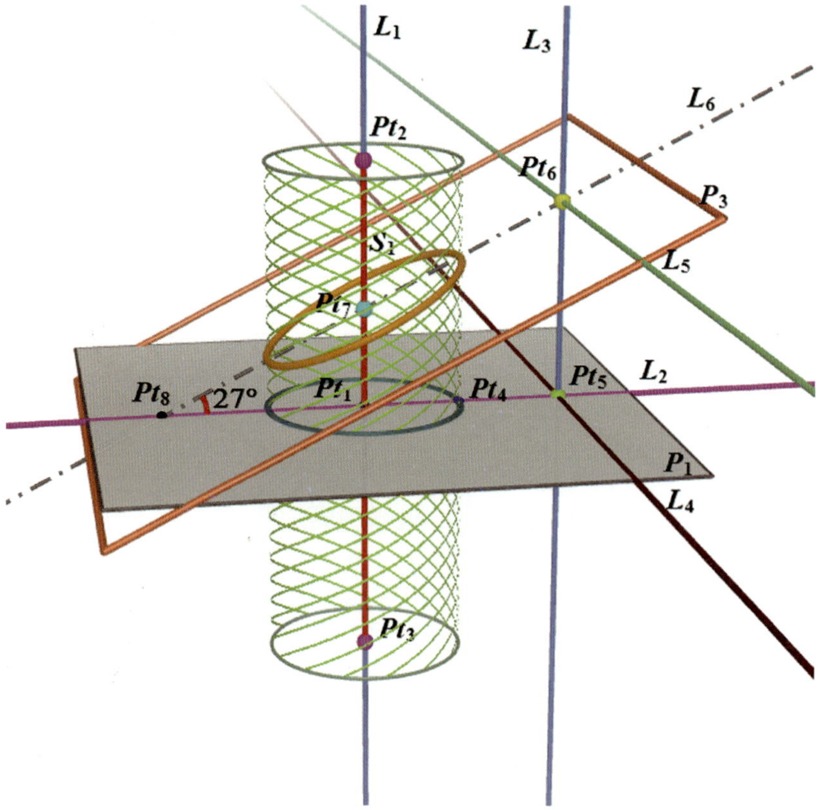
L1
L3
L6
Pt2
Pt6
P3
S1
L5
Pt7
Pt5
L2
Pt8
27°
Pt1
Pt4
P1
L4
Pt3

2) 활용 방법

<table>
<tr><td>학 년</td><td>기하와 벡터</td><td>주 제</td><td>원기둥의 절단면</td></tr>
<tr><td>단 원</td><td colspan="3">공간도형과 공간좌표 / 공간도형 / 정사영</td></tr>
<tr><td>학습목표</td><td colspan="3">도형의 정사영을 이해할 수 있다.</td></tr>
<tr><td>파 일 명</td><td colspan="3">1.25 원기둥의 절단면</td></tr>
<tr><td colspan="4">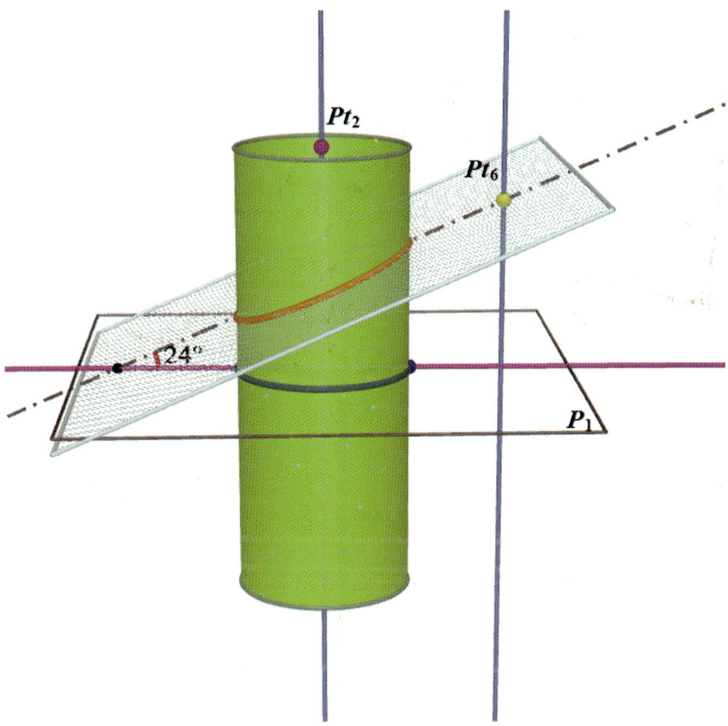
</td></tr>
<tr><td>활용방법</td><td colspan="3">• 원기둥의 절단면은 타원임을 학습할 수 있는 자료이다.
• 점 Pt_6를 움직여서 평면의 기울기를 바꿀 수 있다.</td></tr>
</table>

1.26 공간 좌표

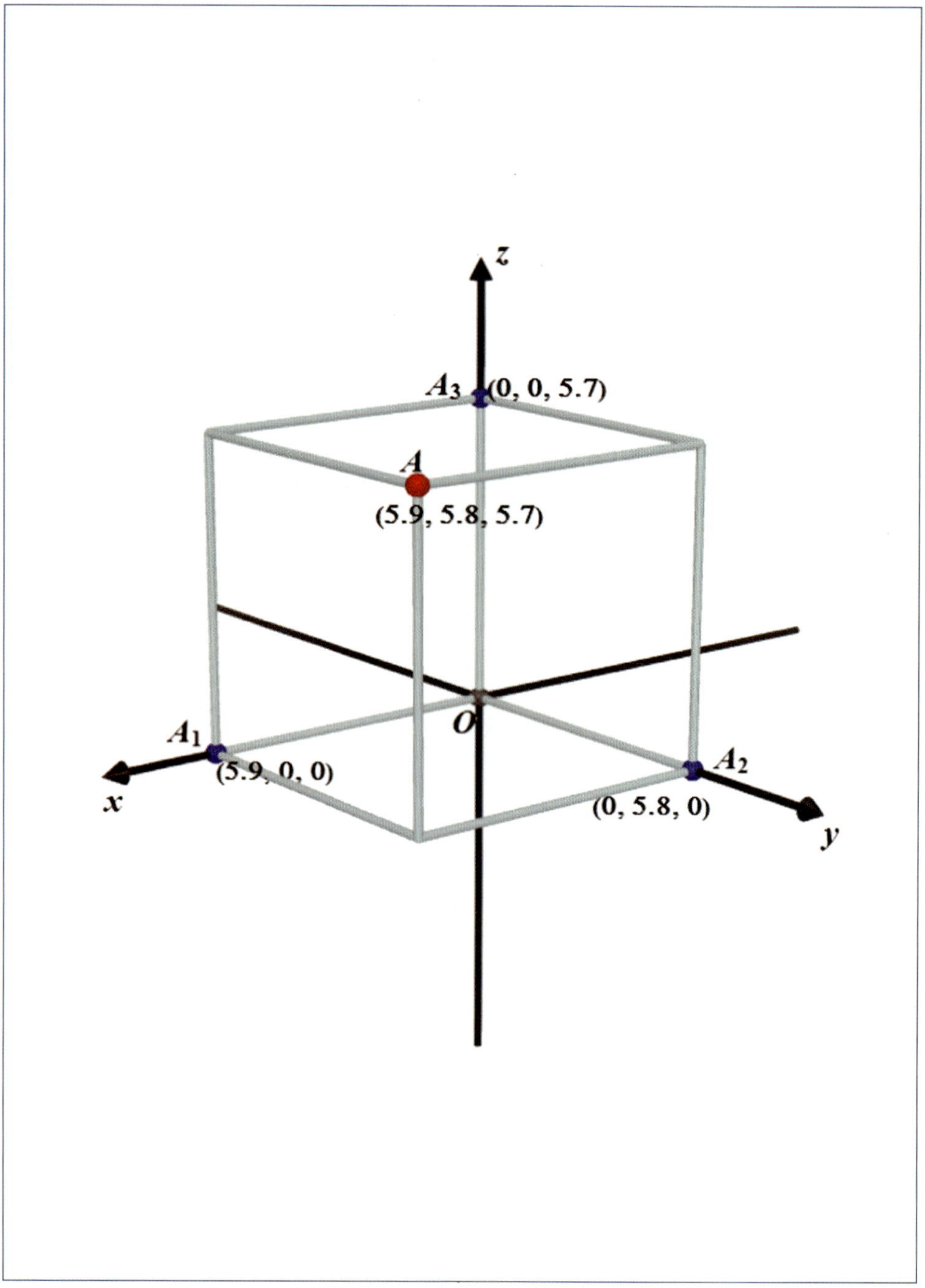

1) 제작 방법

① [선] **직선** 도구를 사용하여 벡터 i, j, k 방향의 직선 L_1, L_2, L_3를 작도한다.

② [선] **벡터** 도구를 사용하여 직선 L_1, L_2, L_3 위에 공간좌표의 x, y, z 축이 될 벡터를 작도한다.

③ [점] **점** 도구를 사용하여 벡터 x, y, z 위에 각각 점 A_1, A_2, A_3를 작도한다.

④ [측정] **좌표와 방정식** 도구를 사용하여 점 A_1, A_2, A_3의 좌표를 측정한다.

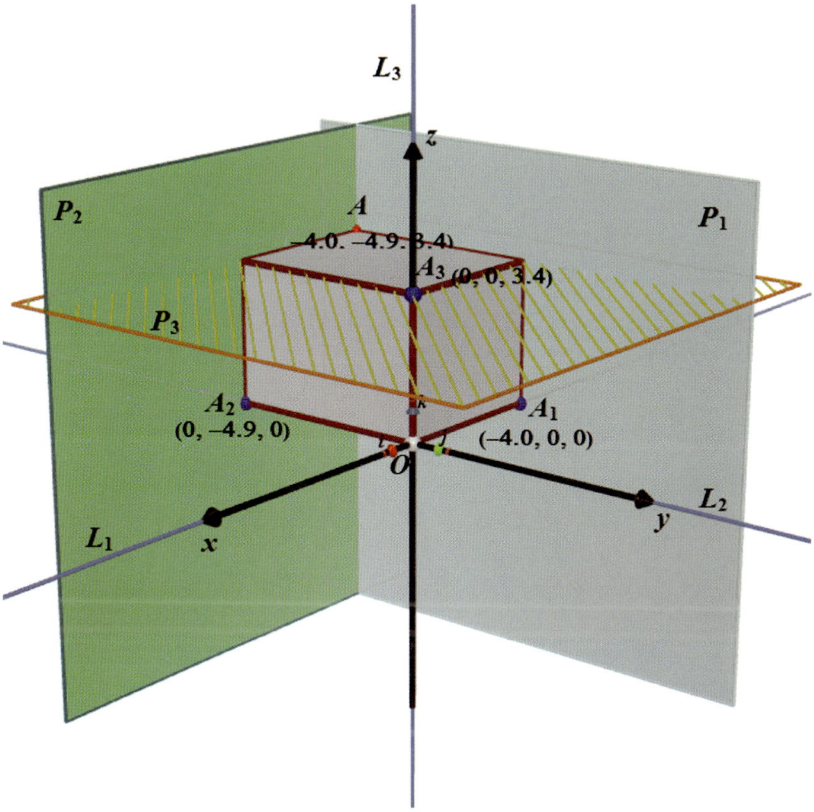

⑤ [작도] **수직** 도구를 사용하여 점 A_1를 지나고, 벡터 x와 수직인 평면 P_1, 점 A_2를 지나고 벡터 y와 수직인 평면 P_2, 점 A_3를 지나고, 벡터 z와 수직인 평면 P_3를 각각 작도한다.

⑥ [점] **교점** 도구를 사용하여 평면 P_1, P_2, P_3의 교점 A를 작도하고, [측정] **좌표와 방정식** 도구를 사용하여 점 A의 좌표를 측정한다. (도구 클릭 → 평면 P_1 클릭 → 평면 P_2 클릭 → 평면 $_3$ 클릭)

⑦ [다면체] **XYZ 상자** 도구를 사용하여 점 O와 점 A에 의한 XYZ 상자(직육면체)를 작도한다.

2) 활용 방법

학 년	기하와 벡터	주 제	공간 좌표
단 원	공간도형과 공간좌표 / 공간좌표 / 공간에서의 점의 좌표		
학습목표	공간에 좌표를 도입할 수 있음을 이해할 수 있다.		
파 일 명	1.26 공간 좌표		

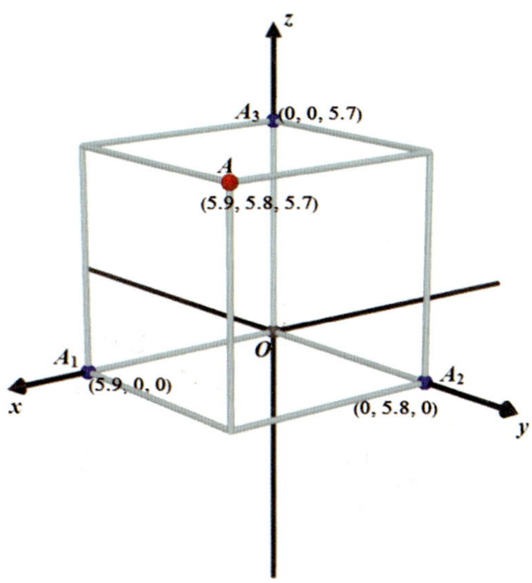

활용방법	• 공간의 점과 좌표 (x, y, z)가 일대일 대응이므로 공간의 점과 세 실수의 순서쌍 (x, y, z)를 동일시 할 수 있음을 확인할 수 있는 자료이다. • 직선 위의 점의 위치는 그 직선을 수직선으로 잡고 그 점에 대응하는 실수로 나타낼 수 있고, 평면 위의 점의 위치는 한 점 O에서 직교하는 두 수직선을 x축, y축으로 사용하여 두 실수의 순서쌍 (x, y)로 나타낼 수 있다. 또한, 이를 확장하여 공간에서의 점의 위치도 한 점 에서 직교하는 세 수직선을 사용하여 나타낼 수 있다. 이 때. 세 수직선을 각각 x축, y축, z축이라 한다.

1.27 두 점 사이의 거리

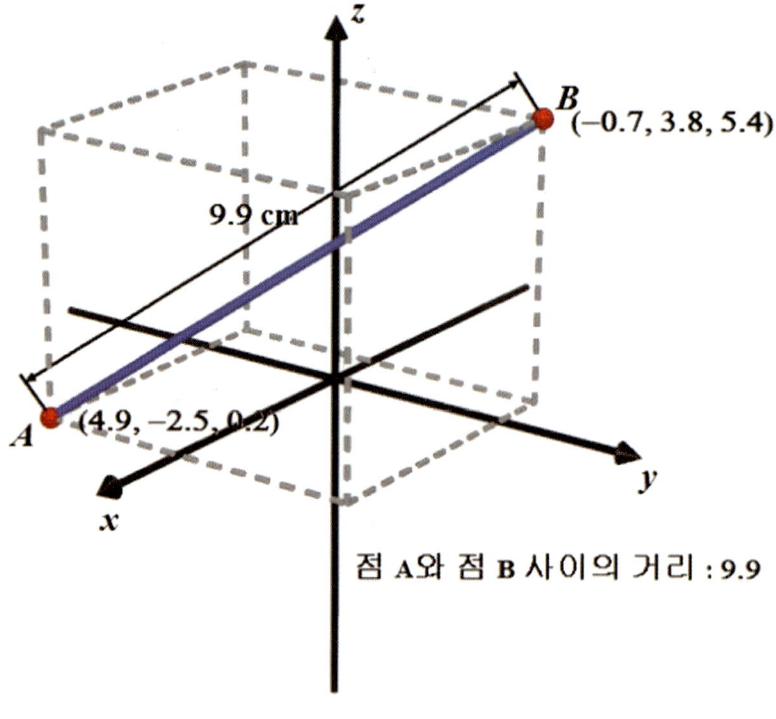

1) 제작 방법

① [선] **직선** 도구를 사용하여 벡터 i, j, k 방향의 직선 L_1, L_2, L_3를 작도한다.

② [선] **벡터** 도구를 사용하여 직선 L_1, L_2, L_3 위에 공간좌표의 x, y, z축이 될 벡터를 작도한다.

③ [점] **점** 도구를 사용하여 평면이 아닌 공간 상에 점 A와 점 B를 작도한다. (Shift 키를 눌러 공간의 점을 작도한다.)

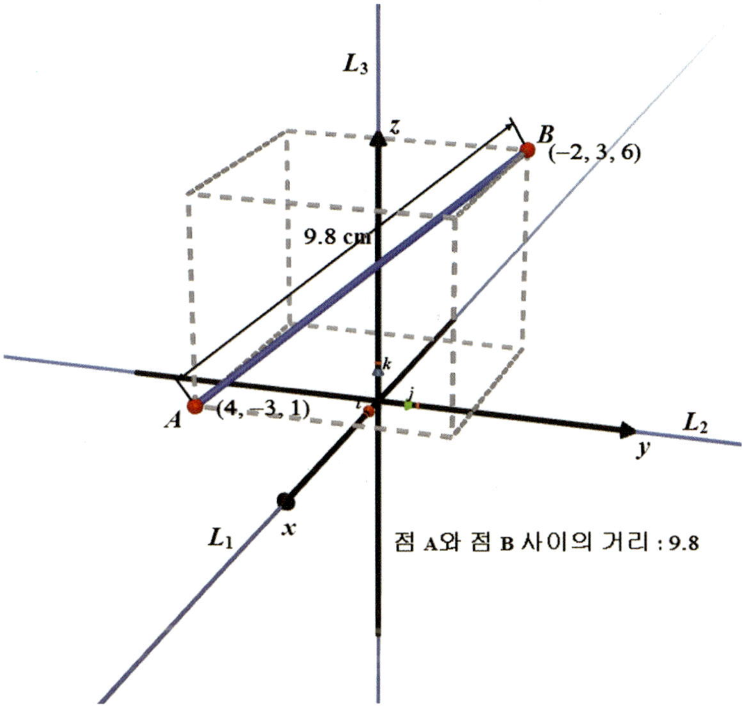

④ [측정] **좌표와 방정식** 도구를 사용하여 점 A와 점 B의 좌표를 측정한다.

⑤ [선] **선분** 도구를 사용하여 점 A와 점 B에 의한 선분을 작도한다.

⑥ [다면체] **XYZ 상자** 도구를 사용하여 점 A와 점 B에 의한 XYZ 상자(직육면체)를 작도한다. (도구 클릭 → 점 A 클릭 → 점 B 클릭)

⑦ [측정] **계산기** 도구를 사용하여 점 A와 점 B 사이의 거리를 구하고(두 점 사이의 거리 구하는 공식 이용), **거리** 도구를 사용하여 점 A와 점 B 사이의 거리를 측정한다.

2) 활용 방법

학 년	기하와 벡터	주 제	두 점 사이의 거리
단 원	공간도형과 공간좌표 / 공간좌표 / 두 점 사이의 거리		
학습목표	두 점 사이의 거리를 구하는 방법을 이해할 수 있다.		
파 일 명	1.27 두 점 사이의 거리		
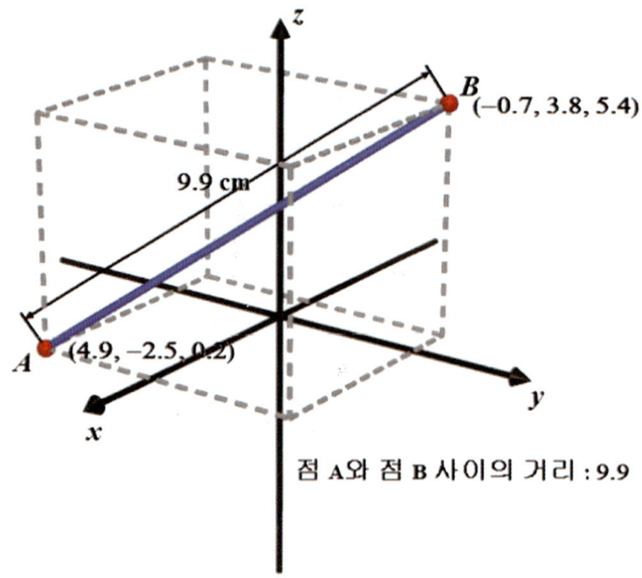			
활용방법	• 공간에서 두 점 사이의 거리를 구하는 방법을 이해할 수 있는 자료이다. • 점 A와 B를 움직이면서 확인할 수 있다.		

1.28 사면체 속의 평행사변형

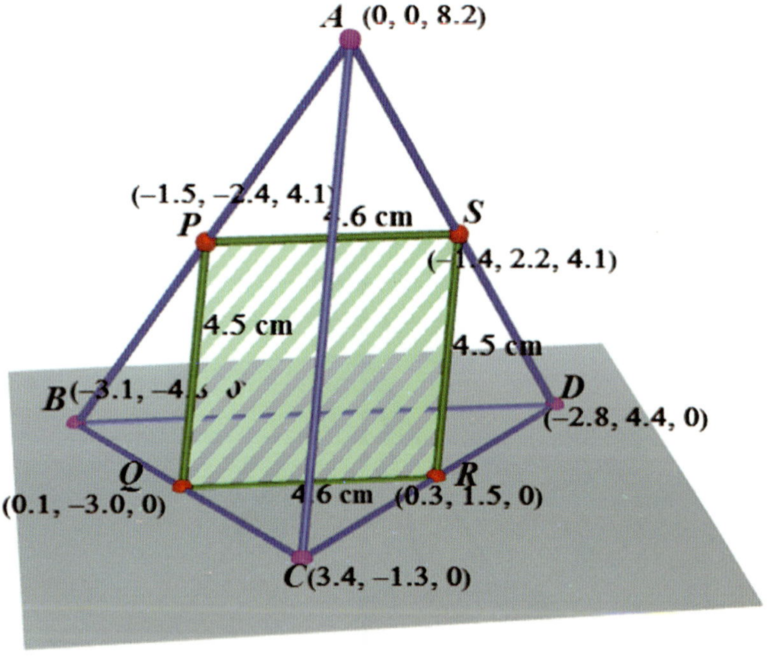

1) 제작 방법

① [작도] **수직** 도구를 사용하여 점 O를 지나고 평면 α에 수직인 직선 L_1을 작도한다.

② [점] **점** 도구를 사용하여 직선 L_1과 평면 α 위에 각각 점 A, B, C, D를 작도한다.

③ [점] **점** 도구를 사용하여 평면이 아닌 공간 상에 점 A와 점 B를 작도한다. (Shift 키를 눌러 공간의 점을 작도한다.)

④ [작도] **중점** 도구를 사용하여 네 모서리 AB, BC, CD, AD의 중점 P, Q, R, S를 각각 작도한다.

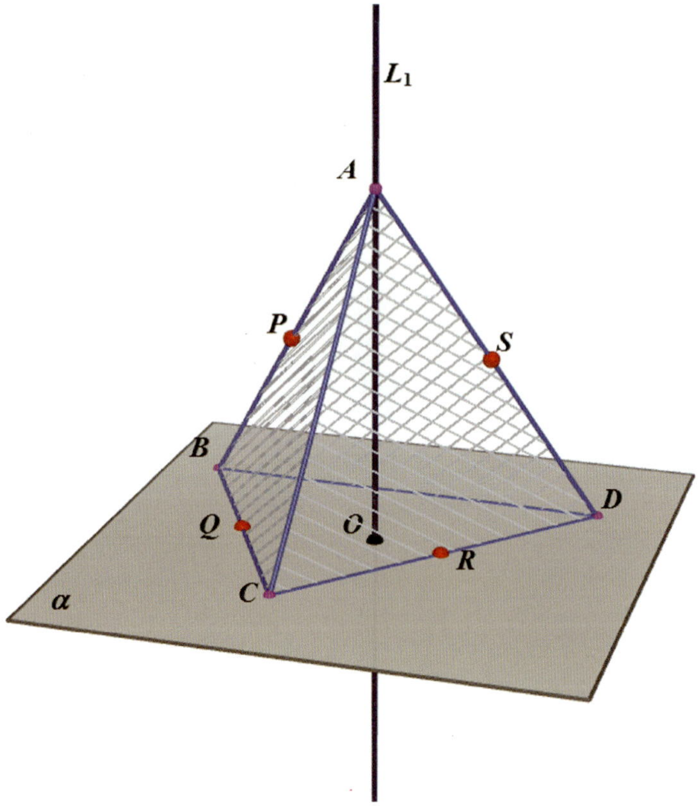

⑤ [면] 다각형 도구를 사용하여 점 P, Q, R, S로 정의된 다각형을 작도한다.

⑥ [측정] 길이 도구와 좌표와 방정식 도구를 사용하여 다각형 모서리의 길이와 작도한 도형의 꼭짓점의 좌표를 각각 측정한다.

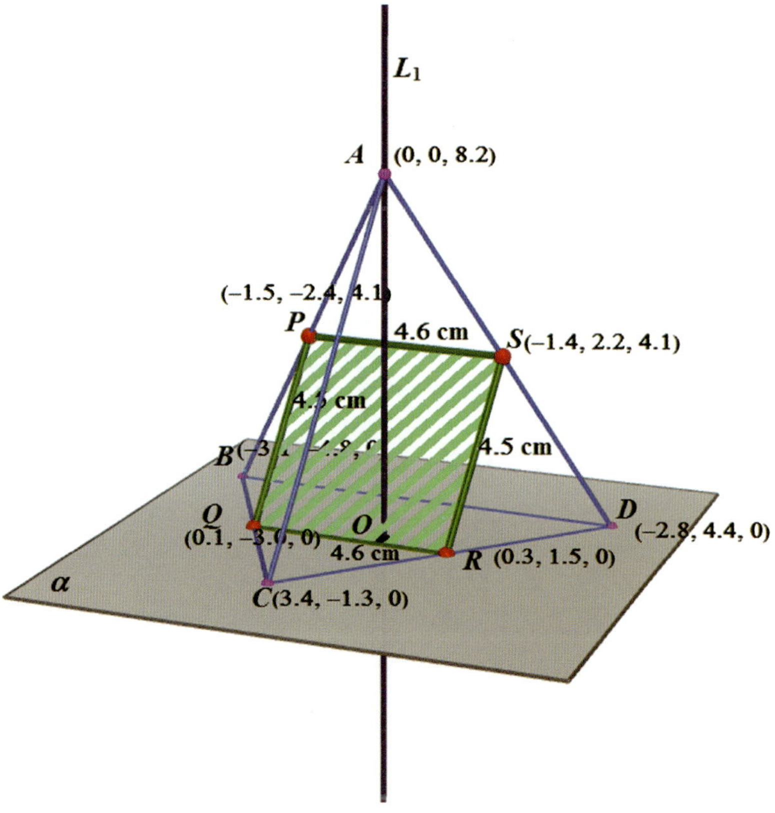

2) 활용 방법

학 년	기하와 벡터	주 제	사면체 속의 평행사변형
단 원	공간도형과 공간좌표 / 공간좌표 / 선분의 내분점과 외분점		
학습목표	사면체 속의 평행사변형을 이해할 수 있다.		
파 일 명	1.28사면체 속의 평행사변형		

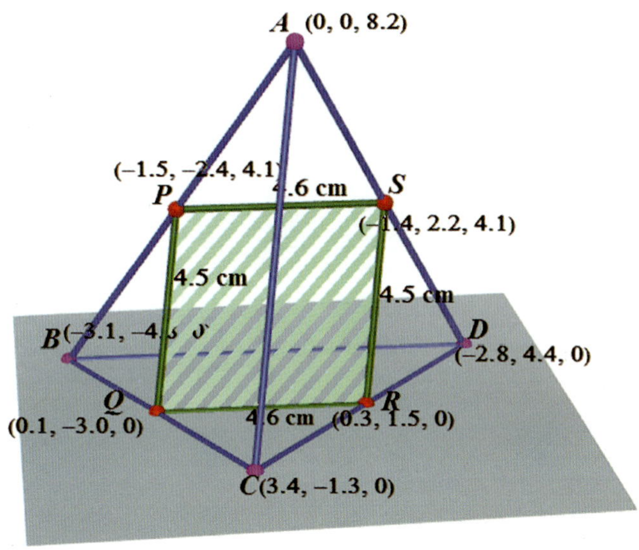

활용방법	
	• 사면체의 네 모서리의 중점을 연결한 도형은 어떤 도형이 되는지 학습할 수 있는 자료이다. • 사면체의 네 꼭짓점 A, B, C, D를 움직이면서 도형 $PQRS$의 모양을 관찰해 보자. • 사면체의 네 모서리의 중점을 연결한 도형은 평행사변형임을 알 수 있다.

1.29 구의 방정식

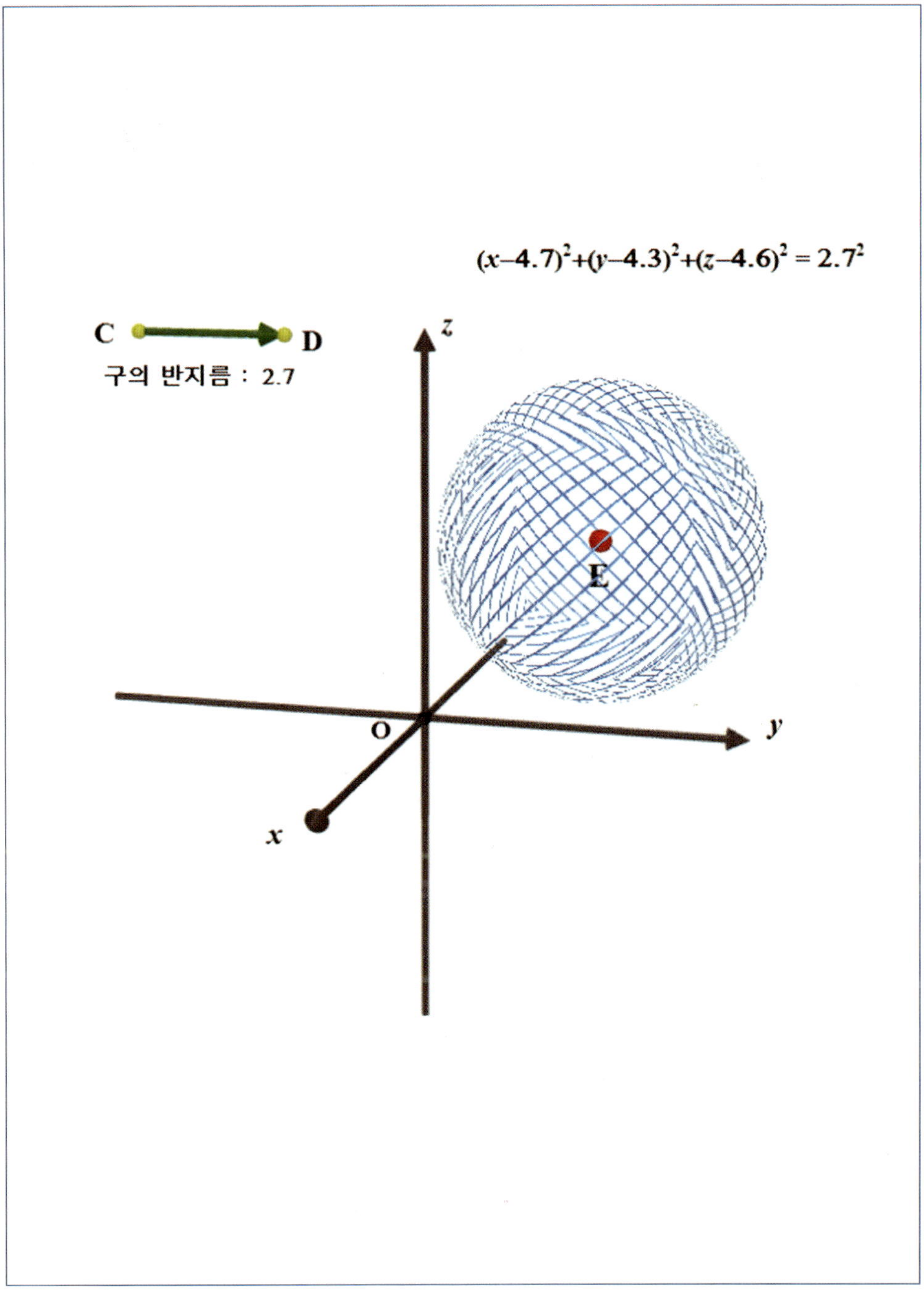

1) 제작 방법

① [선] 직선 도구를 사용하여 벡터 i, j, k 방향으로 각각 직선 L_1, L_2, L_3를 작도한다.

② [선] 벡터 도구를 사용하여 직선 L_1, L_2, L_3 위에 공간좌표의 x, y, z축이 될 벡터를 작도한다.

③ [작도] 평행 도구를 사용하여 점 Pt_1을 지나고, 평면 P_1에 평행한 평면 P_2를 작도한다. (도구 클릭 → 점 Pt_1 클릭 → 평면 P_2 클릭)

④ [선] 직선 도구를 사용하여 평면 P_2 위에 직선 L_4를 작도한다.

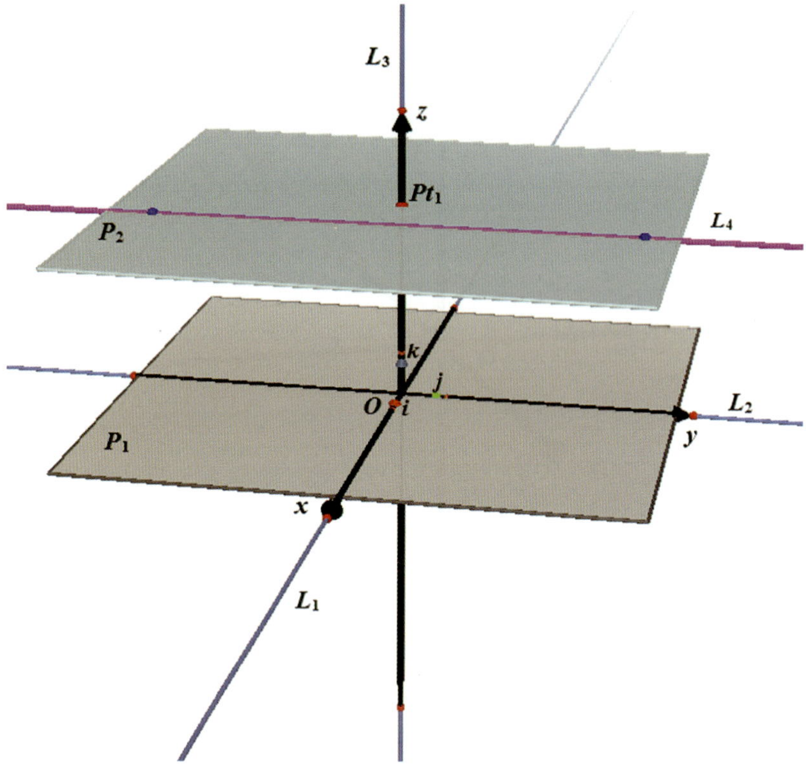

⑤ [선] 벡터 도구를 사용하여 직선 L_4 위에 벡터 V_1을 작도한다.

⑥ [측정] 길이 도구를 사용하여 벡터 V_1의 길이를 측정한다.

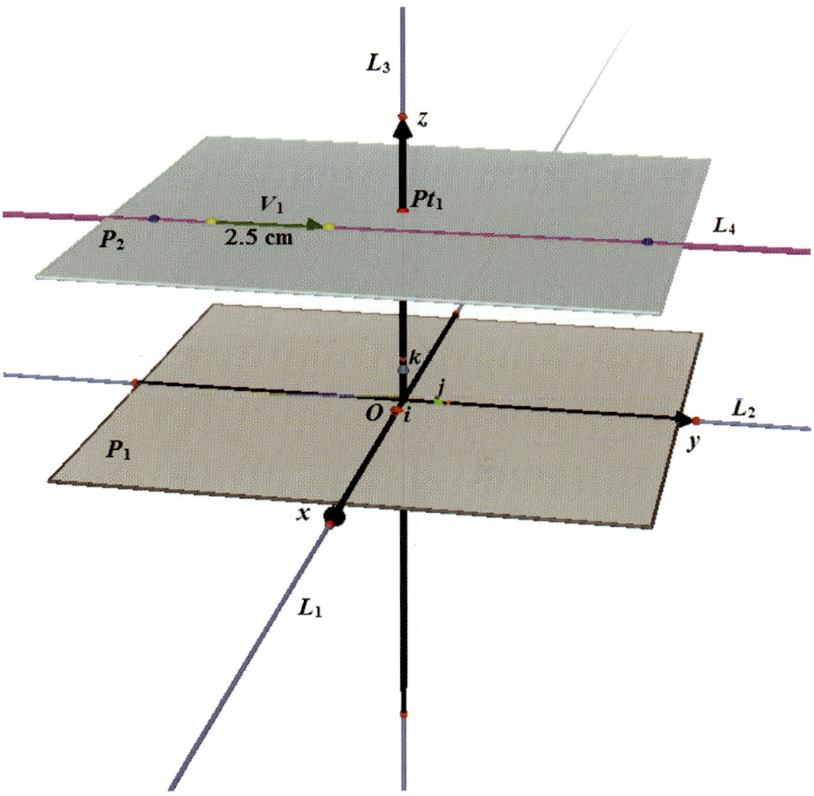

⑦ **숨기기/보이기(Ctrl+M)** 기능을 사용하여 평면 P_2, 벡터 i, j, k, 직선 L_1, L_2, L_3, L_4, 점 Pt_1을 숨긴다.

⑧ [점] **점** 도구를 사용하여 공간에 점 점 Pt_2를 작도한다. (Shift 키를 사용) 그리고 [측정] **좌표와 방정식** 도구를 사용하여 점 Pt_2의 좌표를 측정한다.

⑨ [면] **구** 도구를 사용하여 중심이 점 Pt_2이고, 벡터 V_1을 반지름의 값으로 하는 구를 작도한다. (도구 클릭 → 점 Pt_2 클릭 → 벡터 V_1 클릭)

⑩ [측정] **방정식** 도구를 사용하여 구의 방정식을 측정한다.

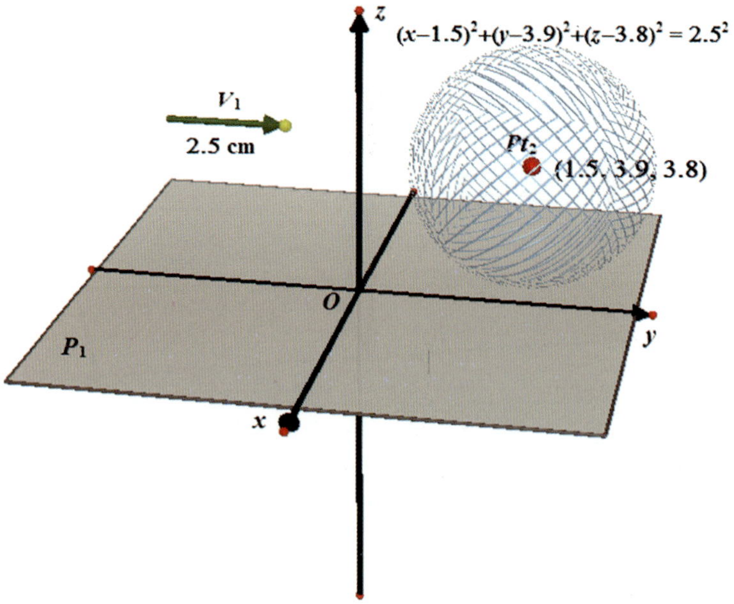
z
(x−1.5)²+(y−3.9)²+(z−3.8)² = 2.5²
V1
2.5 cm
Pt2
(1.5, 3.9, 3.8)
O
y
P1
x

2) 활용 방법

학 년	기하와 벡터	주 제	구의 방정식
단 원	공간도형과 공간좌표 / 공간좌표 / 구의 방정식		
학습목표	구의 방정식을 이해할 수 있다.		
파 일 명	1.29 구의 방정식		

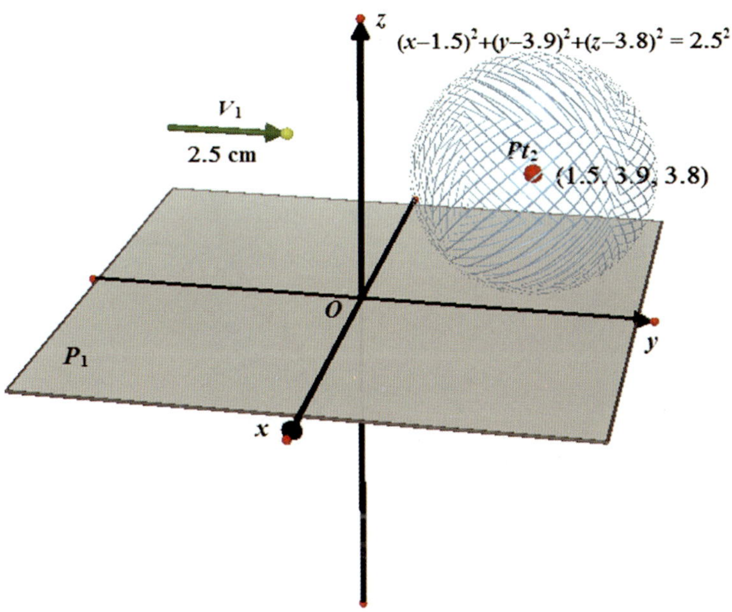

활용방법	• 원의 정의와 구의 정의는 '평면 위'와 '공간'이라는 차이가 있을 뿐 한 정점으로부터 같은 거리에 있는 점 전체의 집합이라는 것은 같다. • 점 Pt_1를 움직이면 구의 중심의 x, y좌표가 바뀌고, Shift키를 누른 상태로 움직이면 상하로만 움직여 z좌표가 바뀐다. • 노란 점을 움직이면 구의 반지름의 길이가 바뀐다.

1.30 평면으로 잘린 구의 정사영

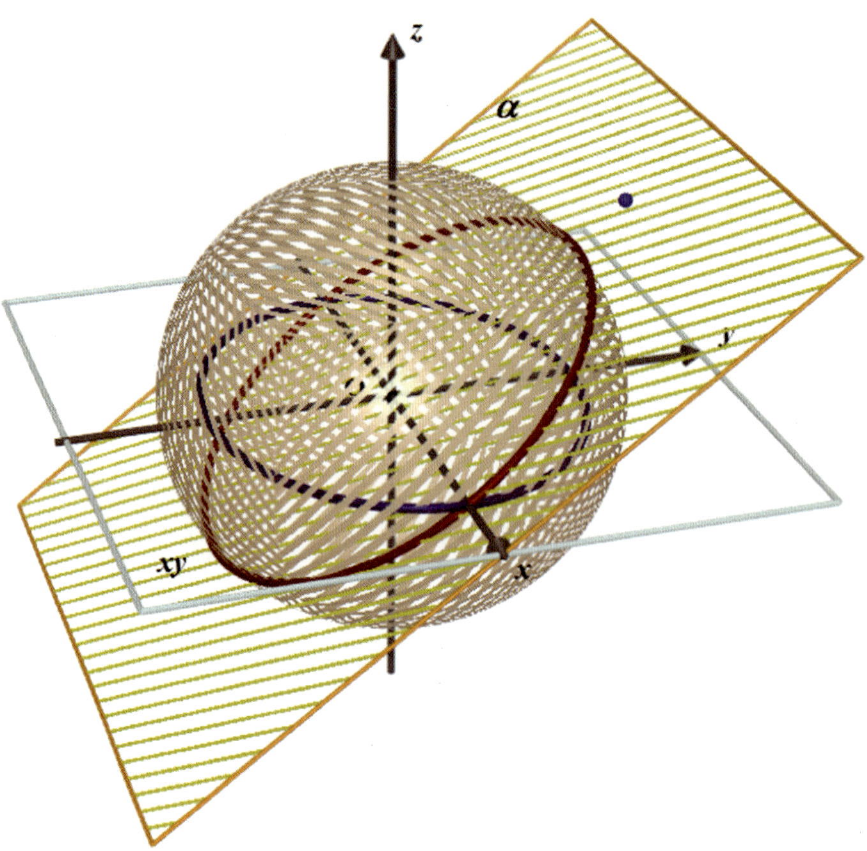

1) 제작 방법

① [선] **직선** 도구를 사용하여 벡터 i, j, k 방향으로 각각 직선 l, m, n을 작도한다.

② [선] **벡터** 도구를 사용하여 직선 l, m, n 위에 공간좌표의 x, y, z 축이 될 벡터를 작도한다.

③ [선] **원** 도구를 사용하여 x 축 주위에 y 축 위의 점 A를 지나는 원을 작도한다. (벡터 x 클릭 → 벡터 y 위의 점 A 클릭)

④ [교점] **교점** 도구를 사용하여 ③에서 작도한 원과 xy 평면의 교점 B를 작도한다.

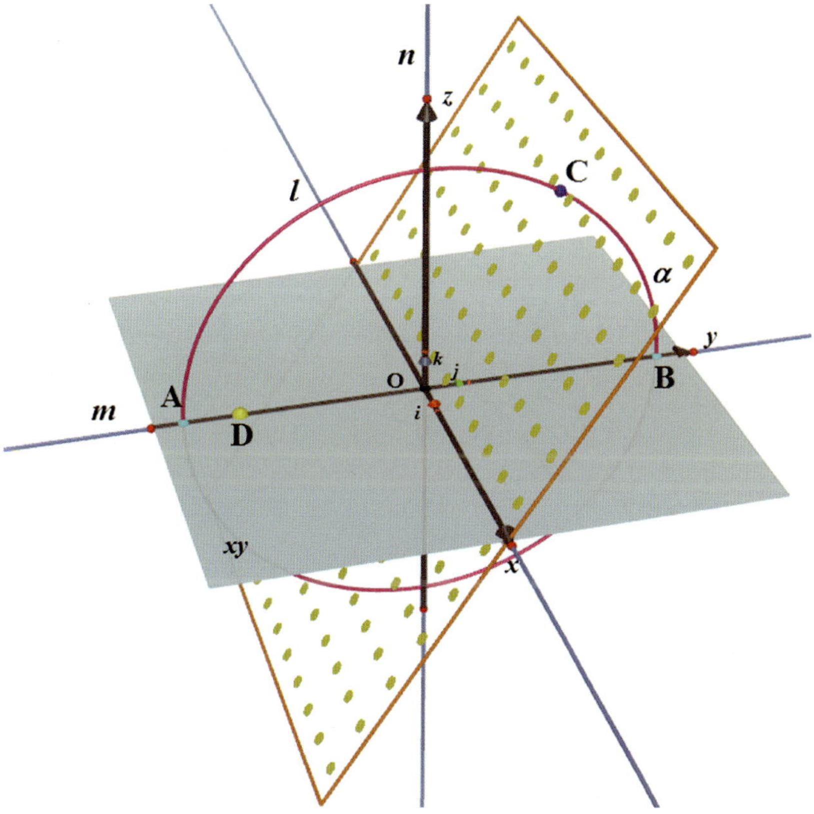

⑤ [변환] 회전이동 도구를 사용하여 xy 평면을 x 축 주위로 점 B의 사상이 원 위의 점 C로 회전이동한 평면 α를 작도한다. (도구 클릭 → 평면 xy 클릭 → 점 B 클릭 → 원 위의 점 C 클릭)

⑥ [점] 점 도구를 사용하여 y 축 위에 점 D를 작도한다.

⑦ [면] 구 도구를 사용하여 중심이 점 O이고 점 D를 지나는 구를 작도한다. (구의 면의 형태를 '가는 평행선'으로 바꾼다.)

⑧ [선] 교선 도구를 사용하여 ⑦에서 작도한 구와 평면 α와의 교선을 작도한다.

⑨ [점] 점 도구를 사용하여 ⑧에서 작도한 교선 위에 점 E, F, G, H, I를 작도한다.

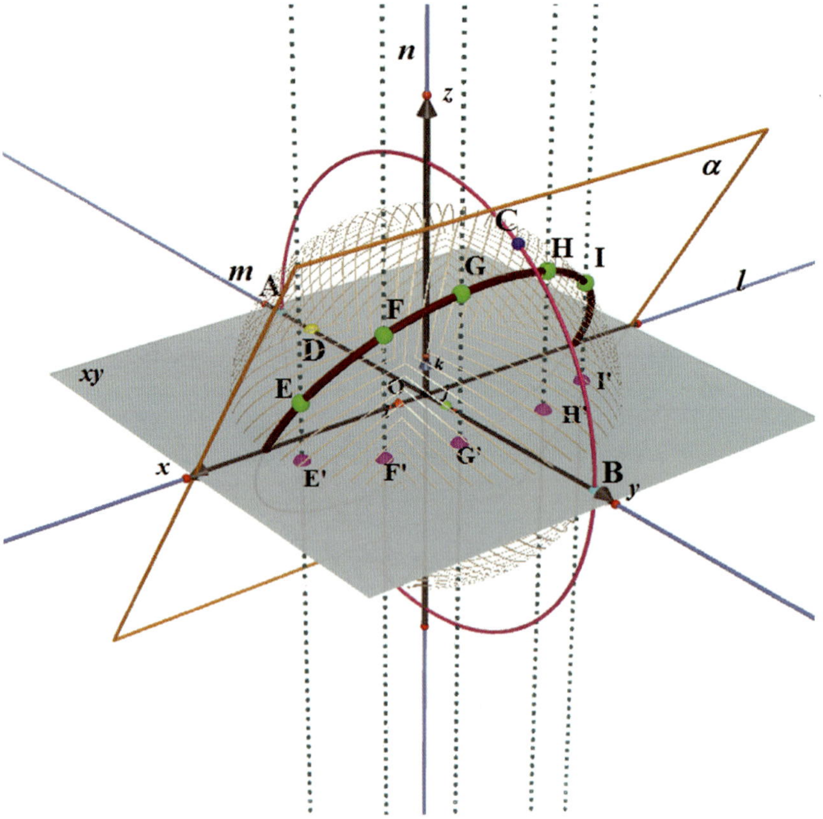

⑩ [작도] **수직** 도구를 사용하여 xy 평면에 수직이고, 각각 점 E, F, G, H, I를 지나는 직선을 작도한다.

⑪ [점] **교점** 도구를 사용하여 ⑩에서 작도한 직선 5개와 xy 평면과의 교점 E', F', G', H', I'를 각각 작도한다.

⑫ [선] **이차곡선** 도구를 사용하여 점 E', F', G', H', I'를 지나는 이차곡선을 작도한다.

⑬ **숨기기/보이기(Ctrl+M)** 기능을 사용하여 필요하지 않은 도형을 숨긴다.

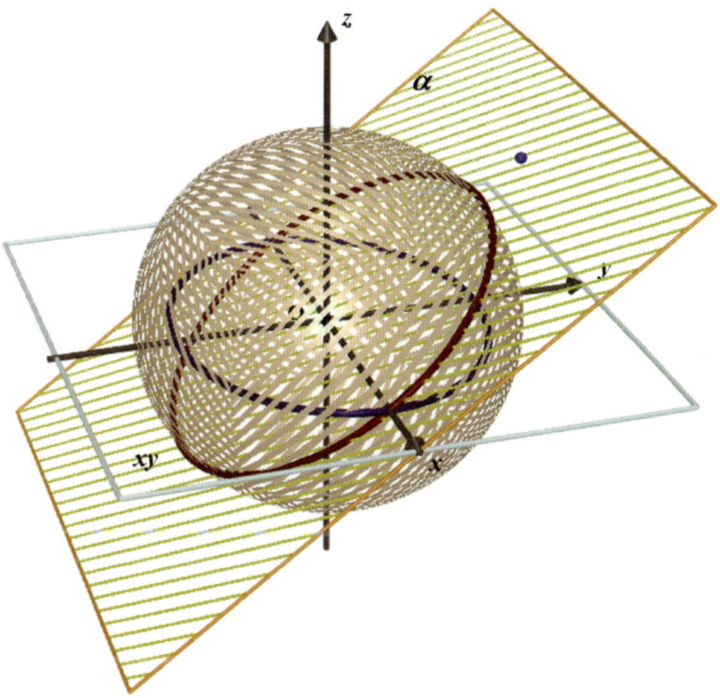

2) 활용 방법

학 년	기하와 벡터	주 제	평면으로 잘린 구의 정사영
단 원	공간도형과 공간좌표 / 공간도형 / 정사영		
학습목표	평면으로 잘린 구의 정사영을 학습할 수 있다.		
파 일 명	1.30 평면으로 잘린 구의 정사영		

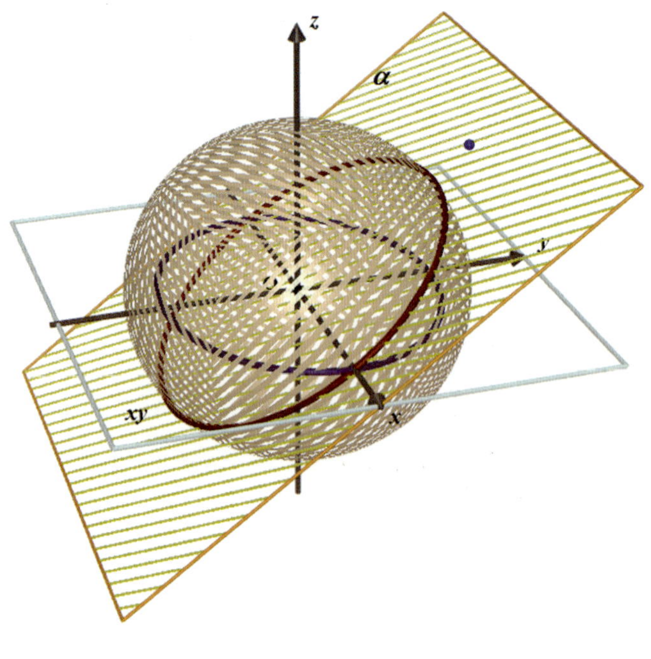

활용방법	
	• 좌표공간에서 x축을 포함하고 xy평면과 이루는 각의 크기가 $\theta\left(0<\theta<\frac{\pi}{2}\right)$인 평면을 α라 하고, 평면 α가 구와 만나 생기는 도형의 xy 평면 위로의 정사영에 대해 학습할 수 있는 자료이다. • 파란 점을 움직이면서 평면 α가 구와 만나 생기는 도형의 xy 평면 위로의 정사영을 학습할 수 있다.

1.31 벡터의 실수배

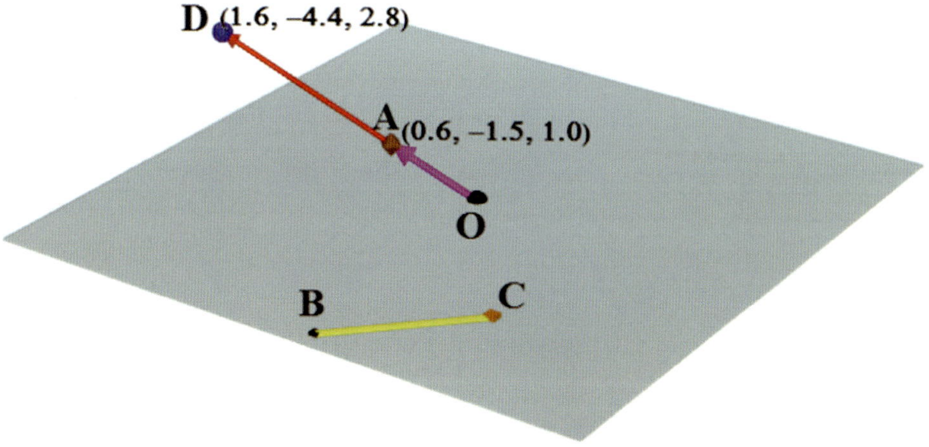

1) 제작 방법

① [선] **벡터** 도구를 사용하여 점 O와 공간 상에 점 A에 의한 $\overrightarrow{OA}$를 작도한다.

② [측정] **길이** 도구를 사용하여 $\overrightarrow{OA}$의 길이를 측정한다.

③ [선] **직선** 도구를 사용하여 직선 l을 작도한다.

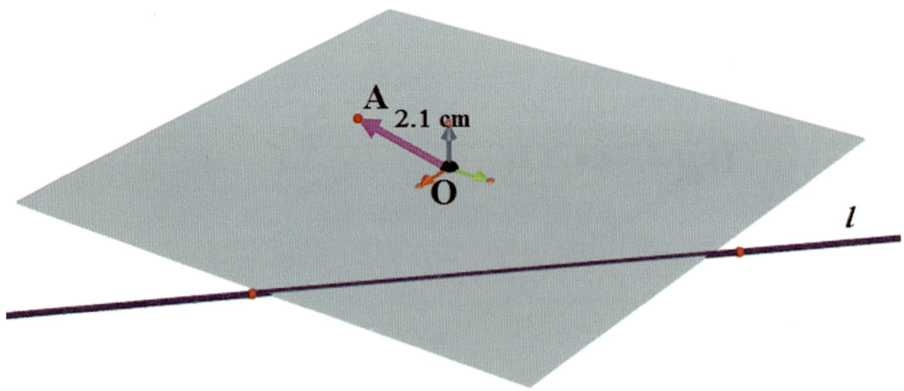

④ [선] **선분** 도구를 사용하여 직선 l 위에 점 B와 점 C에 의한 $\overline{BC}$를 작도한다.

⑤ [측정] **길이** 도구를 사용하여 $\overline{BC}$의 길이를 측정한다.

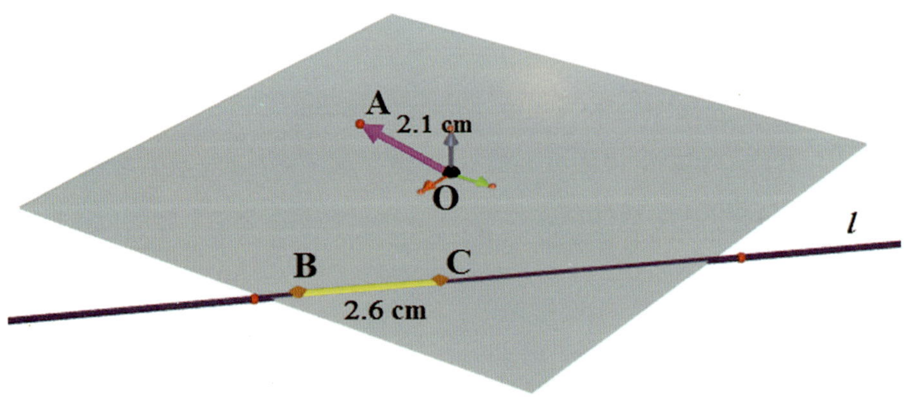

⑥ [측정] **계산기** 도구를 사용하여 ($\overline{BC}$의 길이)×($\overrightarrow{OA}$의 길이)의 값을 계산한다. (도구 클릭 → $\overline{BC}$의 길이의 값 클릭 → '*' 입력 → $\overrightarrow{OA}$의 길이의 값 클릭 → '삽입' 클릭 → 작도 영역에 계산 결과 클릭)

⑦ [작도] **측정값으로 평행이동** 도구를 사용하여 ⑥에서 계산한 값으로 $\overrightarrow{OA}$ 위에 점 D를 작도한다. (도구 클릭 → ⑥에서 계산한 값 클릭 → $\overrightarrow{OA}$ 클릭)

⑧ [선] **벡터** 도구를 사용하여 점 O와 공간 상의 점 D에 의한 $\overrightarrow{OD}$를 작도한다.

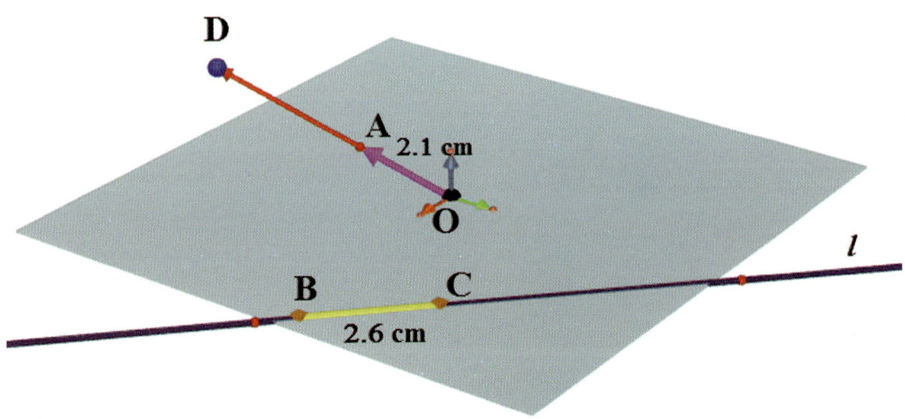

(벡터 OA의 길이)×(선분 BC의 길이) =5.26 cm^2

⑨ [측정] **좌표와 방정식** 도구를 사용하여 $\overrightarrow{OA}$와 $\overrightarrow{OD}$의 좌표를 측정한다. (도구 클릭 → $\overrightarrow{OA}$ 클릭(또는 $\overrightarrow{OD}$ 클릭))

⑩ 마우스 오른쪽 버튼으로 점 B를 클릭한 후, 고정을 선택하여 움직이지 않도록 한다.

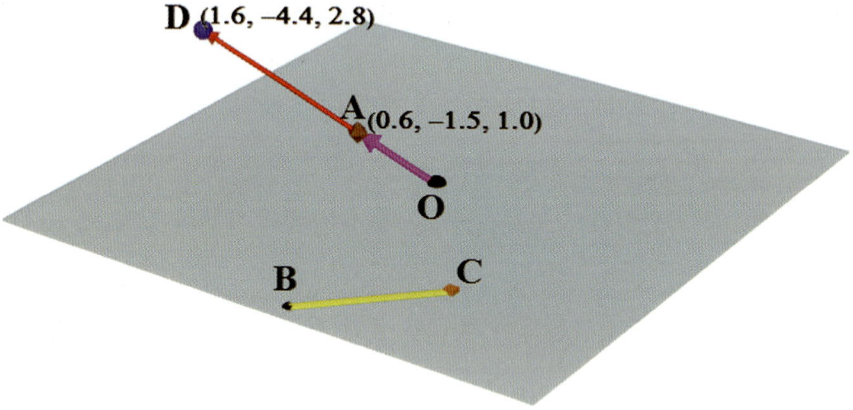

⑪ **숨기기/보이기(Ctrl+M)** 기능을 사용하여 필요하지 않은 도형을 숨긴다..

2) 활용 방법

학 년	기하와 벡터	주 제	벡터의 실수배
단 원	벡터 / 벡터와 그 연산 / 벡터의 실수배		
학습목표	벡터의 실수배의 뜻을 이해하고, 그 성질을 알 수 있도록 한다.		
파 일 명	1.31 벡터의 실수배		

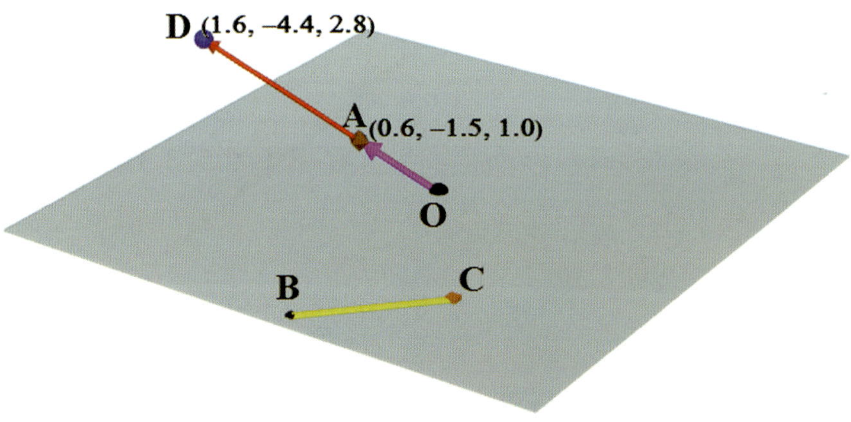

활용방법	• 실수 k와 $\overrightarrow{OA}$와의 곱을 $\overrightarrow{OA}$의 스칼라배 또는 실수배라 함을 학습할 수 있는 자료이다. • 점 C를 움직여 실수 k의 값을 정할 수 있고, 점 A를 움직이며 확인할 수 있다.

1.32 직선의 방정식

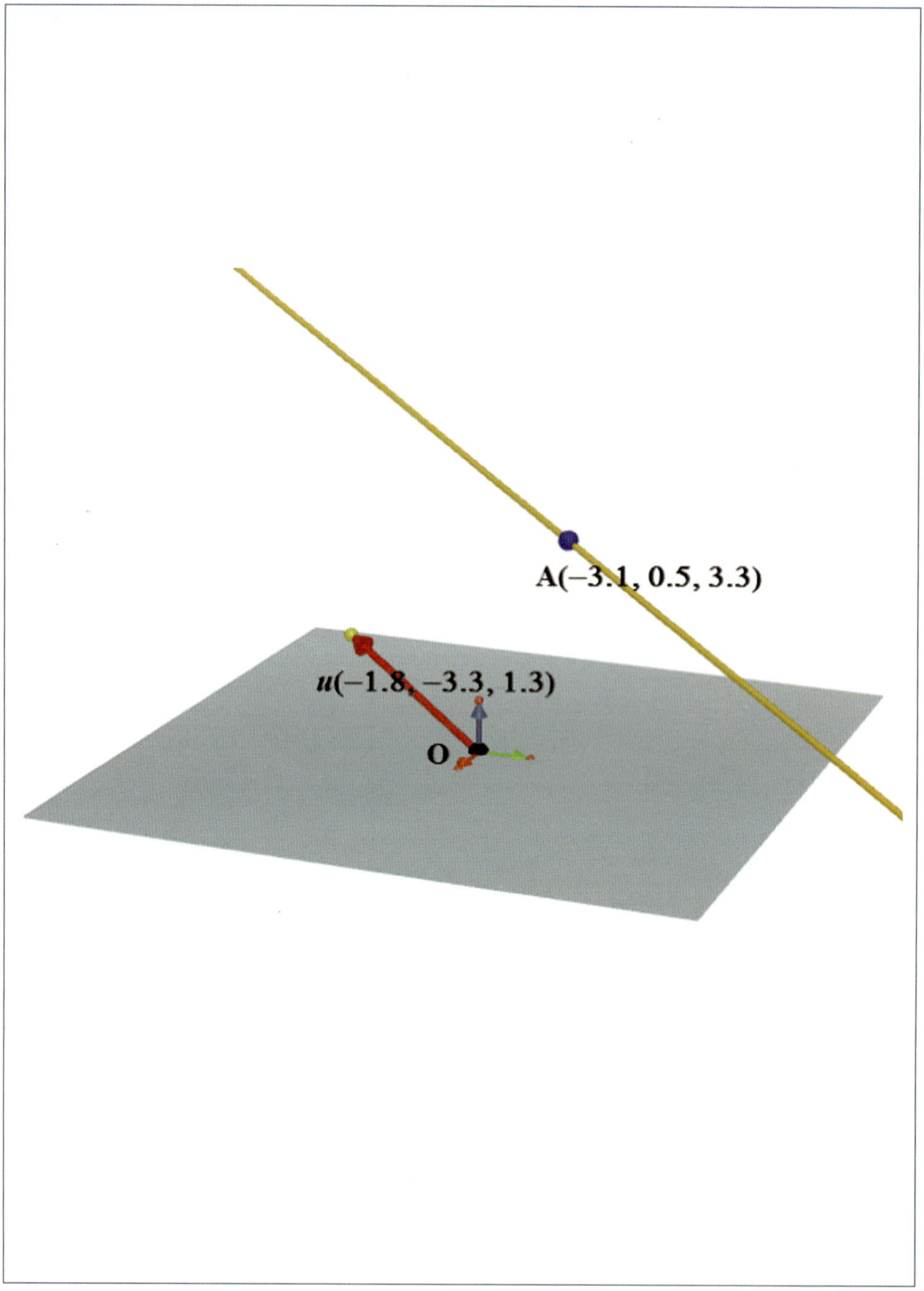

1) 제작 방법

① [선] **벡터** 도구를 사용하여 점 *O*와 공간 상에 임의의 점에 의한 벡터 *u*를 작도한다.

② [점] **점** 도구를 사용하여 공간 상에 점 *A*를 작도한다.

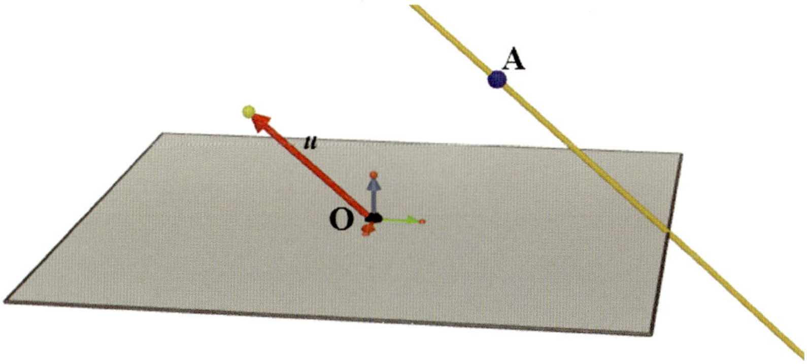

③ [작도] **평행** 도구를 사용하여 점 *A*를 지나고 벡터 *u*에 평행한 직선을 작도한다.

④ [측정] **좌표와 방정식** 도구를 사용하여 점 *A*와 벡터 *u*의 좌표, 직선의 방정식을 측정한다.

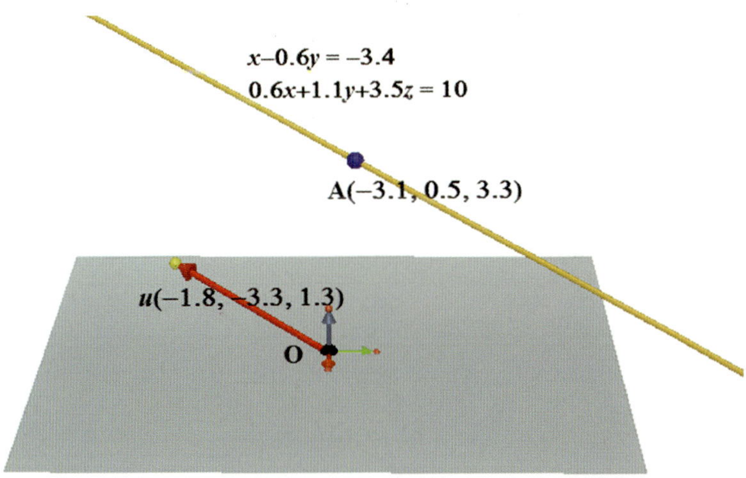

2) 활용 방법

<table>
<tr><td>학 년</td><td>기하와 벡터</td><td>주 제</td><td>직선의 방정식</td></tr>
<tr><td>단 원</td><td colspan="3">벡터 / 직선과 평면의 방정식 / 직선의 방정식</td></tr>
<tr><td>학습목표</td><td colspan="3">좌표공간에서 벡터를 이용하여 직선의 방정식을 구할 수 있다.</td></tr>
<tr><td>파 일 명</td><td colspan="3">1.32 직선의 방정식</td></tr>
<tr><td colspan="4">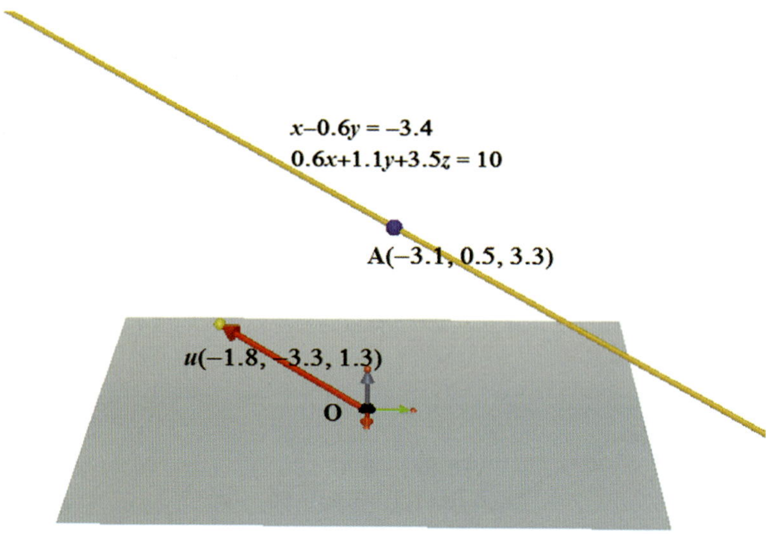
</td></tr>
<tr><td>활용방법</td><td colspan="3">• 점 A를 지나고 벡터에 평행한 직선의 방정식을 학습할 수 있는 자료이다.</td></tr>
</table>

1.33 평면의 방정식

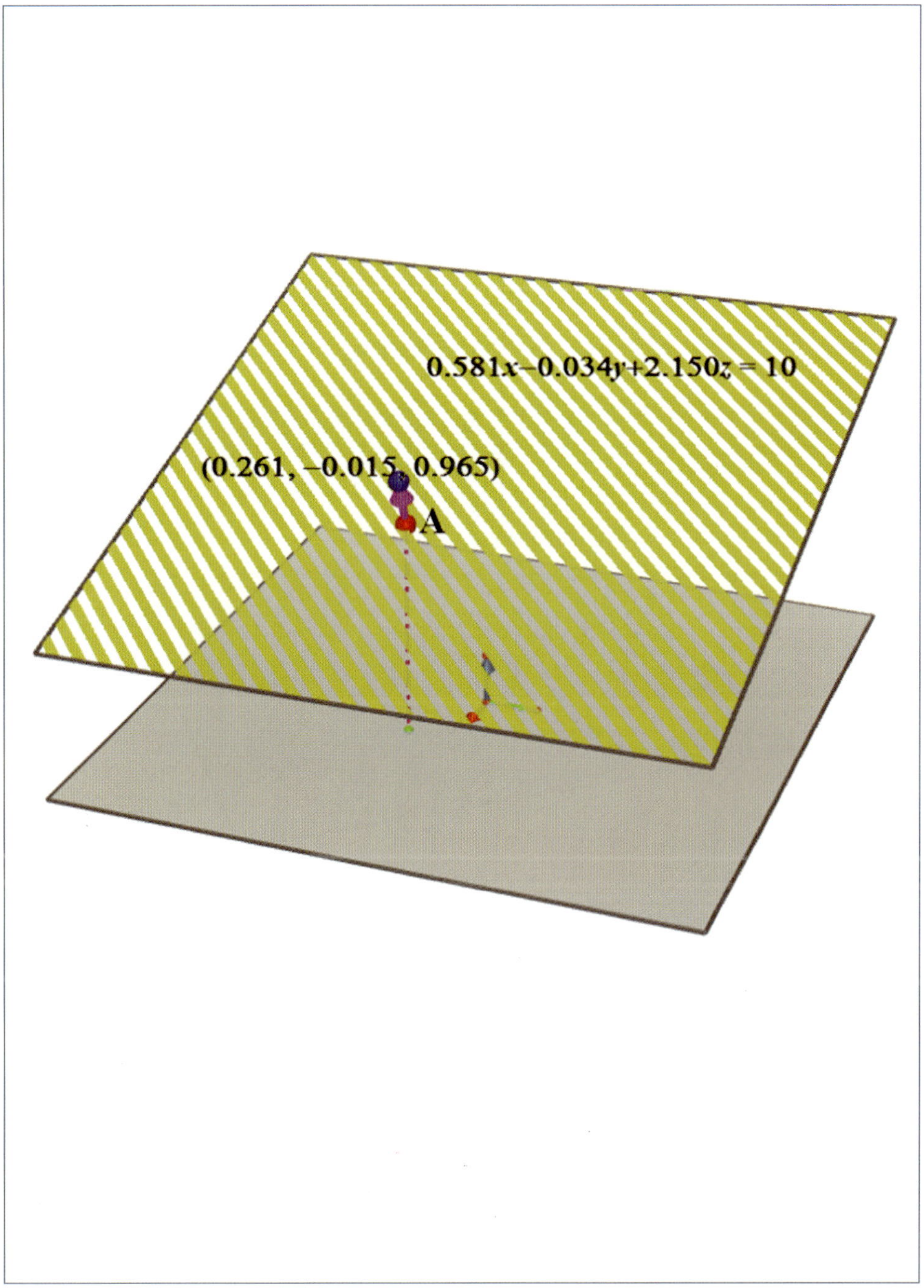

1) 제작 방법

① [작도] 수직 도구를 사용하여 평면 α에 수직이고 평면 α 위의 점 P를 지나는 직선 l을 작도한다.

② [점] 점 도구를 사용하여 직선 l 위에 점 A를 작도한다.

③ [작도] 평행이동 도구를 사용하여 점 A를 벡터 k로 평행이동시킨 점 B를 작도한다. (도구 클릭 → 벡터 k 클릭 → 점 A 클릭)

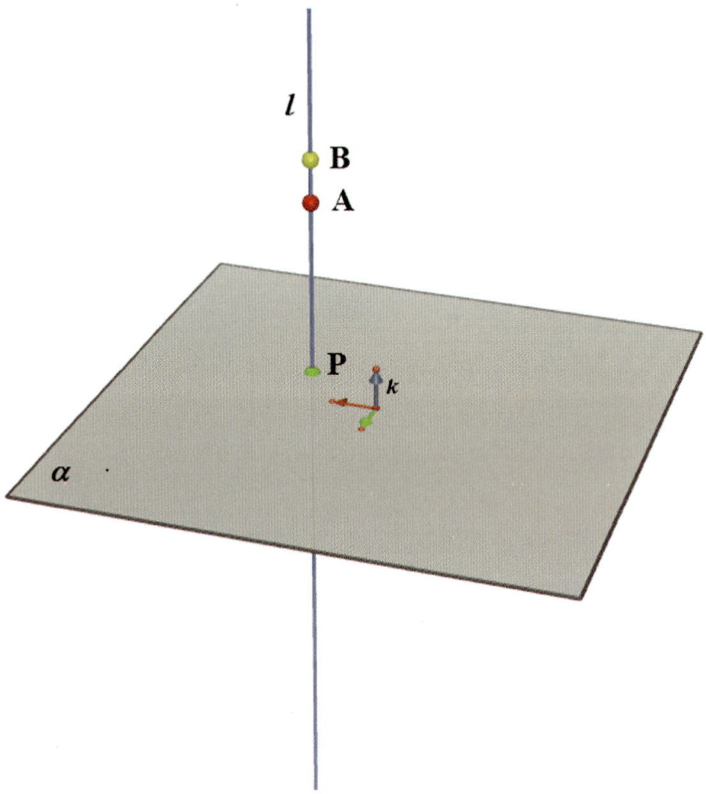

④ [면] 구 도구를 사용하여 점 A가 중심이고 점 B를 지나는 구를 작도한다.

⑤ [점] 점 도구를 사용하여 구 위에 점 C를 작도한다.

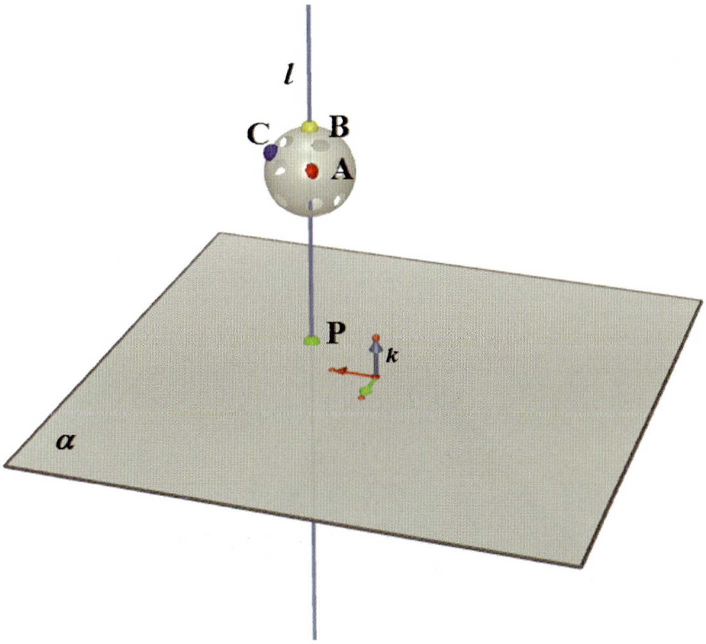

⑥ **숨기기/보이기** (Ctrl+M) 기능을 사용하여 구를 숨긴다.

⑦ [선] **벡터** 도구를 사용하여 $\overrightarrow{AC}$를 작도한다.

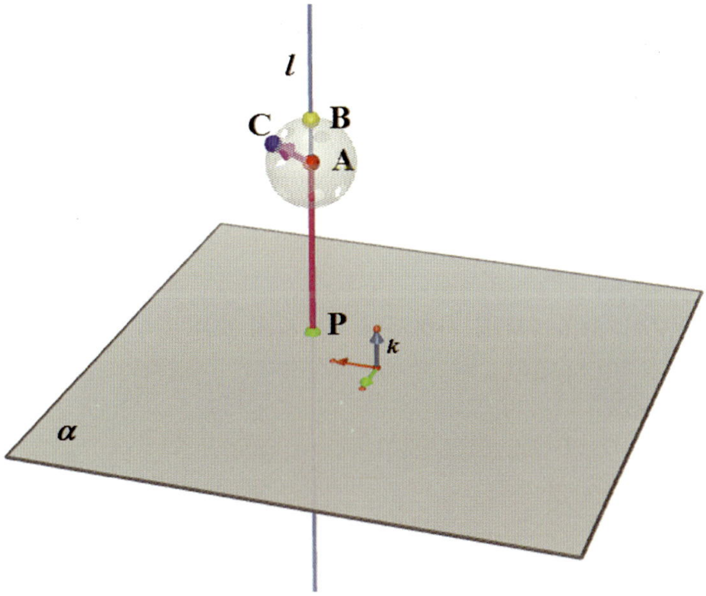

⑧ [선] 선분 도구를 사용하여 $\overline{AP}$를 작도한다.

⑨ [작도] 수직 도구를 사용하여 $\overrightarrow{AC}$에 수직이고 점 A를 지나는 평면 β를 작도한다.

⑩ [측정] 좌표와 방정식 도구를 사용하여 평면 β와 $\overrightarrow{AC}$의 방정식과 좌표를 측정한다.

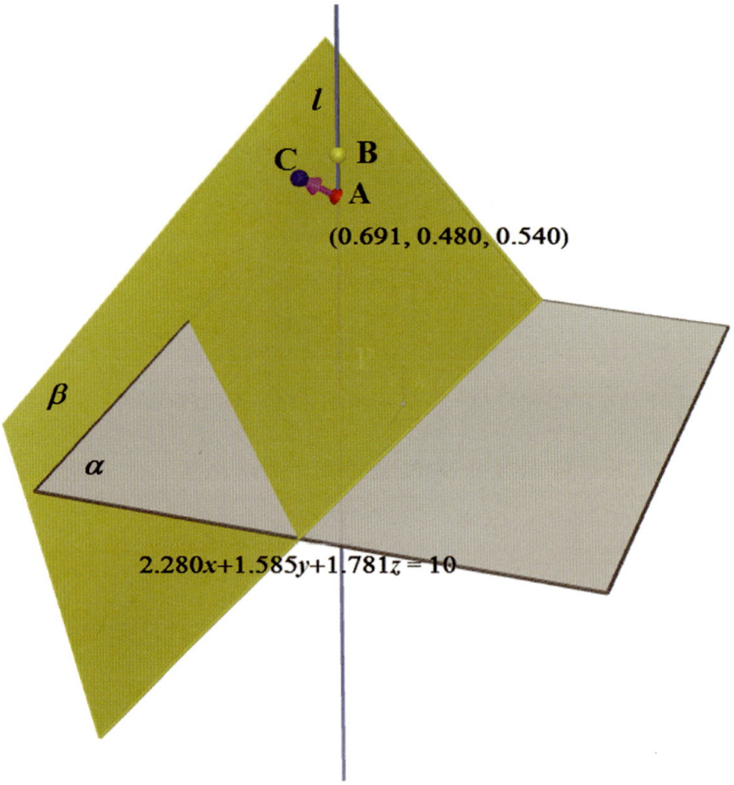

⑪ **숨기기/보이기**(Ctrl+M)를 사용하여 필요하지 않은 도형을 숨긴다.

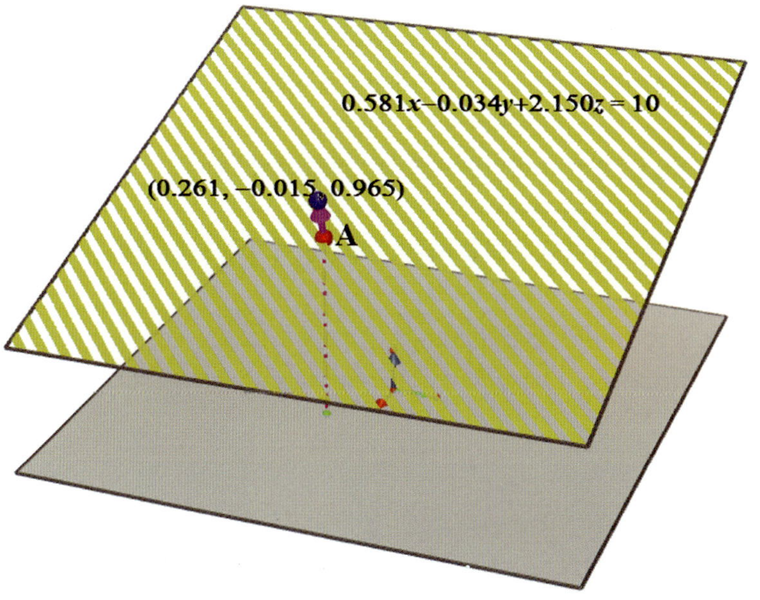
0.581x−0.034y+2.150z = 10
(0.261, −0.015, 0.965)
A

2) 활용 방법

학 년	기하와 벡터	주 제	평면의 방정식
단 원	벡터 / 직선과 평면의 방정식 / 평면의 방정식		
학습목표	좌표공간에서 벡터를 이용하여 평면의 방정식을 구할 수 있다.		
파일명	1.33 평면의 방정식		

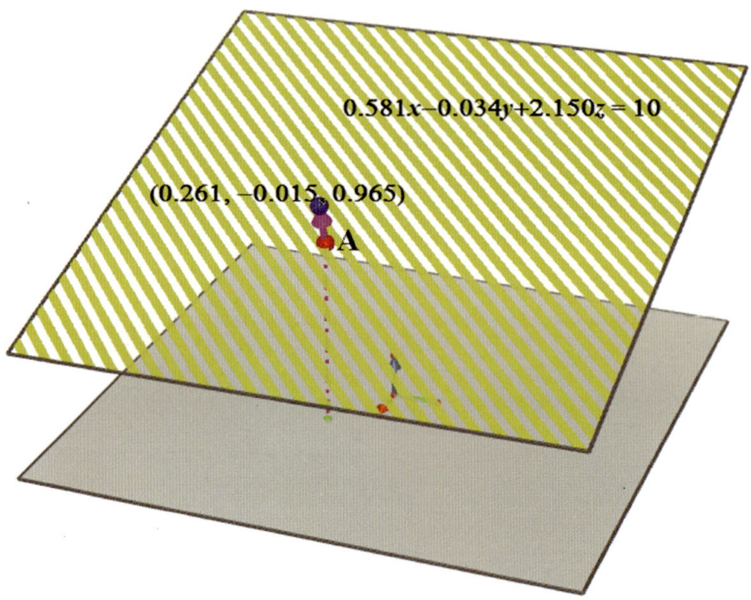

활용방법	• 점 A를 지나고 벡터에 수직인 평면의 방정식을 학습할 수 있는 자료이다.

02 Cabri 3D 응용하기

CHAPTER

2.1 파워포인트에서의 활용

▶ Microsoft Ofiice PowerPoint 2007

① Microsoft PowerPoint에서 새 문서를 연다.

② Office 단추( )를 클릭하여 'PowerPoint 옵션'을 선택한다.

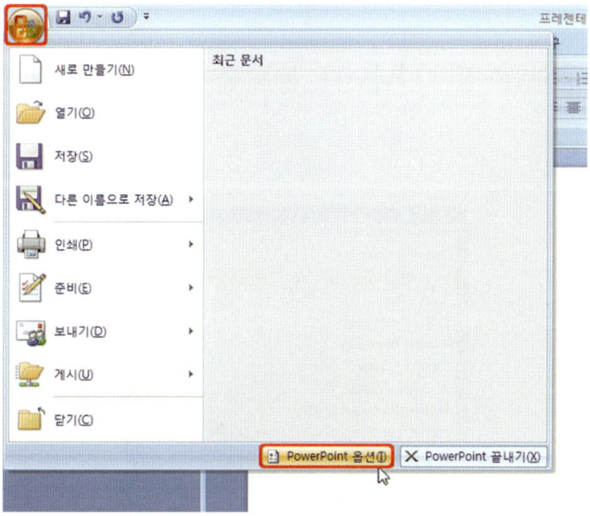

③ 기본설정에서 '리본 메뉴에 개발 도구 탭 표시'에 체크한다.

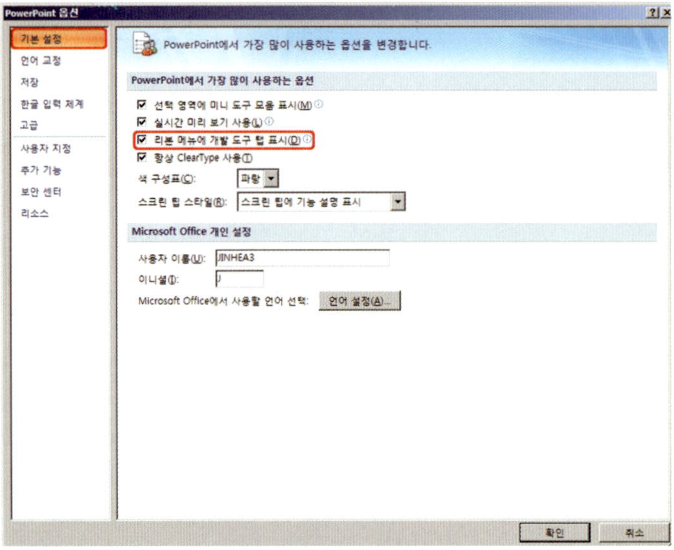

④ 개발 도구 탭에서 기타 컨트롤을 클릭한다.

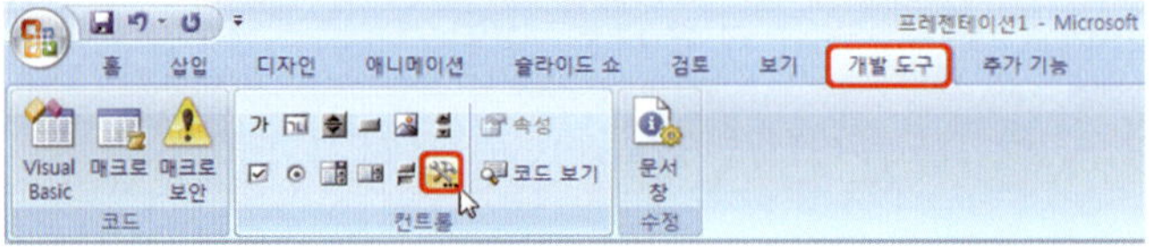

⑤ 그러면 기타컨트롤 창이 나타난다. 목록 중에서 'Cabri 3D'를 선택하고 '확인'을 클릭한다.

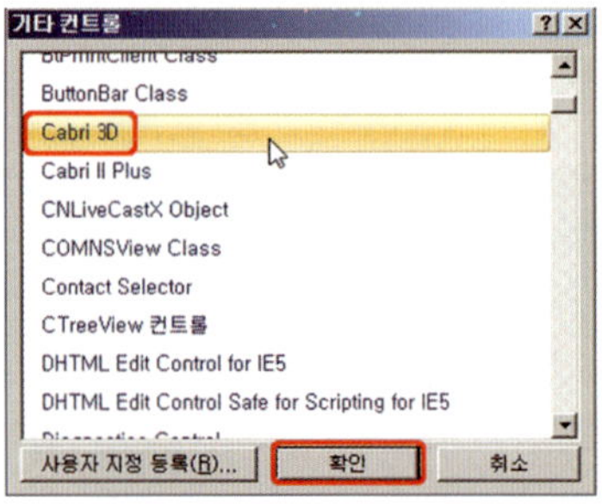

⑥ 슬라이드 창 위를 마우스 왼쪽 버튼으로 클릭하면 다음과 같은 개체가 생긴다. 이 새로운 개체를 마우스 오른쪽 버튼으로 클릭하여 'Cabri3ActiveDoc개체 ▶ Importer...'를 선택한다.

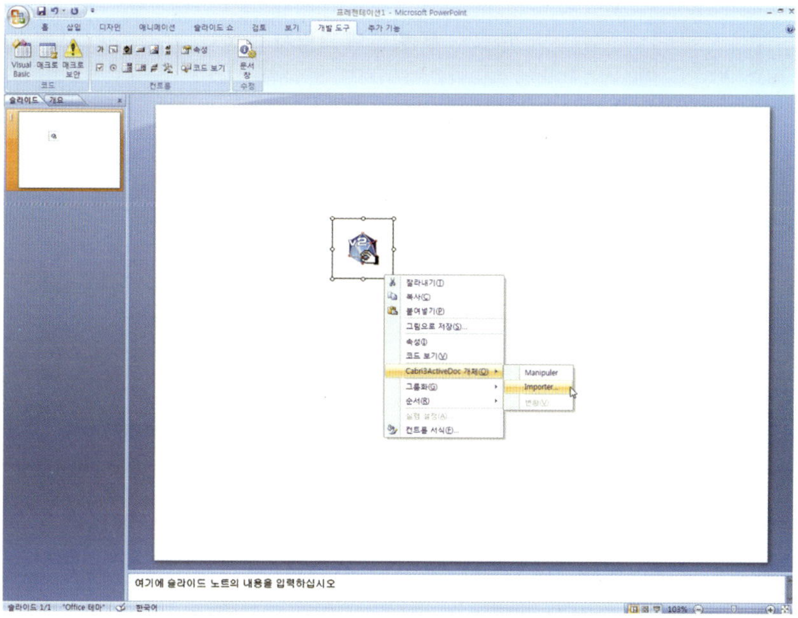

⑦ 삽입할 파일을 선택하고 파일을 연다. 그러면 우리가 작도한 도형이 나타난다.

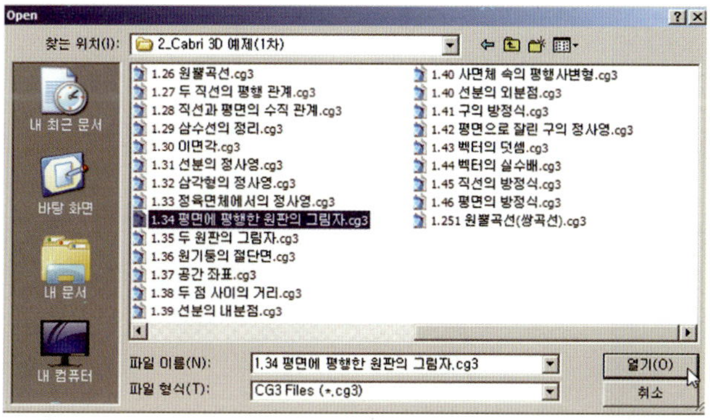

⑧ 도형이 나타나는 창의 조절점을 드래그하여 크기를 적당히 조절하고, 텍스트를 입력한다.

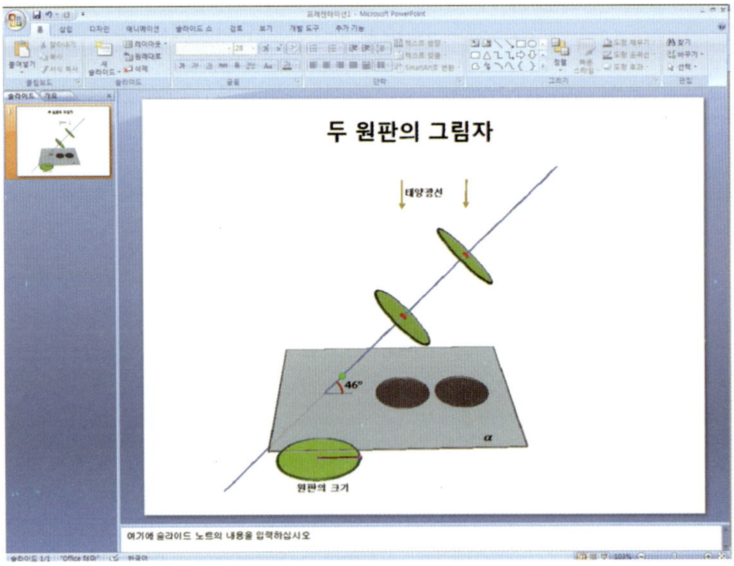

⑨ 우리가 도형을 조작하기 위해서는 도형을 마우스 오른쪽 버튼으로 클릭하여 'Cabri3ActiveDoc개체 ▶ Manipuler'를 선택한다. 그러면 우리가 작도한 도형이 나타나고 이것을 직접 조작하고 움직여 볼 수 있다.

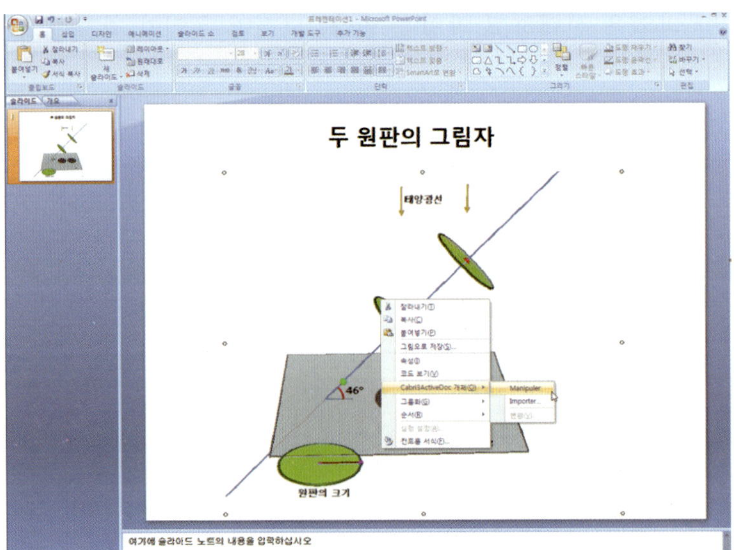

2.2 HTML 문서에서의 활용

① HTML 형태로 Cabri 3D 작도를 내보내기 위해서는 [파일] 파일로 내보내기를 선택한다.

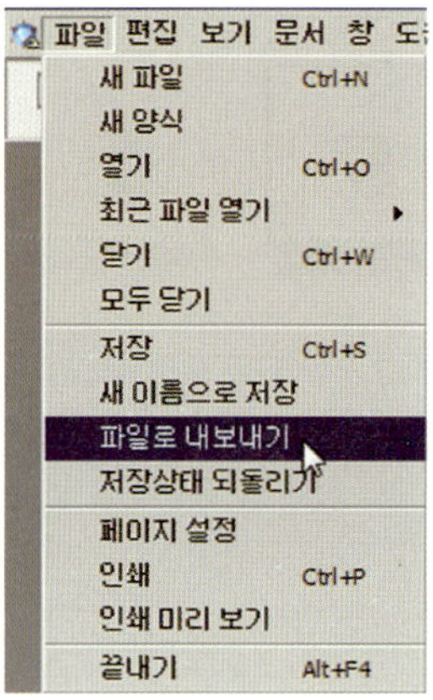

② 저장 위치를 선택한 후, 파일 이름 입력과 파일 형식(Html 파일 (*.html)) 선택을 한 후, '저장(S)'을 클릭한다.

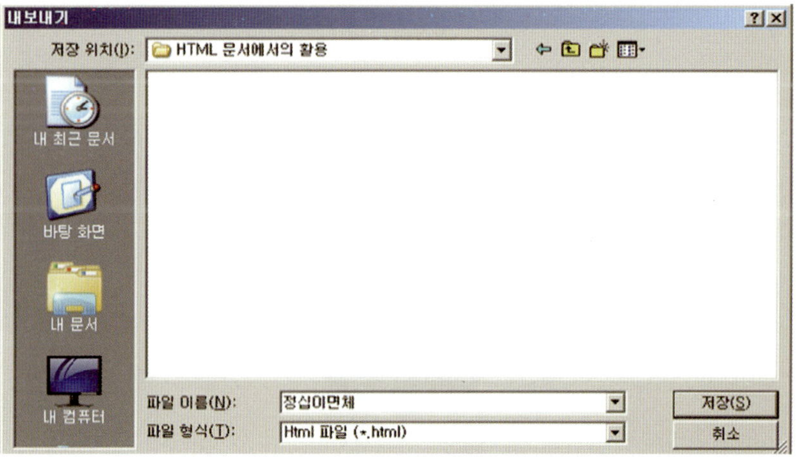

③ HTML 파일을 만들었다면 3가지 파일이 만들어 질 것이다.(cg3, html, png) 그 중 HTML 파일을 열면 Windows Internet Explorer에서 Cabri 3D의 파일을 볼 수 있다.

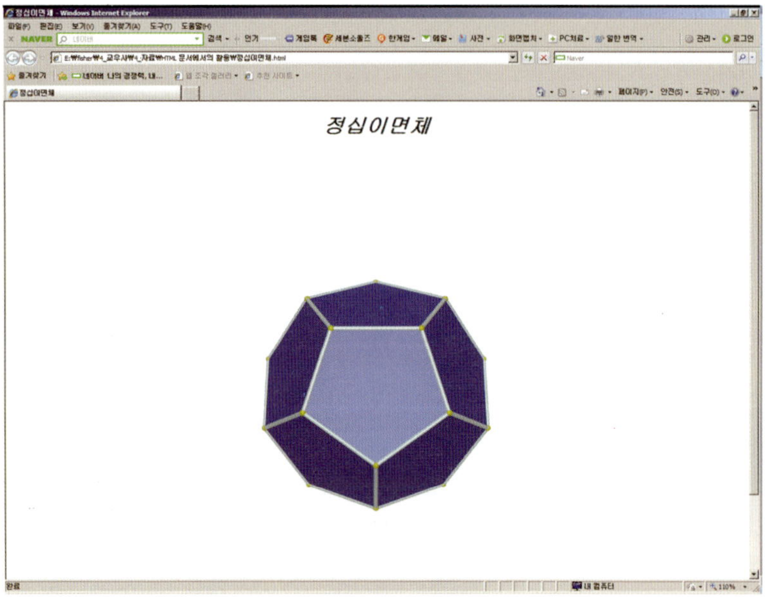

부 록 : C D

이 책의 부록 CD에 있는 [수업자료예제] 폴더에는 'Part II Cabri 3D 활용하기' 에 나오는 예제 파일들이 수록되어 있고, [Util] 폴더에는 프로그램 없이도 파일을 열어 볼 수 있는 [Cabri 3D Plug-in]이 들어있다.

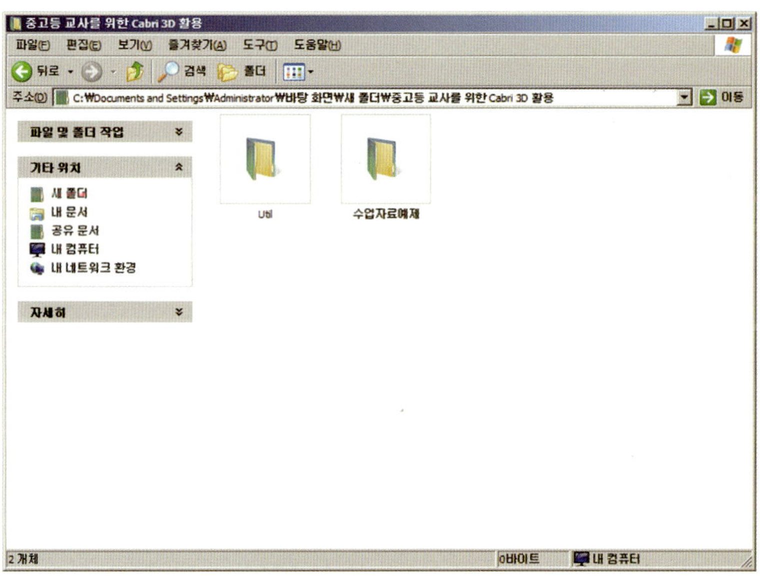

[수업자료예제] 폴더

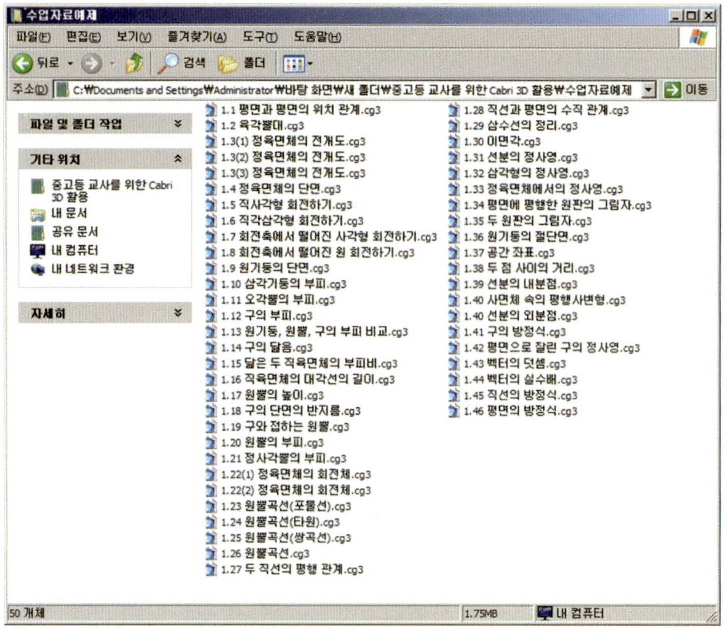

[Util] 폴더

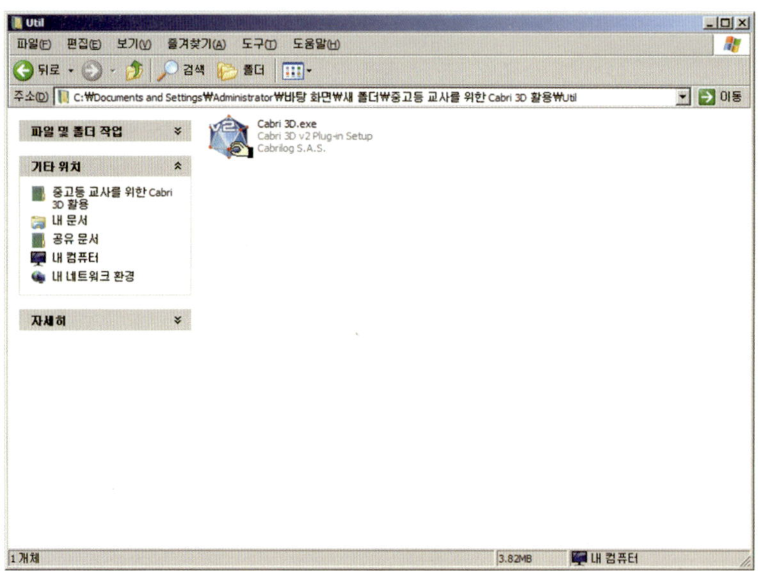

찾아보기

Cabri 3D 활용

2011년 4월 20일 초판 인쇄
2011년 4월 25일 초판 발행

저　자 / 교육소프트연구소
발행자 / 오판근
발행처 / 교우사

주　소 / 서울 동대문구 제기2동 148-19
전　화 / 925-2861(代), 편집부 / 925-2825
팩　스 / 925-2860

E-mail / kyowoo@kyowoo.co.kr
http://www.kyowoo.co.kr

등록 / 1994. 3. 24 제6-0256호

ISBN 978-89-8172-891-5 (54410)
978-89-8172-890-8 (세트)

값 20,000 원

평가판 사용

프로그램은 평가 모드에서는 모든 기능을 한 달 동안 사용할 수 있다. 정해진 한 달 후에는 한번에 15분 동안 평가 모드에서 사용할 수 있으나 복사와 저장 그리고 내보내기 명령은 사용할 수 없다. 프로그램을 영구적으로 사용하기 위해서는 Cabri 웹사이트나 국내에서 정품 라이센스를 구입해야 한다.

CD-ROM

Cabri 3D 프로그램은 (주)교육소프트연구소(http://www.math2000.co.kr)에서 평가판 버전을 다운받아 사용할 수 있습니다. 평가판 버전은 30일 동안 모든 기능을 사용할 수 있습니다. 30일 동안의 유효기간이 만료되면, 최대 15분간 사용이 가능하며, 저장, 프린트, 복사, 붙이기, 내보내기 등 기능이 제한됩니다. 정품 구입 문의는 (주)교육소프트연구소 홈페이지, 전화, 팩스, 이메일을 이용하시기 바랍니다.